再生混凝土细观分析方法

Meso-analysis Method for Recycled Concrete

彭一江　应黎坪　著

科学出版社
北　京

内 容 简 介

再生混凝土材料的细观结构与宏观力学性能关系问题是一项重要的工程与科学问题及学科前沿研究课题。本书内容围绕静、动态损伤问题的新型有限元法——基面力元法及再生混凝土材料细观损伤仿真模拟分析方法探索方面展开。

全书分三部分。第一部分包括第 2 章~第 5 章，介绍基于势能原理的基面力元法。第二部分包括第 6 章~第 11 章，研究再生混凝土细观损伤分析模型及模拟方法。第三部分包括第 12 章~第 19 章，数值仿真模拟再生混凝土材料细观结构与破坏机理。

本书可作为土木工程、水利工程、交通工程、材料科学与工程、工程力学等专业工程技术人员、教师和研究生的参考书。

图书在版编目（CIP）数据

再生混凝土细观分析方法/彭一江，应黎坪著. —北京：科学出版社，2018. 9
ISBN 978-7-03-058672-8

Ⅰ. ①再… Ⅱ. ①彭… ②应… Ⅲ. ①再生混凝土-研究 Ⅳ. ①TU528.59

中国版本图书馆 CIP 数据核字（2018）第 201290 号

责任编辑：刘信力／责任校对：邹慧卿
责任印制：张 伟／封面设计：无极书装

科学出版社出版
北京东黄城根北街 16 号
邮政编码：100717
http://www.sciencep.com

北京建宏印刷有限公司 印刷

科学出版社发行 各地新华书店经销

*

2018 年 9 月第 一 版 开本：720×1000 B5
2019 年 1 月第二次印刷 印张：14 1/4 插页：3
字数：267 000

定价：99.00 元

（如有印装质量问题，我社负责调换）

前　　言

再生骨料混凝土 (Recycled Aggregate Concrete，RAC) 简称再生混凝土 (Recycled Concrete)，是将废弃混凝土经过清洗、破碎、分级和按一定比例与级配混合形成再生骨料，部分或者全部代替砂石等天然骨料配制成的新混凝土。它作为一种绿色环保型建筑材料已经得到广泛的重视。再生骨料混凝土技术可实现对废弃混凝土的再加工，使其恢复原有的性能，形成新的建材产品，从而既能使有限的资源得以再利用，又解决了部分环保问题。目前，再生混凝土新技术是各国共同关心的课题，已成为国内外工程界和学术界关注的热点和前沿问题之一。

在再生混凝土性能研究方面，国内外学者展开了大量的试验研究，并取得了大量的成果。目前再生混凝土的研究主要集中在基本性能的试验研究方面，对再生混凝土这种复合材料的细观力学研究、分析工作尚未得到深入、系统的开展。对再生混凝土材料的细观力学分析方法，以及静、动态损伤破坏机理、动态强度、多轴强度、本构关系及变形的研究工作还远远不够，尚不能满足工程的需要，工程界也迫切需要得到关于再生混凝土材料力学性能和机理分析方面的理论指导和分析手段。因此，深入研究再生混凝土材料的细观静、动力学分析方法，利用有效的数值分析手段，从再生混凝土的细观结构入手，构建再生混凝土细观静、动态力学分析模型，考察再生混凝土各组分对再生混凝土静、动态力学性能的影响，建立再生混凝土细观静、动态损伤理论，从细观层次上分析再生混凝土的破坏机理是极具开拓性和挑战性的课题，且具有较重要的理论意义及工程应用价值。

关于再生混凝土这种非均质复合材料的细观损伤分析方法及应用研究仍是目前混凝土理论研究的前沿课题。由于再生混凝土材料细观结构的复杂性，数值模拟较为困难。目前，国内外一些学者在这方面开展了系列研究工作。但是，现有的研究工作以利用大型商业软件对试件进行计算分析居多。而对这一课题的研究，尚缺少对再生混凝土材料细观结构进行精细化仿真模拟分析的高效计算方法、静动态损伤分析模型、任意多边形随机骨料模型、三维随机骨料模拟生成软件、再生混凝土动态本构关系、静动态应力应变软化曲线、静动态多轴强度、静动态尺寸效应、静动态变形、高应变率影响以及静动态损伤破坏机理等科学问题的深入、系统研究。因此，针对再生混凝土的细观力学分析方法、理论模型、数值模拟技术及软件研究工作与试验研究工作水平相比，还较为落后，需要进行深入、系统地研究和开发。

本书将基面力概念的新型有限元法 ——“基面力元法 (BFEM)” 应用于再生混

凝土材料的大规模科学计算和分析领域，结合再生混凝土材料的细观结构与宏观力学性能关系的分析方法课题，探索基面力元法在再生混凝土材料这种非均质复合材料破坏机理分析领域的应用，建立基于势能原理的再生混凝土细观静、动态损伤基面力元分析法，探索一种可用模拟再生混凝土细观静、动态损伤破坏过程的大规模和高效计算的数值分析方法。针对再生混凝土的细观损伤与宏观力学性能关系这一学科前沿课题开展深入系统研究，从理论上探索再生混凝土材料细观结构的细观力学分析方法，建立静态、动态损伤分析模型；利用数值模拟技术模拟再生混凝土的静、动态力学性能，从细观层次分析再生混凝土这种非均质复合材料的破坏机理，研究再生混凝土的本构关系，应力应变软化曲线，多轴强度、尺寸效应，以及再生混凝土的变形。通过数值分析结果与试验结果的对比分析，揭示再生混凝土的破坏机理，为我国未来再生混凝土建筑的设计开发提供理论基础和技术储备。

本书第一作者从 1997 年开始针对碾压混凝土的细观损伤断裂问题进行研究，利用随机骨料模型技术和有限元技术研究了碾压混凝土的静力特性、裂纹扩展过程、尺寸效应的影响等。2003 年后主要针对普通混凝土材料的标准试件和标准试样的平面静力、平面动力问题进行细观损伤分析，特别是在普通混凝土试件的单轴拉伸试验的静、动态仿真模拟、均匀化处理方法的探讨、混凝土材料软化曲线、三角形循环加载的模拟等问题的科学研究方面取得了一些成果。近年来，本课题组重点在新型有限元方法 —— 基面力元法的理论、软件研究及其在再生混凝土材料的细观损伤分析方法及应用方面开展系统的研究工作，取得了一些成果。

本书是作者对近年来基面力元法的理论及其在再生混凝土材料的细观损伤分析方法研究成果的总结。第一部分介绍基于势能原理的基面力元法；第二部分研究再生混凝土细观损伤分析模型及模拟方法；第三部分数值仿真模拟再生混凝土材料细观结构与破坏机理，包括二维随机圆骨料试件单轴拉压破坏机理静态模拟、二维随机凸骨料试件破坏机理静态模拟、基于数字图像技术的再生混凝土破坏机理静态模拟、三维随机球骨料试件单轴拉压破坏机理静态模拟、基于细观等效模型的再生混凝土数值模拟、再生混凝土动态性能的细观损伤分析、细观力学参数对数值模拟结果的影响、细观力学参数非均质性的影响分析等。

本书前期理论模型研究工作是在北京交通大学高玉臣院士的悉心指导下完成的，值此本书出版之际，谨向逝去的高先生致以深深的谢意和由衷的敬意！本书前期有限元数值模拟方法研究工作得到了北京工业大学黎保琨教授的精心指导和热心帮助，在此表示衷心的感谢！

近年来，一些研究生在本书第一作者指导下参加了对基面力元法理论体系及其工程应用的研究工作，本书引用了他们的研究成果，在此特别要感谢：应黎坪、王耀、浦继伟、党娜娜、褚昊、窦林瑞、倪俊华、周化平、孙占青、崔云璇、杨欣欣、孟德泉、王晴、陈曦昀、李超群、吴正昊、杨德思、杨宏明等同学对本书作出的贡献。其中，本书第二作者应黎坪博士负责对本书所用计算程序进行了全面检查、完善、改编和升级，对全书的书稿进行了补充、修改和完善。

本书的研究工作得到了国家自然科学基金 (编号：11172015) 和北京市自然科学基金 (编号：8162008) 的资助，在此表示衷心的感谢！还要感谢北京工业大学土木工程学科的大力支持。在本书的研究和写作过程中，本课题组广泛阅读、学习、利用和借鉴了许多国内外同行的研究成果，在此表示诚挚的感谢！

本书仅是本课题组有关再生混凝土材料的细观损伤分析方法阶段性研究成果的介绍，旨在抛砖引玉，后续深入的研究工作还需不断完善、深化和发展。也希望有志于探索再生混凝土材料的细观损伤分析方法的科研人员和研究生投身到该学科前沿课题的研发和应用中来，互相学习、互相促进，以拓展再生混凝土材料的细观损伤分析方法的工程应用。由于作者水平有限，书中难免有疏漏和不妥之处，敬请读者提出宝贵意见。

作　者

2018 年 4 月于北京

目　　录

第二部分 再生混凝土细观损伤分析模型及模拟方法

第三部分　数值仿真模拟再生混凝土材料细观结构与破坏机理

主 要 符 号

$x^i(i=1,2,3)$	物质点的 Lagrange 坐标
$\boldsymbol{P},\boldsymbol{Q}$	变形前后物质点的径矢
$\boldsymbol{P}_i,\boldsymbol{Q}_i$	变形前后的协变基矢量
$\boldsymbol{P}^i,\boldsymbol{Q}^i$	变形前后的逆变基矢量
$\boldsymbol{T}^i(i=1,2,3)$	坐标系 x^i 中 $\boldsymbol{Q}$ 点的基面力
V_P,V_Q	变形前后的基容
A^i	基面积
$\boldsymbol{\sigma}$	Cauchy 应力张量
$\boldsymbol{u}_i$	位移梯度
ρ_0,ρ	变形前和变形后的物质密度
W	应变能密度
A	单元的面积
V	单元的体积
$\boldsymbol{K}^{IJ}$	单元刚度矩阵
$\boldsymbol{M}^{IJ}$	单元质量矩阵
$\boldsymbol{C}^{IJ}$	单元阻尼矩阵
$\boldsymbol{U}$	单位张量
E	弹性模量
ν	泊松比
D	材料损伤因子
f	材料强度
f_d	材料动态强度
ε	单元主应变
λ	拉梅常数
G	剪切模量
m	材料均质度

第1章 绪　　论

1.1 课题背景及意义

再生骨料混凝土 (Recycled Aggregate Concrete，RAC) 简称再生混凝土 (Recycled Concrete)，是将废弃混凝土经过清洗、破碎、分级和按一定比例与级配混合形成再生骨料，部分或者全部代替砂石等天然骨料配制成的新混凝土。它作为一种绿色环保型建筑材料已经得到广泛的重视 [1−5]。我国政府制定的中长期科技兴国战略和社会可持续发展战略，鼓励废弃物再生技术的研究和应用。再生骨料混凝土技术可实现对废弃混凝土的再加工，使其恢复原有的性能，形成新的建材产品，从而既能使有限的资源得以再利用，又解决了部分环保问题 [6]。这是发展绿色混凝土，实现建筑资源环境可持续发展的主要措施之一。美国、日本和欧洲的发达国家对废弃混凝土的再利用研究的较早 [7]，主要集中在对再生骨料和再生混凝土基本性能的研究，已有成功应用于刚性路面和建筑结构物的例子。我国于 20 世纪 90 年代才开始对废弃混凝土再生利用进行初步探讨，研究基础比较薄弱，起初政府对废弃混凝土的回收利用重视度也不高。直到 1997 年建设部将 “建筑废渣综合利用” 列入科技成果重点推广项目，国内数十家大学和研究机构的一些专家、学者才掀起对废弃混凝土再生利用进行研究的热潮。目前，再生混凝土新技术是各国共同关心的课题，已成为国内外工程界和学术界关注的热点和前沿问题之一 [8]。

在再生混凝土性能研究方面，国内外学者对其展开了大量的试验研究，并取得了初步的成果。目前再生混凝土的研究主要集中在基本性能的试验研究方面，对再生混凝土材料的细观力学研究、分析工作尚未得到深入、系统地开展，对再生混凝土材料的细观力学分析方法，以及静动态损伤破坏机理、动态强度、多轴强度、本构关系及变形的研究工作还远远不够，不能满足工程的需要，工程界也迫切需要关于再生混凝土材料力学性能和机理分析方面的理论指导和分析手段。因此，深入研究再生混凝土材料的细观静、动力学分析方法，利用有效的数值分析手段，从再生混凝土的细观结构入手，构建再生混凝土细观静动态力学分析模型，考察再生混凝土各组分对再生混凝土静动态力学性能的影响，建立再生混凝土细观静动态损伤理论，从细观层次上分析再生混凝土的破坏机理是极具开拓性和挑战性的课题，具有较重要的理论意义及工程应用价值。

1.2　混凝土细观力学分析方法简介

混凝土是由水泥、粗细骨料和水组成的复合材料。混凝土破坏问题的研究根据材料的内部结构可划分为不同层次的描述方法，一般从研究方法和特征尺寸的侧重点将混凝土的内部结构分为三个层次，即宏观层次、细观层次和微观层次，见图 1.1。Wittmann [9,10] 采用宏、细、微观三尺度相结合的方法研究混凝土材料的力学行为特征，取得了丰富的成果。

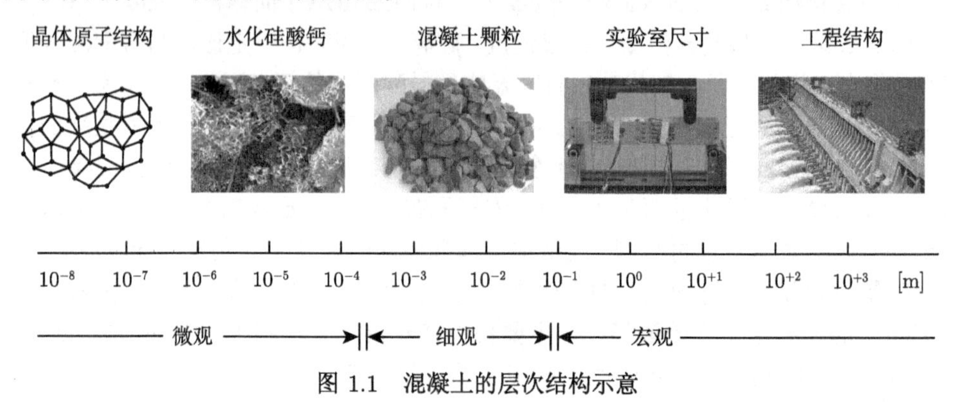

图 1.1　混凝土的层次结构示意

宏观尺度又叫工程结构尺度，混凝土材料被视为由尺寸数倍于最大骨料粒径的结构单元组成，该尺度的研究无法揭示混凝土内部结构、组成与力学性能之间的关系，但是毕竟反应了一种工程平均，是工程设计所必须的。

在细观尺度上，包含的单元尺寸范围从 10^{-4}cm 到几个 cm，甚至更大一些，混凝土可看做是骨料、水泥砂浆与其交界面 (过渡区) 组成的三相复合材料，由泌水、干缩和温度变化等因素引起的骨料和水泥砂浆之间的非均匀变形，会形成初始粘结裂纹等细观缺陷，因此，混凝土在细观层次为典型的非均质材料。这些细观缺陷的发展直接影响到混凝土的宏观力学性能。

微观尺度一般指微米尺度，着眼于水泥水化物的微观结构分析，材料性能的理论分析是根据统计力学的方法，是水泥化学研究的范畴。

混凝土的成分在不同的尺度上有不同的物理意义，而且不具备自相似性，因此，混凝土的破坏问题、特别是破坏机理的研究需要在多种尺度下进行。多尺度分析方法考虑空间和时间的跨尺度与跨层次的材料力学特性，构成了联系宏观、细观、微观等多尺度的桥梁，尽管任务的要求是从最高层面提出来的，失效却起源于最底层；从材料的角度分析，材料本身也可以在多尺度下进行研究，一般认为该尺度下材料表现的力学性质可以借助于更低一层次尺度下的材料结构和材料性质加以解释。混凝土在细观上为多相介质组成的复合材料，材料的破坏过程实质上是内部微裂纹萌生、扩展、贯通，直至宏观裂纹产生导致混凝土失稳破坏的过程，受力过程中所表现的非线性力学行为，是混凝土非均质的细观结构及其特性的损伤演化过程的宏观表现。因此，研究细观层次材料的损伤行为，对揭示混凝土破坏过程的宏观非线性力学行为具有重要的意义。

1.2.1 混凝土细观力学研究方法

自 20 世纪 70 年代末，学者开始采用混凝土细观力学研究方法来建立混凝土细观结构各种缺陷和其特性的不均匀性及其在宏观力学特性的关系。细观力学将混凝土看做是由骨料、硬化水泥胶体和它们两者之间的界面连接带组成的三相非均质复合材料。选择适当的混凝土细观结构模型并划分单元，考虑骨料单元、固化水泥砂浆单元与界面单元材料力学的不同特性，及简单的破坏准则，利用数值模拟方法计算混凝土试件的裂缝扩展过程和最终破坏形态，直观地反映出混凝土试件的损伤断裂破坏机理。由于细观上损伤单元刚度的退化，使得试件变形与所受荷载之间的关系表现为非线性。

混凝土细观力学的研究是将试验、理论分析和数值计算三方面相结合而成。试验观测结果提供了判断标准及细观力学的实物物性数据检验；理论研究总结出细观力学的基本原理及理论模型；数值模拟计算是细观力学不可或缺的研究手段。当前混凝土细观力学数值模拟主要沿着两个方向进行：

(1) 将损伤力学、连续介质力学以及计算力学相结合去研究细观尺度的变形、损伤及破坏过程，以发展较精确的细观本构关系；

(2) 基于对细观结构与细观本构关系的认识，将随机分析等理论方法与计算力学相结合去预测材料的本构关系及宏观性质，对混凝土试件的宏观响应进行计算模拟。

1.2.2 再生混凝土细观力学试验研究简介

从 20 世纪 70 年代末开始，德国、日本、荷兰和美国等发达国家在再生混凝土开发方面的发展速度很快，取得了一系列的成果并积极将其推广应用于实际工程中。其研究早已成为发达国家的共同课题。早在 20 世纪 80 年代，Henrichshen 和 Jensen [11] 就对再生混凝土应力–应变全曲线进行了试验研究，并与普通混凝土对比。Hansen [6,7] 等较早开始再生混凝土的研究，并认为再生骨料混凝土的抗压强度低于基体混凝土或相同配制的普通混凝土的强度，降低范围为 5%~30%，平均降低 15%；其后各国学者纷纷展开对再生混凝土的研究工作。如，1997 年 Topcu [12] 通过试验对比了不同再生粗骨料取代率下的再生混凝土的单轴受压应力–应变曲线，发现随着再生粗骨料的增加，再生混凝土的抗压强度和弹性模量降低。Poon [13] 等比较了再生混凝土与普通混凝土的界面结构，发现再生粗骨料与砂浆的界面处呈现多孔的特征。Otsnki 等 [14] 的研究发现，在低水灰比的时候，再生粗骨料混凝土的抗压强度和抗拉强度比普通混凝土低。Gerardu 等 [15] 研究表明，相同条件下再生混凝土的徐变应变比普通混凝土大 40%；再生混凝土的弹性模量较普通混凝土的最多降低 15%。Kliszczewicz 等 [16] 研究了用强度等级为 C35-C70 的再生集料配制的混凝土的各项性能, 并提出高性能混凝土的概念。Mandal 和 Gupta [17] 的试验结果发现再生混凝土各龄期的抗折强度均低于普通混凝土，平均降低幅度为 12%。Tam 等 [18] 对用两次混合法配制的再生混凝土进行了微观分析，指出再生混凝土的质量通过两次加料法可以大大改善其工作性能。澳大利亚的 Sagoe-Crentsil [19] 对用再生粗集料配制的混凝土的性能进行了研究。

近年来，国内一些专家学者在废混凝土利用方面进行了一些基础性的试验研究，取得了一定的研究成果。其中同济大学肖建庄等 [20] 利用细微观试验，形貌观察和计算机分析等手段，综合分析了再生混凝土力学性能的本质影响因素和破坏机理；华北水利水电学院邢振贤等 [21] 对再生混凝土基本性能进行了研究；东南大学材料科学与工程系的张亚梅等 [22] 对再生混凝土配合比设计进行了初探。

由于再生混凝土的力学性能及破坏机理与其微观结构密切相关，利用数值分析手段进行再生混凝土的静、动态损伤破坏机理分析，并与试验结果相互验证，此种分析方法是研究再生混凝土力学性能及破坏机理的主要方向。

1.2.3　混凝土细观结构数值模拟研究简介

由于试验条件的限制，往往混凝土力学试验结果不能全部反映试件的材料特性。随着细观力学理论的发展和高速度大容量电子计算机的出现，为数值模拟再生混凝土的力学性能及破坏机理提供了一种新的分析途径。细观力学数值模拟可以取代部分试验，可得到试验手段无法分析的细观损伤及破坏机理。用计算机模拟和预测材料的破坏过程已成为混凝土力学研究的热点。20 世纪 90 年代，以基本试验数据和静动力学理论为基础，用数值方法模拟混凝土细观结构裂纹产生、扩展及与宏观力学性能相关的细观力学已经发展成为的主要研究方向之一。混凝土细观层次上是由粗、细骨料、水泥水化产物、未水化水泥颗粒、孔隙、裂缝等所组成的连续不匀质多相复合材料。为了对各相材料的力学性质进行细观力学数值模拟，人们提出了许多研究混凝土断裂过程的细观力学模型，最具典型的主要有以下几种。

1. 格构模型

在细观尺度上，格构模型将连续介质离散成由弹性杆或梁单元连结而成的格构系统，每个单元代表材料的一小部分 (如岩石、混凝土的固体基质)。单元采用简单的本构关系 (如弹脆性本构关系) 和破坏准则，并考虑骨料分布及各相力学特性分布的随机性。Schlangen 等 [23−25] 将格构模型应用于混凝土断裂破坏研究，模拟了混凝土及所表现的典型破坏机理。Van Mier 等 [25−28] 用格构模型模拟了单轴拉伸、单轴压缩联合拉剪等试验，并成功将其应用于三维问题。在国内，杨强等 [29−31] 采用该模型模拟了岩石类材料开裂、破坏过程和岩石中锚杆拔出试验。

2. 随机骨料模型

清华大学刘光廷、王宗敏 [32] 将混凝土看作由骨料、硬化水泥胶体以及两者之间的粘结带组成的三相非均质复合材料。借助由富勒 Fuller 三维骨料级配曲线转化到二维骨料级配曲线的 Walraven 公式，确定骨料级配。按照蒙特卡罗方法在试件内随机生成骨料分布模型。将有限元网格投影到该骨料结构上，根据骨料在网格中的位置判定单元类型。

宋玉普 [33] 基于随机骨料模型模拟计算了单轴抗拉、抗压的各种本构行为，计算了双轴下的强度及劈裂破坏过程，并引入了断裂力学的强度准则，模拟了各种受力状态下的裂纹扩展。彭一江、黎保琨等 [34,35] 研究了碾压混凝土细观损伤断裂，模拟了碾压混凝土静力特性及试件尺寸效应。马怀发等 [36] 模拟计算单轴受压及弯拉，并分析了随机骨料分布及单元尺寸的影响。

3. 随机力学特性模型

东北大学唐春安等 [37] 为了考虑混凝土各相组分力学特性分布的随机性，将各组分的材料特性按照某个给定的 Weibull 分布来赋值。各个组分 (包括砂浆基质、骨料和界面) 投影在网格上进行有限元分析，并赋予各相材料单元以不同的力学参数，从数值上得到一个力学特性随机分布的混凝土数值试样。用有限元法进行细观单元的应力分析。按照弹性损伤本构关系描述细观单元的损伤演化。按最大拉应力 (或者拉应变准则) 和摩尔库仑准则分别作为细观单元发生拉伸损伤和剪切损伤的阈值条件。

除以上几种模型外，国内外学者也发展了不少其他的计算分析模型，Strack 和 Cundall [38] 提出了颗粒体离散元模型，Bažant 等 [39] 提出了微平面模型，邢纪波 [40,41] 提出了基于离散元法的梁–颗粒模型，宋玉普 [42] 基于基于刚体–弹簧单元多相细观模型模拟了混凝土的抗拉压和抗折破坏过程，Caballero 等 [43] 提出了界面元方法，Grassl 等 [44] 对格够模型进行了改进，使得该模型更为合理。

近年来，又发展出了以下成果:

(1) 细观力学等效弹性模量预测方法

复合材料是指由两种或者两种以上介质组成的混合材料，由于复合材料的非均质使得它的力学性能呈现非线性，力学性质较复杂。复合材料的杨氏模量和泊松比等弹性常量表征着材料的力学性能，也是材料设计和结构设计必不可少的重要参数，而测量具有夹杂的复合材料的有效弹模远比没有夹杂的材料的有效弹模复杂得多。通常的方法是进行拉伸试验，获得应力应变曲线，将初始斜率作为复合材料的弹性模量，然而这种方法所得的弹性模量偏差较大，使得复合材料有效模量的预测成为目前深受关注的重要问题之一。

目前复合材料的有效模量大多是由现场试验所得，不仅耗时耗力，而且源于现场试验条件的不同，所得的材料的有效模量相差较大。为此国内外专家提出了各种细观理论对复合材料的有效模量进行预测。Voigt [45] 和 Reuss [46] 最早采用并联和串联模型来研究非均质复合材料的有效弹性特性；基于变分原理，Hashin 和 Shtrikman [47] 提出了一个等效力学模型，改进了有效力学参数解的精度。Eshelby [48] 于 1957 年基于相变应变的概念提出了 Eshelby 夹杂模型，用于研究单个夹杂在无限大弹性连续介质中材料的本构关系，运用应力等效方法求得等效体的弹性模量；Mori 和 Tanaka [49] 于 1973 年提出了 Mori-Tanaka 法，该方法将夹杂嵌于无限大的基体中，并假定受到的远场应力不是外部施加的应力，该方法可以直接给出复合材料模量的直接表达式，故而被广泛应用 [50]。Kerner [51] 提出自洽法，并用来研究多晶体材料的弹性性能，Hill [52] 和 Budiansky [53] 进一步将其应用于复合材料有效弹性模量的预测。Bensoussan [54] 针对周期性细观结构提出了均匀化理论，该方法基于摄动理论可以应用于具有周期性非均匀复合材料的多尺度分析中。Hashin [55] 提出复合球体模型，适用于复合球体尺寸不同的复合材料。此外，国内外专家在这些模型的基础上进行了大量研究，得到了很多相对精确的结果。

对于混凝土材料，在研究其宏观力学性能时，更多的时候是通过细观层次结构模型与宏观层次力学特性的纽带关系，来研究不均匀性对材料宏观力学特性的影响，因此，把握材料的非均匀性，而不一定采用严格的细观力学模型，采用单元等效化方法简化模型，在保证计算精度的前提下，提高计算效率。

本书中首先将再生混凝土看成是由骨料、老砂浆、新砂浆、骨料和老砂浆的界面过渡区及老沙浆和新砂浆的界面过渡区五相复合材料组成，建立其细观随机骨料模型；其次依据再生混凝土材料单元尺度来剖分有限元网格并投影到以建立的细观随机骨料模型上，各单元的力学特性分别采用并联和串联模型的单元等效化方法来确定。

(2) 基于数字图像技术的混凝土细观力学

基于数字图像技术的混凝土细观力学研究方法是采用结构断面的图像建立二维或者三维的细观结构，该方法可以建立混凝土真实的细观模型。随着计算机图像处理能力的提高，通过混凝土的图像处理建立计算模型得到较快发展，并取得了显著成果。Büyüköztürk [56] 通过对比 CT 方法、热红外线法、微波法、和声发射法等，得出 CT 方法是研究混凝土内部结构的有效方法；Mora 等 [57] 研究了数字图像处理技术在骨料生成上的应用；Lawler 等 [58] 数字图像关联术 (DIC) 适用于观察混凝土表面的小裂纹，X 射线 CT 描述混凝土内部大裂纹更有效，并根据混凝土破裂后的 CT 图像讨论了骨料形状、裂纹形状对混凝土强度和韧性的影响；Yang 等 [59] 提出了从扫描电镜照片中分离出骨料元素的通用方法；Yue 等 [60] 发展了一种基于数字图像的有限元方法 (DIP-FEM)，并研究了沥青混凝土中集料形状和空间分布对混合料力学性质的影响；党发宁等 [61] 利用 CT 图像信息研究了混凝土细观破坏过程；姜袁等 [62]、戚永乐等 [63] 对二维 CT 图像处理，重构混凝土的二维、三维模型，并进行有限元分析；于庆磊等 [64] 依据处理后的数字图片建立混凝土损伤数值模型，模拟了混凝土单轴载荷下的破坏过程；杜成斌等 [65] 利用了 CT 切片混凝土三维模型的重构技术；肖建庄等 [66] 利用数字图像技术，对再生混凝土弯折试验的疲劳破坏进行了统计研究。

以上研究得到了真实的骨料形状和分布情况，能较好的表征混凝土的细观非均质性，但多以 CT 图像为研究对象，CT 图像的采样成本高，对试件尺寸、形状和环境有限制，广泛应用成本较高，而数码相机或得混凝土截面数字照片反映了材料的颜色分布，从混凝土中提取出混凝土的各相信息成本低，操作简便，可以广泛使用。

本书中将以再生混凝土截面数字照片为研究对象，应用 MATLAB 处理工具提取再生混凝土的各相成分，读入到自编 FORTRAN 程序中，建立起再生混凝土细观层次力学模型，并进行单轴拉压数值分析。

1.3　再生混凝土材料力学性能的动态效应简介

混凝土材料具有典型的率敏感性质。因此，在抗震动力安全评价中，不仅要考虑结构的整体动力效应，还需要考虑加载速率对混凝土各项力学性能的影响，如强度、弹性模量、变形特性、吸能能力和泊松比等。早在 1917 年，Abrams [67] 就对混凝土材料进行了单轴动态 (应变速率约为 $2\times10^{-4}\text{s}^{-1}$) 和静态 (应变速率约为 $8\times10^{-6}\text{s}^{-1}$) 压缩试验，发现混凝土材料抗压强度存在率敏感性，标志着混凝土材料动态力学性能研究的开始，但是直到 20 世纪六七十年代，混凝土的动态特性才受到更多研究者的重视。

考虑到工程实际中的再生混凝土除承受正常设计的静力荷载作用之外，还要承受较多不确定因素诸如爆炸荷载、冲击荷载、地震荷载、风荷载等动力荷载的作用。在不同性质的动态荷载作用下混凝土表现出不同的动力反应，因而通过试验研究再生混凝土的动态力学性能显得十分重要。混凝土结构在承受不同荷载作用时，产生的应变率范围分布很广，如图 1.2 所示。蠕变状态的应变率小于 10^{-6}s^{-1}，地震荷载作用下结构的应变率响应主要集中在 $10^{-3}\sim10^{-2}\ \text{s}^{-1}$ 的范围内，冲击荷载 (碰撞) 作用下应变率主要分布在 $10^{0}\sim10^{1}\ \text{s}^{-1}$ 的量级，爆炸荷载作用下的应变率高于 10^{2}s^{-1}。

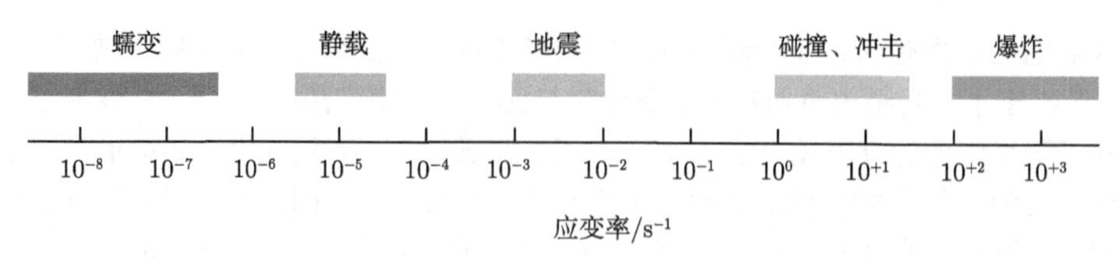

图 1.2 不同性质荷载作用下的混凝土应变率分布范围

混凝土材料在动力荷载作用下表现出的一些与静力加载所不同的特性，很大程度上取决于混凝土材料内部微细观结构的组成形态。近些年来，在混凝土的动力特性研究方面，国内学者做了大量试验研究。

对于混凝土材料动态抗压方面：Bischoff 等 [68] 总结了 1985 年 Malvern 研究以前的动力试验研究工作，统计了不同应变率下普通混凝土的动态抗压强度及抗压强度提高因子，得出应变率是使混凝土动态极限强度最主要因素的结论。1997 年，董毓利等 [69] 对于应变率由 10^{-5} ~10^{2} s^{-1} 八个量级范围内的混凝土进行受压试验，发现在不同应变率下，应力–应变曲线的相似性很强，随应变速率的提高，峰值应力和峰值应变同样有所提高，但弹性模量基本不变。1999 年，Kishen 等 [70] 进行了多种荷载作用下的力学性能试验，研究了粘结带界面对于混凝土材料的性能影响。2003 年，林皋等 [71] 应用一致粘塑性模型研究计算了混凝土的应变速率敏感性对与结构动力响应的影响。2002 年，肖诗云等 [72] 对普通混凝土试件进行了试验研究，通过运用静动力电液伺服试验系统，对试件在应变率为 10^{-5} ~10^{-2} s^{-1} 范围内进行动力单轴直接压缩试验，试验结果显示混凝土极限抗压强度随着应变率的增加明显增加了，由 $10^{-5}s^{-1}$ 时的 22.0MPa 提高到 $10^{-2}s^{-1}$ 时的 25.4MPa，增幅 15.6%。

对于混凝土材料动态抗拉方面：Ross [73] 使用 Hopkinson 压杆试验设备对混凝土进行直接拉伸试验，测得当应变率为 17.8s^{-1} 时，混凝土抗拉强度增加系数达到 6.47。John [74] 对混凝土进行劈裂拉伸试验，应变率从 5×10^{-7} ~70 s^{-1} 范围变化，测得的强度增加系数达到 4.8。尚仁杰 [75] 对哑铃形混凝土试件 (单轴强度约为 30MPa) 在不同应变率条件下 (10^{-5} ~2×10^{-2} s^{-1})，进行单轴直接拉伸试验，通过试验得出不同速率下应力–位移全过程曲线，并研究了骨料最大粒径及试件尺寸对混凝土动态抗拉强度的影响。肖诗云等 [76] 研究了中部受拉区尺寸横截面为 70mm×70mm 的混凝土哑铃形试件 (强度约为 20MPa) 在不同应变速率下 (10^{-5} ~10^{-2} s^{-1}) 的单轴直接拉伸特性，分析了应变速率对弹性模量、泊松比、吸能能力等动力性能的影响。田子坤等 [77] 对 C25 强度混凝土进行了率敏感性研究，同时研究了加载历史对混凝土抗拉性能的影响。闫东明等 [78] 对强度等级为 C20 及 C10 的普通混凝土进行应变率为 10^{-5} ~$10^{-0.3}$ s^{-1} 范围内，进行单轴动态直接拉伸试验，研究了应变速率对动拉强度、变形能力及耗能性能的影响，对强度、峰值应变、割线弹模分别给出了反映应变速率影响的经验公式。肖建庄等 [79] 对 5 组棱柱体再生混凝土试件 (受拉区尺寸为 100mm×100mm×200mm) 进行单轴直接拉伸试验，研究了再生骨料取代率在抗拉强度与变形的影响规律，并提出了再生混凝土受拉性能计算的经验公式。

1.4 基面力元法研究现状

2003 年高玉臣 [80] 较系统地提出了 “基面力 (Base Forces, BF)” 的理论体系，给出了弹性大变形新的描述方法。利用 “基面力” 概念，可以完全替代传统的各种二阶应力张量描述一物质点在初始构型和当前构型的应力状态，可以得到弹性力学基本方程 (平衡方程、边界条件、本构关系) 的简洁表达式，还可以建立势能原理和余能原理。在研究物体的力学行为，特别是有限变形的分析中，一阶张量基面力具有传统的二阶应力张量无法比拟的优越性，提供了一个很好的分析工具，并且已经解决了一系列带有奇异点的代表性问题 [81−99]，基面力概念给出了推导空间任意多面体单元刚度矩阵和柔度矩阵显式表达式的思路，为基面力概念在有限元领域的应用奠定了理论基础。

彭一江从 2003 年开始从事基于基面力概念的有限元理论研究及软件开发工作 [100]，在基面力元法模型研究、软件开发和基面力元性能分析方面进行了一些前期的基础研究和开发工作 [101−109]，并将这种基于基面力概念的有限元法称为：“基面力元法”(Base Force Element Method, BFEM) [110,111]。进一步探索 “基面力元法 (BFEM)” 在大规模工程计算中的应用，拓宽此方法的应用范围，将具有较重要的理论意义和应用价值。近年来，该课题组在余能原理基面力元法，以及势能原理基面力元法在再生混凝土材料细观损伤分析方面开展了一些研究工作 [211−222]。

1.5 本书的主要内容

本书从高玉臣院士提出的基面力概念出发，基于基面力概念的新型势能原理有限元法的基础上，推导出平面三角形基面力元模型及空间四节点四面体基面力元模型，并将该算法运用于大规模工程计算，研究再生混凝土的细观损伤与宏观力学性能。

全书共分为三大部分：第一部分介绍基面力基本概念；第二部分介绍再生混凝土数值模型及求解方法；第三部分介绍数值模型计算基本成果。

第一部分包括四章，主要有：

(1) 介绍基面力基本理论，给出了基面力元法所需的平衡方程、边界条件、本构关系的简洁表达式。

(2) 从"基面力"概念出发，利用最小势能原理，推导平面基面力元模型和空间基面力元模型。

(3) 考虑惯性力和阻尼力，运用 Newmark-β 法求解基面力元法的动力问题。

第二部分包括六章，主要有：

(1) 针对再生混凝土材料的数值仿真试验课题，建立了二维随机圆骨料模型、二维随机凸多边形骨料模型、三维随机球骨料模型及基于数字图像技术的二维真实骨料分布模型。

(2) 根据再生混凝土材料的细观特性，介绍了本研究中应用到的一些本构损伤模型。

(3) 在已有的线性基面力元法分析软件的基础上，运用 FORTRAN 语言，分别开发出了静力和动力损伤问题的全量法基面力元非线性分析软件，并开发出相应的网格剖分及参数自动识别前处理软件。

第三部分包括八章，主要有：

(1) 分别基于二维随机圆骨料模型、二维随机凸多边形骨料模型、三维随机球骨料模型及二维真实骨料分布模型，利用损伤问题的三角形基面力元非线性分析软件，进行了单轴抗拉强度、单轴抗压强度的数值分析，模拟了再生混凝土材料的损伤破坏机理及破坏过程，探讨了尺寸效应、骨料形状影响规律，并将数值仿真结果与试验结果进行对比分析。

(2) 以立方体标准试块为基础，进行单轴拉压数值模拟，探讨了不同粗网格情况下，并联的均质化模型和串联的均质化模型对计算试块结果及计算效率的影响。

(3) 对再生混凝土试件随机圆骨料模型进行动力加载数值模拟，通过控制动位移加载速率，研究不同应变率条件下再生混凝土立方体轴心抗拉、抗压以及 L-型板拉剪、梁纯弯状态下的动力响应。

(4) 研究再生混凝土细观模型中各组分细观力学参数及参数的均质性对数值模拟结果的影响。

第一部分

基于势能原理的基面力元法

第 2 章　基面力基本理论简介

本章以高玉臣提出的基面力理论为基础，首先介绍了位移与各应变张量的关系表达式、基面力与各应力张量的关系表达，然后给出了基面力元法所需的平衡方程、边界条件、本构关系的简洁表达式，为第 3 章推导基于势能原理的基面力元法模型奠定理论基础。

2.1　基　面　力

高玉臣提出一个描述应力状态的新概念 ——“基面力”[80,98]，它远较传统的应力张量简单，并且解决了一系列难以解决的具体问题。利用基面力，各种应力张量都可以由表征位移的协变矢基的并矢来表示，可以得到弹性力学基本方程 (平衡方程、边界条件、本构关系) 的简洁表达式。在研究物体的力学行为，特别是大变形的分析中，基面力具有传统的二阶应力张量无法比拟的优越性，提供了一个很好的分析工具。基面力的优越性不仅表现在将繁冗公式的推导简化、给出有限元刚度阵简洁的表达式，也表现在建立大变形余能原理方面。

考虑三维弹性体区域，$\boldsymbol{Q}$ 表示变形后的径矢，$x^i(i=1,2,3)$ 表示 Lagrange 坐标，则变形后的坐标标架为 [98,112]

$$\boldsymbol{Q}_i=\frac{\partial \boldsymbol{Q}}{\partial x^i} \tag{2.1.1}$$

为了描述 $\boldsymbol{Q}$ 点附近的应力状态，在向量 $\mathrm{d}x^1\boldsymbol{Q}_1$，$\mathrm{d}x^2\boldsymbol{Q}_2$，$\mathrm{d}x^3\boldsymbol{Q}_3$ 上作一个平行六面体微元，$\mathrm{d}x^1\boldsymbol{Q}_1$，$\mathrm{d}x^2\boldsymbol{Q}_2$，$\mathrm{d}x^3\boldsymbol{Q}_3$ 所对应的面上的力记为 $\mathrm{d}\boldsymbol{T}^1$，$\mathrm{d}\boldsymbol{T}^2$，$\mathrm{d}\boldsymbol{T}^3$，如图 2.1 所示，并做如下定义：

$$\boldsymbol{T}^i=\frac{1}{\mathrm{d}x^{i+1}\mathrm{d}x^{i-1}}\mathrm{d}\boldsymbol{T}^i,\quad \mathrm{d}x^i\to 0 \tag{2.1.2}$$

这里约定 $3+1\to 1$，$1-1\to 3$。式中，$\boldsymbol{T}^i(i=1,2,3)$ 称为坐标系 x^i 中 $\boldsymbol{Q}$ 点的基面力。

为了说明 $\boldsymbol{T}^i$ 的作用，作一个外法线为 $\boldsymbol{n}$ 的任意平面 π 与坐标轴在 $\mathrm{d}x^i(i=1,2,3)$ 处相交，如图 2.2 所示。

由三个坐标面与平面 π 所围成的四面体侧面上受的力向量为 $-\boldsymbol{T}^i\mathrm{d}x^{i+1}\mathrm{d}x^{i-1}/2$，而在平面 π 上受的力向量以 $\mathrm{d}S\boldsymbol{\sigma}^n$ 表示。这里 $\mathrm{d}S$ 为平面 π 的面积，$\boldsymbol{\sigma}^n$ 为 π 上的应力向量。由四面体的平衡条件，并考虑式 (2.1.2)，可得

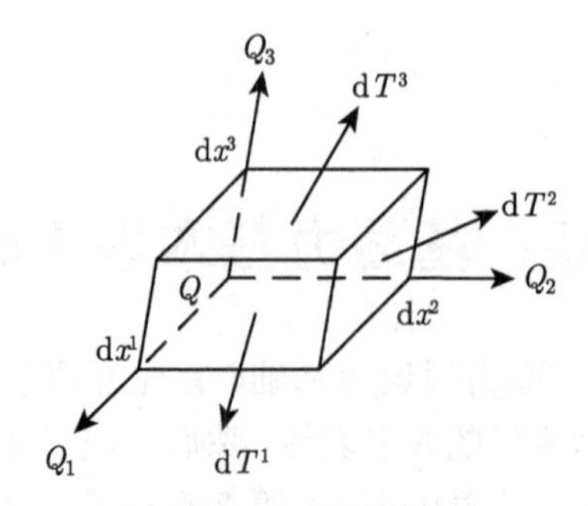

图 2.1　基面力

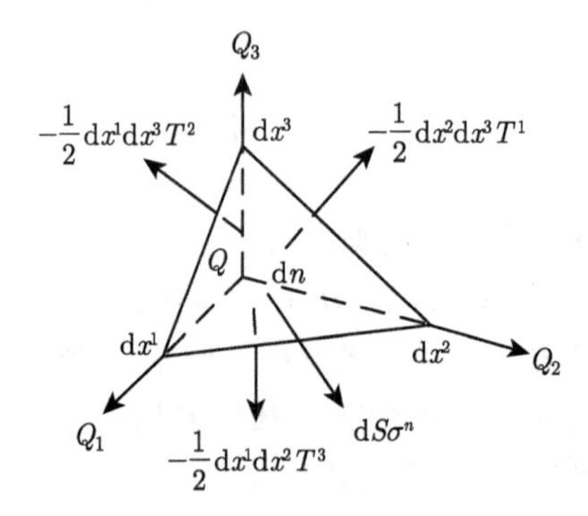

图 2.2　四面体上的力

$$\boldsymbol{\sigma}^n\mathrm{d}S = \frac{1}{2}\mathrm{d}x^1\mathrm{d}x^2\mathrm{d}x^3\left(\frac{1}{\mathrm{d}x^1}\boldsymbol{T}^1 + \frac{1}{\mathrm{d}x^2}\boldsymbol{T}^2 + \frac{1}{\mathrm{d}x^3}\boldsymbol{T}^3\right) \tag{2.1.3}$$

若以 $\mathrm{d}V$ 表示四面体的体积，$\mathrm{d}n$ 表示从点 $\boldsymbol{Q}$ 到平面 π 的垂线长度，则

$$\mathrm{d}V = \frac{1}{6}V_Q\mathrm{d}x^1\mathrm{d}x^2\mathrm{d}x^3 = \frac{1}{3}\mathrm{d}n\cdot\mathrm{d}S \tag{2.1.4}$$

式中 V_Q 为 x^i 系统的基容。

$$V_Q = (\boldsymbol{Q}_1, \boldsymbol{Q}_2, \boldsymbol{Q}_3) \tag{2.1.5}$$

由方程 (2.1.3) 和 (2.1.4)，可得

$$\boldsymbol{\sigma}^n = \frac{1}{V_Q}\boldsymbol{T}^i\frac{\partial n}{\partial x^i} \tag{2.1.6}$$

注意，这里有

$$\frac{\partial n}{\partial x^i} = \boldsymbol{Q}_i\cdot\boldsymbol{n} = n_i \tag{2.1.7}$$

则式 (2.1.6) 可写为

$$\boldsymbol{\sigma}^n = \frac{1}{V_Q}\boldsymbol{T}^i n_i \tag{2.1.8}$$

方程 (2.1.8) 表明，基面力可以给出一点应力状态的完整描述。

任意方位的平面上的应力 $\boldsymbol{\sigma}^n$ 可由其法向量 $\boldsymbol{n}$ 与 Cauchy 应力张量 $\boldsymbol{\sigma}$ 点乘得到，即

$$\boldsymbol{\sigma}^n = \boldsymbol{\sigma} \cdot \boldsymbol{n} \tag{2.1.9}$$

为了进一步解释基面力 T^i 的含义，令 $\boldsymbol{\sigma}^i$ 表示第 i 个坐标面上的应力，根据式 (2.1.2)，得

$$\boldsymbol{T}^i = A^i \boldsymbol{\sigma}^i \tag{2.1.10}$$

其中，

$$A^i = \left| \boldsymbol{Q}_{i+1} \times \boldsymbol{Q}_{i-1} \right| \tag{2.1.11}$$

A^i 被称为基面积，在式 (2.1.10) 中因为 i 处在相同的水平上，不求和。

2.2 基面力与应力张量关系表达式

基面力 $\boldsymbol{T}^i$ 表示的 Cauchy 应力张量 $\boldsymbol{\sigma}$ 的表达式为

$$\boldsymbol{\sigma} = \frac{1}{V_Q} \boldsymbol{T}^i \otimes \boldsymbol{Q}_i \tag{2.2.1}$$

式中，V_Q 为 x^i 系统的基容，

$$V_Q = (\boldsymbol{Q}_1, \boldsymbol{Q}_2, \boldsymbol{Q}_3) \tag{2.2.2}$$

由上面可知，Cauchy 应力可以用基面力来表示，故此可以看出基面力和其他种应力张量一样可以用来描述一点的应力状态。

2.3 基面力对偶量

考虑三维弹性体区域，$\boldsymbol{P}$、$\boldsymbol{Q}$ 分别表示该连续体某一物质点变形前和变形后的矢径，则该物质点位移可以表示为

$$\boldsymbol{u} = \boldsymbol{Q} - \boldsymbol{P} \tag{2.3.1}$$

该物质点变形前及变形后的基矢量分别用 $\boldsymbol{P}_i$,$\boldsymbol{Q}_i$ 表示，即

$$\boldsymbol{P}_i = \frac{\partial \boldsymbol{P}}{\partial x^i}, \quad \boldsymbol{Q}_i = \frac{\partial \boldsymbol{Q}}{\partial x^i} \tag{2.3.2}$$

式中，x^i 为物质点的 Lagrange 坐标。

位移梯度为

$$\boldsymbol{u}_i = \frac{\partial \boldsymbol{u}}{\partial x^i} = \boldsymbol{Q}_i - \boldsymbol{P}_i \tag{2.3.3}$$

位移梯度 $\boldsymbol{u}_i$ 与基面力 $\boldsymbol{T}^i$ 可以构成应变能，故位移梯度 $\boldsymbol{u}_i$ 为基面力 $\boldsymbol{T}^i$ 的对偶量。

2.4 基面力理论基本方程

2.4.1 基面力表示的平衡方程

平衡方程就是应力、体积力和惯性力相平衡，对于静态问题，平衡方程可写成

$$\frac{\partial}{\partial x^i}\boldsymbol{T}^i + \rho_0 V_P \boldsymbol{f} = 0 \tag{2.4.1}$$

或

$$\frac{\partial}{\partial x^i}\boldsymbol{T}^i + \rho V_Q \boldsymbol{f} = 0 \tag{2.4.2}$$

式中，$\boldsymbol{f}$ 为单位质量物体所受的体力。

2.4.2 位移梯度表示的几何方程

在基面力弹性理论中用位移梯度表示物体的变形，几何方程也可以由位移梯度来表达。对于小变形情况，几何方程可写为

$$\boldsymbol{\varepsilon} = \frac{1}{2}\left(\boldsymbol{u}_i \cdot \boldsymbol{P}_j + \boldsymbol{P}_i \cdot \boldsymbol{u}_j\right)\boldsymbol{P}^i \otimes \boldsymbol{P}^j \tag{2.4.3}$$

或

$$\boldsymbol{\varepsilon} = \frac{1}{2}\left(\boldsymbol{u}_i \otimes \boldsymbol{P}^i + \boldsymbol{P}^i \otimes \boldsymbol{u}_i\right) \tag{2.4.4}$$

2.4.3 基面力表示的物理方程

基面力 $\boldsymbol{T}^i$ 表示的物理方程为

$$\boldsymbol{T}^i = \rho_0 V_P \frac{\partial W}{\partial \boldsymbol{Q}_i} \tag{2.4.5}$$

或

$$\boldsymbol{T}^i = \rho V_Q \frac{\partial W}{\partial \boldsymbol{Q}_i} \tag{2.4.6}$$

式中，W 表示变形前单位质量的应变能；ρ_0、ρ 分别表示变形前、变形后的物质密度；V_P 和 V_Q 分别表示变形前和变形后的基容：

$$V_P = (\boldsymbol{P}_1,\ \boldsymbol{P}_2,\ \boldsymbol{P}_3),\quad V_Q = (\boldsymbol{Q}_1,\ \boldsymbol{Q}_2,\ \boldsymbol{Q}_3) \tag{2.4.7}$$

2.4.4 基面力表示的边界条件

如图 2.3 所示的物质区域，S_u 为给定位移 $\boldsymbol{u}$ 的边界，S_{T} 为给定面力的边界。

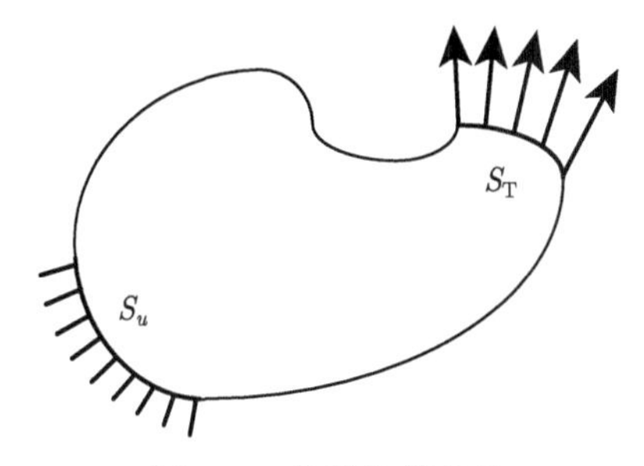

图 2.3 各种边界条件

(1) 位移边界条件：

$$\boldsymbol{u}=\bar{\boldsymbol{u}}, \quad 在\ S_u\ 上 \tag{2.4.8}$$

式中，$\bar{\boldsymbol{u}}$ 为当前边界上给定的位移。

(2) 应力边界条件：

$$\frac{1}{V_Q}\boldsymbol{T}^i n_i=\bar{\boldsymbol{T}}, \quad 在\ S_{\mathrm{T}}\ 上 \tag{2.4.9}$$

式中，$\bar{\boldsymbol{T}}$ 为当前边界上给定的面力；$\boldsymbol{n}$ 为当前面 S_{T} 的法线。

应力边界条件 (2.4.9) 还可写为

$$\frac{1}{V_P}\boldsymbol{T}^i\left(\boldsymbol{P}_i\cdot\boldsymbol{m}\right)=\frac{1}{V_P}\boldsymbol{T}^i m_i=\bar{\boldsymbol{T}}_0, \quad 在\ S_T\ 上 \tag{2.4.10}$$

式中，$\boldsymbol{m}$ 表示变形前应力边界的单位法矢量；$\bar{\boldsymbol{T}}_0$ 为变形前应力边界上的面力。

2.5 本章小结

(1) 本章简单介绍了高玉臣提出的基面力描述方法，根据基面力理论给出了一种以基面力为基本未知量的新型有限元法 —— 基面力元法的基本公式。

(2) 与传统的有限元法基本公式相比，本章“基面力元法的基本公式”中建立的有限元基本公式不仅给出了新的描述方法，而且在描述理念上有本质不同。

(3) 针对本书介绍的基面力元法所需的基本公式、基本力学量进行了讨论，并给出了详细推导过程。

(4) 本章的研究工作表明，采用基面力矢量的这种新的应力状态的描述方法，可以取代传统的二阶张量的描述方法，建立了此种新型有限元所需的基本公式。

(5) 本章的研究工作将为后续基面力元法理论体系的研究奠定理论基础。

第 3 章　基于势能原理的二维基面力元法

单元刚度矩阵的生成是势能有限元法的核心。传统势能原理有限元法均采用传统二阶应力张量的描述体系，求解思路通常为先找到必须满足单元之间位移协调的各种单元的位移插值函数，从而形成应变矩阵 $\boldsymbol{B}$，再利用公式计算单元刚度矩阵 $\boldsymbol{K}$，

$$\boldsymbol{K} = \int_V \boldsymbol{B}^{\mathrm{T}} \boldsymbol{D} \boldsymbol{B} \mathrm{d}A$$

式中，A 为单元面积；$\boldsymbol{D}$ 为弹性矩阵。

首先要找到满足位移协调的各种单元的位移插值函数就比较困难，且单元的形状也受到限制；另外单元刚度矩阵 $\boldsymbol{K}$ 一般不能得出积分显示[113,114]，需进行数值积分，从而导致精度损失，且编程计算较为复杂。

2003 年高玉臣[80] 提出一个描述应力状态的新概念 ——“基面力”，并给出了推导单元刚度矩阵的思路，为基面力概念在有限元领域的应用奠定了理论基础。

本章中，将拟利用 “基面力” 概念和势能原理，建立三角形基面力元模型。为后续章节进一步研究损伤问题的非线性基面力元法及开发相应的分析软件奠定基础。

3.1　基面力元法的基本方程

考虑二维的固体区域，$x^{\alpha}(\alpha = 1,2)$ 表示物质点的 Lagrange 坐标，其中 $\boldsymbol{P}$ 和 $\boldsymbol{Q}$ 分别表示变形前后物质点的位置矢量。则变形前后的坐标标架，即矢基定义如下：

$$\boldsymbol{P}_{\alpha} = \frac{\partial \boldsymbol{P}}{\partial x^{\alpha}}, \quad \boldsymbol{Q}_{\alpha} = \frac{\partial \boldsymbol{Q}}{\partial x^{\alpha}} \tag{3.1.1}$$

物质点的位移：

$$\boldsymbol{u} = \boldsymbol{Q} - \boldsymbol{P} \tag{3.1.2}$$

位移梯度：

$$\boldsymbol{u}_{\alpha} = \frac{\partial \boldsymbol{u}}{\partial x^{\alpha}} = \boldsymbol{Q}_{\alpha} - \boldsymbol{P}_{\alpha} \tag{3.1.3}$$

对于小变形情况，应变张量 $\boldsymbol{\varepsilon}$ 可写为

$$\boldsymbol{\varepsilon} = \frac{1}{2}(\boldsymbol{u}_i \otimes \boldsymbol{P}^i + \boldsymbol{P}^i \otimes \boldsymbol{u}_i) \tag{3.1.4}$$

以向量 $\mathrm{d}x^1\boldsymbol{Q}_1$，$\mathrm{d}x^2\boldsymbol{Q}_2$ 为边界作一个平行四边形微元，来描述 $\boldsymbol{Q}$ 点附近的应力状态，如图 3.1 所示，并做如下定义：

$$\boldsymbol{T}^\alpha = \frac{\mathrm{d}\boldsymbol{T}^\alpha}{\mathrm{d}x^{\alpha+1}}, \quad \mathrm{d}x^\alpha \to 0 \tag{3.1.5}$$

这里约定 $2+1\to 1, 1-1\to 2$。式中，$\boldsymbol{T}^\alpha(\alpha=1,2)$ 称为二维坐标系 x^α 中 $\boldsymbol{Q}$ 点的基面力 [111]。

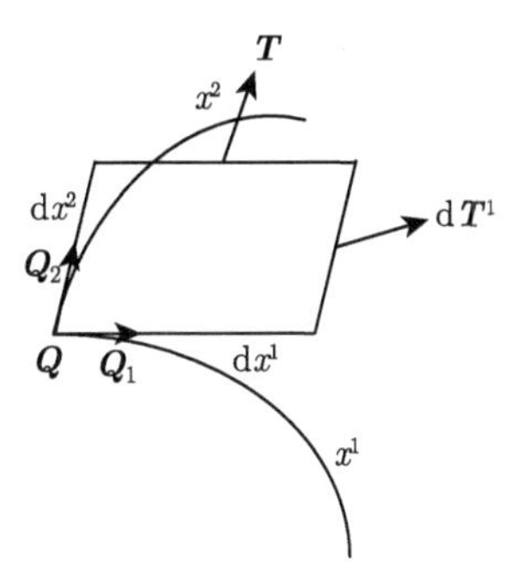

图 3.1　基面力

根据不同的应力张量的定义，可以推导出基面力与各种应力张量之间的关系。其中基面力 $\boldsymbol{T}^\alpha$ 与 Cauchy 应力张量 $\boldsymbol{\sigma}$ 的关系表达式为

$$\boldsymbol{\sigma} = \frac{1}{A_Q}\boldsymbol{T}^\alpha \otimes \boldsymbol{Q}_\alpha \tag{3.1.6}$$

进而，基面力可表示如下：

$$\boldsymbol{T}^\alpha = \rho A_Q \frac{\partial W}{\partial \boldsymbol{u}_\alpha} = \rho_0 A_p \frac{\partial W}{\partial \boldsymbol{u}_\alpha} \tag{3.1.7}$$

式中，ρ_0 为变形前的物质密度；ρ 为变形后的物质密度；W 为应变能密度。

式 (3.1.7) 为用应变能密度 W 表示基面力 $\boldsymbol{T}^\alpha$ 的表达式。因此，位移梯度 $\boldsymbol{u}_\alpha$ 是基面力 $\boldsymbol{T}^\alpha$ 的共轭变量。由此可以得到，所有力学问题都可以用 $\boldsymbol{T}^\alpha$ 和 $\boldsymbol{u}_\alpha$ 来描述。

3.2　三角形基面力元模型

基于“基面力的概念”推导一个三角形基面力元刚度矩阵的显式表达式。如图 3.2 为一个三角形基面力单元，用 I，J，K 表示各角点，$\boldsymbol{u}_I$，$\boldsymbol{u}_J$，$\boldsymbol{u}_K$ 表示各角点的位移。

单元真实应变 $\boldsymbol{\varepsilon}$ 可以用平均应变 $\overline{\boldsymbol{\varepsilon}}$ 与应变偏量之和来表示：

$$\boldsymbol{\varepsilon} = \overline{\boldsymbol{\varepsilon}} + \widetilde{\boldsymbol{\varepsilon}} \tag{3.2.1}$$

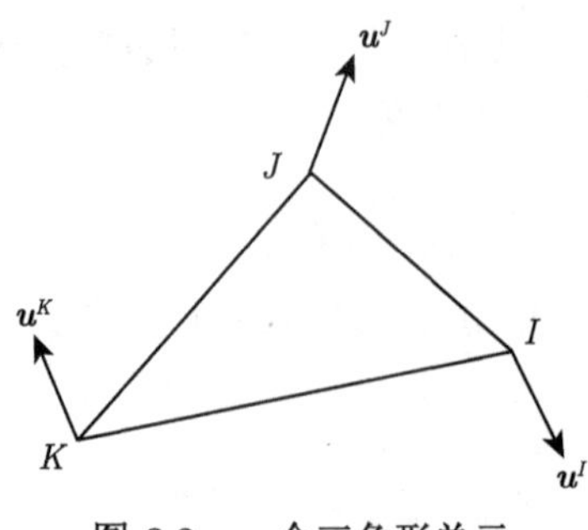

图 3.2　一个三角形单元

对于小变形问题，$\tilde{\varepsilon}$ 可以忽略，则 ε 可由 $\bar{\varepsilon}$ 来代替。我们可以得到单元的平均应变：

$$\bar{\boldsymbol{\varepsilon}} = \frac{1}{A}\int_A \boldsymbol{\varepsilon}\mathrm{d}A \tag{3.2.2}$$

式中，A 为单元面积。

将式 (3.1.4) 代入式 (3.2.2) 得到

$$\bar{\boldsymbol{\varepsilon}} = \frac{1}{2A}\int_A (\boldsymbol{u}_\alpha \otimes \boldsymbol{P}^\alpha + \boldsymbol{P}^\alpha \otimes \boldsymbol{u}_\alpha)\mathrm{d}A \tag{3.2.3}$$

根据 Green 公式，单元应变表达式 (3.2.3) 可改写为

$$\bar{\boldsymbol{\varepsilon}} = \frac{1}{2A}\int_S (\boldsymbol{u} \otimes \boldsymbol{n} + \boldsymbol{n} \otimes \boldsymbol{u})\mathrm{d}S \tag{3.2.4}$$

式中，$\boldsymbol{n}$ 为单元边界 S 的外法线矢量。

当单元区域足够小，式 (3.2.4) 可改为

$$\bar{\boldsymbol{\varepsilon}} = \frac{1}{2A}\sum_{i=1}^{3} L_i(\boldsymbol{u}_i \otimes \boldsymbol{n}_i + \boldsymbol{n}_i \otimes \boldsymbol{u}_i), \quad (i = 1, 2, 3) \tag{3.2.5}$$

式中，L_i 为边界 i 的长度，$\boldsymbol{n}_i$ 表示三角形单元的第 i 个边的外法线，$\boldsymbol{u}_i$ 表示边 i 几何中心的位移向量。

此外，假设变形过程中三角形单元的任意边界保持为直线。于是我们可以得到 $\boldsymbol{u}_i$ 的表达式如下：

$$\boldsymbol{u}_i = \frac{1}{2}(\boldsymbol{u}_I + \boldsymbol{u}_J), \quad (i = 1, 2, 3) \tag{3.2.6}$$

$\boldsymbol{u}_I$ 和 $\boldsymbol{u}_J$ 分别表示边 i 两端节点的位移向量。

将式 (3.2.6) 代入式 (3.2.5)，得出

$$\bar{\boldsymbol{\varepsilon}} = \frac{1}{2A}(\boldsymbol{u}_I \otimes \boldsymbol{m}^I + \boldsymbol{m}^I \otimes \boldsymbol{u}_I) \tag{3.2.7}$$

该式中隐含着求和约定，且式中 $\boldsymbol{m}^I$ 为

$$\boldsymbol{m}^I = \frac{1}{2}(L_{IJ}\boldsymbol{n}^{IJ} + L_{IK}\boldsymbol{n}^{IK}) \tag{3.2.8}$$

式中，L_{IJ}，L_{IK}，$\cdots$ 分别为边界 IJ，$IK,\cdots$ 的长度；n^{IJ}，$n^{IK},\cdots$ 分别表示边界 IJ，$IK,\cdots$ 的外法线向量。

对于各向同性材料，单元应变能的表达式为

$$W_D = \frac{AE}{2(1+\nu)}\left[\frac{\nu}{1-2\nu}(\bar{\boldsymbol{\varepsilon}}:\boldsymbol{U})^2 + \bar{\boldsymbol{\varepsilon}}:\bar{\boldsymbol{\varepsilon}}\right] \tag{3.2.9}$$

式中，E 为杨氏模量，ν 为泊松比。

将单元的应变张量表达式 (3.2.7) 代入单元的应变能 W_D 的表达式 (3.2.9)，则可得到

$$W_D = \frac{E}{4A(1+\nu)}\left[\frac{2\nu}{1-2\nu}(\boldsymbol{u}_I\cdot\boldsymbol{m}^I)^2 + (\boldsymbol{u}_I\cdot\boldsymbol{u}_J)m^{IJ} + (\boldsymbol{u}_I\cdot\boldsymbol{m}^J)(\boldsymbol{u}_J\cdot\boldsymbol{m}^I)\right] \tag{3.2.10}$$

式中，

$$m^{IJ} = \boldsymbol{m}^I\cdot\boldsymbol{m}^J \tag{3.2.11}$$

由式 (3.2.10) 可以得到作用在节点 I 上的力：

$$\boldsymbol{f}^I = \frac{\partial W_D}{\partial \boldsymbol{u}^I} = \boldsymbol{K}^{IJ}\cdot\boldsymbol{u}_J \tag{3.2.12}$$

式中，

$$\boldsymbol{K}^{IJ} = \frac{E}{2A(1+\nu)}\left[\frac{2\nu}{1-2\nu}\boldsymbol{m}^I\otimes\boldsymbol{m}^J + m^{IJ}\boldsymbol{U} + \boldsymbol{m}^J\otimes\boldsymbol{m}^I\right],\quad (I,J=1,2,3) \tag{3.2.13}$$

这里 $\boldsymbol{K}^{IJ}$ 为二阶张量，即所谓的刚度矩阵。

对于平面应变问题，以 x，y 表示直角坐标，单元刚度矩阵中任意元素 $\boldsymbol{K}^{IJ}$ 的表达式可展开为

$$\begin{aligned}
\boldsymbol{K}^{IJ} =& \frac{E}{2A(1+\nu)}\left[\frac{2\nu}{1-2\nu}\boldsymbol{m}^I\otimes\boldsymbol{m}^J + m^{IJ}\boldsymbol{U} + \boldsymbol{m}^J\otimes\boldsymbol{m}^I\right] \\
=& \frac{E}{2A(1+\nu)}\left[\frac{2\nu}{1-2\nu}m_i^I\boldsymbol{e}_i\otimes m_j^J\boldsymbol{e}_j + \left(m_i^I\boldsymbol{e}_i\cdot m_j^J\boldsymbol{e}_j\right)\delta_{kl}\boldsymbol{e}_k\otimes\boldsymbol{e}_l + m_j^J\boldsymbol{e}_j\otimes m_i^I\boldsymbol{e}_i\right] \\
=& \frac{E}{2A(1+\nu)}\left[\frac{2\nu}{1-2\nu}m_i^I m_j^J\boldsymbol{e}_i\otimes\boldsymbol{e}_j + \left(m_i^I m_j^J\boldsymbol{e}_i\cdot\boldsymbol{e}_j\right)\delta_{kl}\boldsymbol{e}_k\otimes\boldsymbol{e}_l + m_i^I m_j^J\boldsymbol{e}_j\otimes\boldsymbol{e}_i\right] \\
=& \frac{E}{2A(1+\nu)}\left[\frac{2\nu}{1-2\nu}m_i^I m_j^J\boldsymbol{e}_i\otimes\boldsymbol{e}_j + \left(m_i^I m_i^J\right)\delta_{kl}\boldsymbol{e}_k\otimes\boldsymbol{e}_l + m_i^I m_j^J\boldsymbol{e}_j\otimes\boldsymbol{e}_i\right]
\end{aligned}$$

$$
\begin{aligned}
=&\frac{E}{2A(1+\nu)}\left[\frac{2\nu}{1-2\nu}(m_x^I m_x^J \boldsymbol{e}_x\otimes\boldsymbol{e}_x+m_x^I m_y^J \boldsymbol{e}_x\otimes\boldsymbol{e}_y+m_y^I m_x^J \boldsymbol{e}_y\otimes\boldsymbol{e}_x\right.\\
&+m_y^I m_y^J \boldsymbol{e}_y\otimes\boldsymbol{e}_y)+(m_x^I m_x^J+m_y^I m_y^J)(\boldsymbol{e}_x\otimes\boldsymbol{e}_x+\boldsymbol{e}_y\otimes\boldsymbol{e}_y)\\
&\left.+(m_x^I m_x^J \boldsymbol{e}_x\otimes\boldsymbol{e}_x+m_x^I m_y^J \boldsymbol{e}_y\otimes\boldsymbol{e}_x+m_y^I m_x^J \boldsymbol{e}_x\otimes\boldsymbol{e}_y+m_y^I m_y^J \boldsymbol{e}_y\otimes\boldsymbol{e}_y)\right]
\end{aligned}
\tag{3.2.14}
$$

矩阵形式为

$$
[K_{IJ}]^e=\frac{E}{2A(1+\nu)}\begin{bmatrix}\dfrac{2-2\nu}{1-2\nu}m_x^I m_x^J+m_y^I m_y^J & \dfrac{2\nu}{1-2\nu}m_x^I m_y^J+m_y^I m_x^J\\ \dfrac{2\nu}{1-2\nu}m_y^I m_x^J+m_x^I m_y^J & \dfrac{2-2\nu}{1-2\nu}m_y^I m_y^J+m_x^I m_x^J\end{bmatrix}
\tag{3.2.15}
$$

式中，$I,J=1,2,3$ 表示单元节点局部码。

对平面应力问题，只要将式 (3.2.15) 中 $\dfrac{E}{1-\nu^2}$ 换为 E，$\dfrac{\nu}{1-\nu}$ 换为 ν 即可，其公式为

$$
[K_{IJ}]^e=\frac{E}{A(1-\nu^2)}\begin{bmatrix}m_x^I m_x^J+\dfrac{1-\nu}{2}m_y^I m_y^J & \nu m_x^I m_y^J+\dfrac{1-\nu}{2}m_y^I m_x^J\\ \nu m_y^I m_x^J+\dfrac{1-\nu}{2}m_x^I m_y^J & m_y^I m_y^J+\dfrac{1-\nu}{2}m_x^I m_x^J\end{bmatrix}
\tag{3.2.16}
$$

式中，$I,J=1,2,3$ 表示单元节点局部码。其中，$\boldsymbol{m}^I$ 和 $\boldsymbol{m}^J$ 的表达式可展开为 (如图 3.3 所示)

$$
\begin{aligned}
\boldsymbol{m}^I=m_i^I\boldsymbol{e}_i&=\frac{1}{2}(L_{IJ}\boldsymbol{n}^{IJ}+L_{LI}\boldsymbol{n}^{LI})\\
&=\frac{1}{2}(L_{IJ}n_i^{IJ}\boldsymbol{e}_i+L_{LI}n_i^{LI}\boldsymbol{e}_i)=\frac{1}{2}(L_{IJ}n_i^{IJ}+L_{LI}n_i^{LI})\boldsymbol{e}_i
\end{aligned}
\tag{3.2.17}
$$

$$
\begin{aligned}
\boldsymbol{m}^J=m_i^J\boldsymbol{e}_i&=\frac{1}{2}(L_{JK}\boldsymbol{n}^{JK}+L_{IJ}\boldsymbol{n}^{IJ})\\
&=\frac{1}{2}(L_{JK}n_i^{JK}\boldsymbol{e}_i+L_{IJ}n_i^{IJ}\boldsymbol{e}_i)=\frac{1}{2}(L_{JK}n_i^{JK}+L_{IJ}n_i^{IJ})\boldsymbol{e}_i
\end{aligned}
\tag{3.2.18}
$$

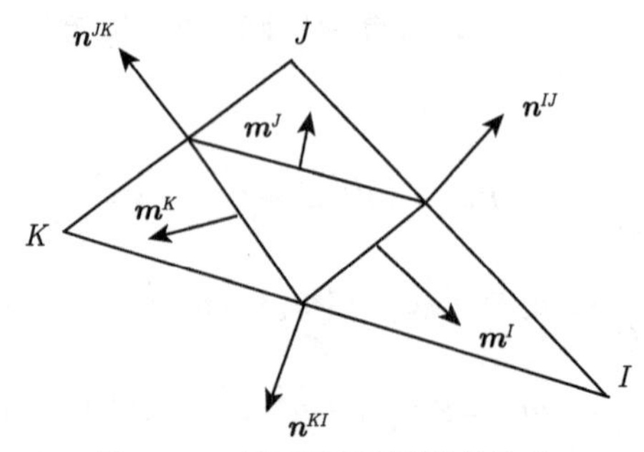

图 3.3　三角形单元刚度的构建

对于平面问题，取 $i,j=1,2$，则其矩阵形式为

$$\left\{\begin{array}{c} m_x^I \\ m_y^I \end{array}\right\}=\frac{1}{2}\left(L_{IJ}\left\{\begin{array}{c} n_x^{IJ} \\ n_y^{IJ} \end{array}\right\}+L_{LI}\left\{\begin{array}{c} n_x^{LI} \\ n_y^{LI} \end{array}\right\}\right)$$
$$=\frac{1}{2}\left(L_{IJ}\left\{\begin{array}{c} \dfrac{y_J-y_I}{L_{IJ}} \\ -\dfrac{x_J-x_I}{L_{IJ}} \end{array}\right\}+L_{LI}\left\{\begin{array}{c} \dfrac{y_I-y_L}{L_{LI}} \\ -\dfrac{x_I-x_L}{L_{LI}} \end{array}\right\}\right)=\frac{1}{2}\left\{\begin{array}{c} y_J-y_L \\ x_L-x_J \end{array}\right\} \tag{3.2.19}$$

$$\left\{\begin{array}{c} m_x^J \\ m_y^J \end{array}\right\}=\frac{1}{2}\left(L_{JK}\left\{\begin{array}{c} n_x^{JK} \\ n_y^{JK} \end{array}\right\}+L_{IJ}\left\{\begin{array}{c} n_x^{IJ} \\ n_y^{IJ} \end{array}\right\}\right)$$
$$=\frac{1}{2}\left(L_{JK}\left\{\begin{array}{c} \dfrac{y_K-y_J}{L_{JK}} \\ -\dfrac{x_K-x_J}{L_{JK}} \end{array}\right\}+L_{IJ}\left\{\begin{array}{c} \dfrac{y_J-y_I}{L_{IJ}} \\ -\dfrac{x_J-x_I}{L_{IJ}} \end{array}\right\}\right)=\frac{1}{2}\left\{\begin{array}{c} y_K-y_I \\ x_I-x_K \end{array}\right\} \tag{3.2.20}$$

当单元取足够小时，平均应变可代替真实应变，用平均应力代替真实应力。单元平均应变的三个分量:

$$\varepsilon_x=\frac{1}{A}\sum_{I=1}^{n}(u_{Ix}m_x^I) \tag{3.2.21}$$

$$\varepsilon_y=\frac{1}{A}\sum_{I=1}^{n}(u_{Iy}m_y^I) \tag{3.2.22}$$

$$\gamma_{xy}=\frac{1}{A}\sum_{I=1}^{n}(u_{Ix}m_y^I+u_{Iy}m_x^I) \tag{3.2.23}$$

平面应力问题的应力分量表达式为

$$\sigma_x=\frac{E}{1-\nu^2}(\varepsilon_x+\nu\varepsilon_y) \tag{3.2.24}$$

$$\sigma_y=\frac{E}{1-\nu^2}(\varepsilon_y+\nu\varepsilon_x) \tag{3.2.25}$$

$$\tau_{xy}=\frac{E}{2(1+\nu)}\gamma_{xy} \tag{3.2.26}$$

将式 (3.2.26) 中的 E 换为 $\dfrac{E}{1-\nu^2}$，ν 换为 $\dfrac{\nu}{1-\nu}$，可得到平面应变问题的应力分量表达式。

3.3 势能原理基面力元法主程序流程图

本程序是基于势能原理开发的二维基面力元线弹性分析程序，运用 FORTRAN 计算机语言编制，可建立二维基面力元模型并进行受力分析，程序流程图如图 3.4 所示。

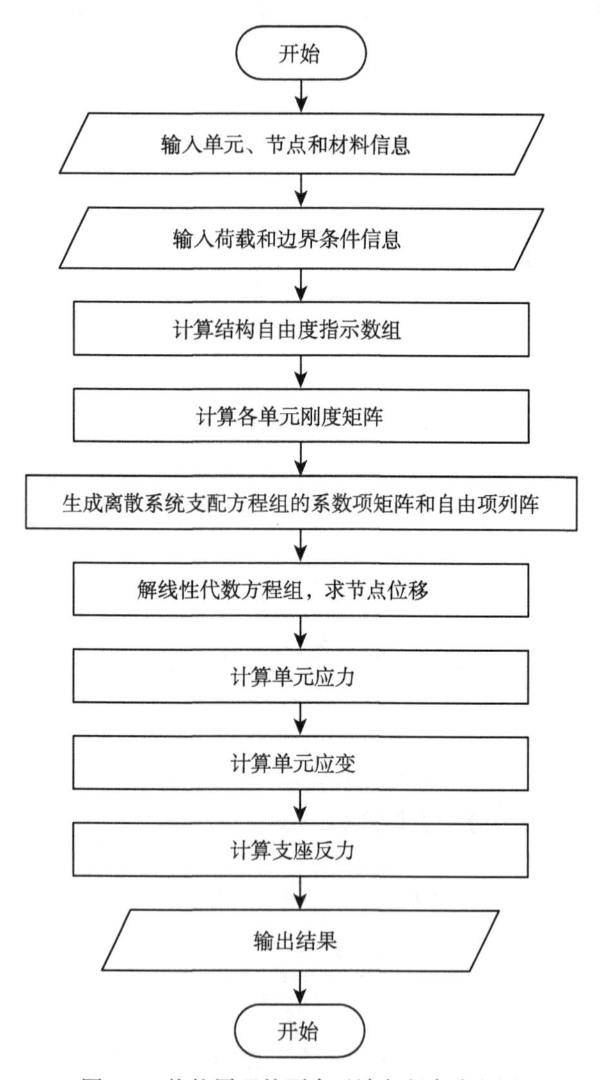

图 3.4 势能原理基面力元法主程序流程图

3.4 势能原理基面力元模型的正确性验证

针对本章建立的三角形基面力元模型，编制 FORTRAN 语言的势能原理基面力元分析程序，并对一些典型弹性理论问题算例进行应用研究，用以验证此基面力元模型及程序的正确性，以及此种模型的计算性能。

算例 1 矩形平板受纯剪问题

目的：

验证本章模型在纯剪状态下，采用三角形单元网格剖分的应力、应变和位移场，以及考查三角形基面力元模型及程序的正确性。

计算条件：

如图 3.5 所示一平板受剪切荷载作用，下端为固定约束 $E=10^6$，$\nu=0.3$。计算时按平面应力问题考虑。

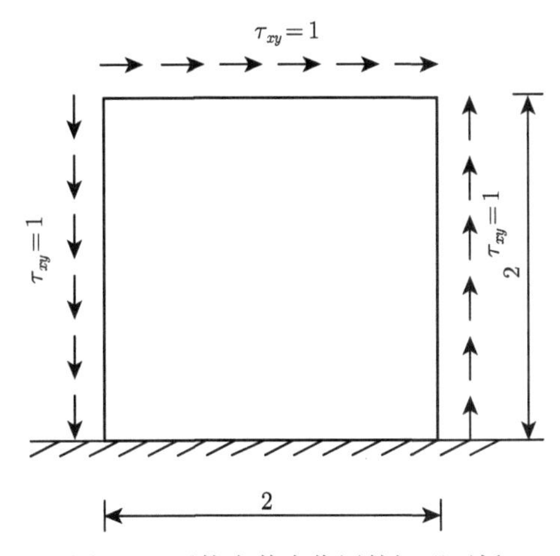

图 3.5 受均布剪力作用的矩形平板

理论解：

应力 $\sigma_x=0$，$\sigma_y=0$，$\tau_{xy}=1$；

应变 $\varepsilon_x=0$，$\varepsilon_y=0$，$\gamma_{xy}=\dfrac{\tau_{xy}}{G}=\dfrac{\tau_{xy}}{E/2(1+\nu)}$；

位移 $u_x=\gamma_{xy}y$，$u_y=0$。

采用三角形有限元网格剖分，如图 3.6 所示。

计算结果：

应力场：将应用本方法计算所得各单元的应力值列于表 3.1。

可见，在纯剪受力状态下，结构进行三角形单元剖分，其计算所得应力数值解只有剪应力分量 $\tau_{xy}=1.0000$，与理论解相同。

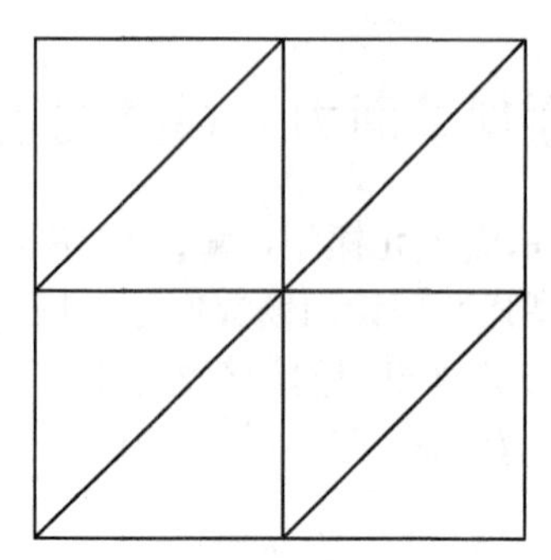

图 3.6　三角形剖分的矩形板

(8 个单元，9 个节点)

表 3.1　受均布剪力作用矩形平板的应力解 (三角形单元)

位置	应力					
	数值解			理论解		
单元号	σ_x	σ_y	τ_{xy}	σ_x	σ_y	τ_{xy}
1	0.0000	0.0000	1.0000	0.0000	0.0000	1.0000
2	0.0000	0.0000	1.0000	0.0000	0.0000	1.0000
3	0.0000	0.0000	1.0000	0.0000	0.0000	1.0000
4	0.0000	0.0000	1.0000	0.0000	0.0000	1.0000
5	0.0000	0.0000	1.0000	0.0000	0.0000	1.0000
6	0.0000	0.0000	1.0000	0.0000	0.0000	1.0000
7	0.0000	0.0000	1.0000	0.0000	0.0000	1.0000
8	0.0000	0.0000	1.0000	0.0000	0.0000	1.0000

应变场：将应用本方法计算所得各单元的应变值列于表 3.2。

表 3.2　受均布剪力作用矩形平板的应变解 (三角形单元)

位置	应变					
	数值解			理论解		
单元号	ε_x	ε_y	γ_{xy}	ε_x	ε_y	γ_{xy}
1	0.0000	0.0000	0.0000026	0.0000	0.0000	0.0000026
2	0.0000	0.0000	0.0000026	0.0000	0.0000	0.0000026
3	0.0000	0.0000	0.0000026	0.0000	0.0000	0.0000026
4	0.0000	0.0000	0.0000026	0.0000	0.0000	0.0000026
5	0.0000	0.0000	0.0000026	0.0000	0.0000	0.0000026
6	0.0000	0.0000	0.0000026	0.0000	0.0000	0.0000026
7	0.0000	0.0000	0.0000026	0.0000	0.0000	0.0000026
8	0.0000	0.0000	0.0000026	0.0000	0.0000	0.0000026

可见，在纯剪受力状态下，结构进行三角形单元剖分，其计算所得应变数值解只有剪应变分量 $\gamma_{xy} = 2.6 \times 10^{-6}$，与理论解相同。

位移场：将计算所得结构各节点的位移值列于表 3.3。

表 3.3 受均布剪力作用矩形平板的位移解 (三角形单元)

位置			位移			
	坐标		数值解		理论解	
节点号	x	y	u_x	u_y	u_x	u_y
1	0.0	0.0	0.0000000	0.0000000	0.0000000	0.0000000
2	1.0	0.0	0.0000000	0.0000000	0.0000000	0.0000000
3	2.0	0.0	0.0000000	0.0000000	0.0000000	0.0000000
4	0.0	1.0	0.0000026	0.0000000	0.0000026	0.0000000
5	1.0	1.0	0.0000026	0.0000000	0.0000026	0.0000000
6	2.0	1.0	0.0000026	0.0000000	0.0000026	0.0000000
7	0.0	2.0	0.0000052	0.0000000	0.0000052	0.0000000
8	1.0	2.0	0.0000052	0.0000000	0.0000052	0.0000000
9	2.0	2.0	0.0000052	0.0000000	0.0000052	0.0000000

可见，在纯剪受力状态下，结构进行三角形单元剖分，其计算所得各节点位移数值解与理论解相同。

算例 2 厚壁圆筒受内压问题

目的：

验证本章模型对三角形单元的适用性，以及考查本章有限元新算法程序的应力和位移计算功能。

计算条件：

一厚壁圆筒受内压作用，几何尺寸、材料参数及内压值如图 3.7 所示。计算时取 1/4 结构，按平面应变问题考虑，采用无量纲数值。

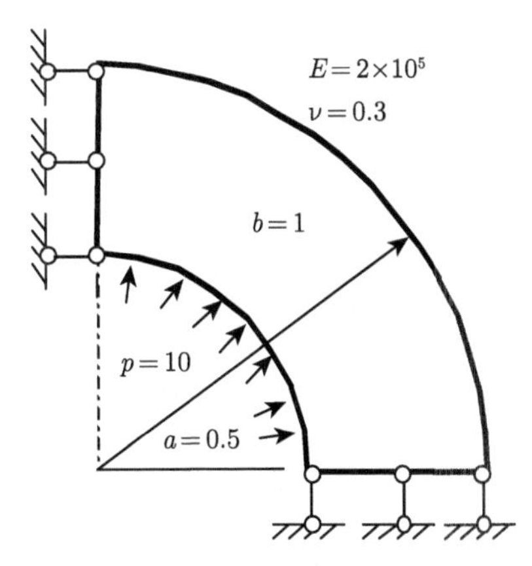

图 3.7 受内压的厚壁圆筒

理论解：

平面应变状态下的应力场

径向应力

$$\sigma_r = \frac{a^2 p}{b^2 - a^2}\left(1 - \frac{b^2}{r^2}\right)$$

环向应力

$$\sigma_\theta = \frac{a^2 p}{b^2 - a^2}\left(1 + \frac{b^2}{r^2}\right)$$

轴向应力

$$\sigma_z = \nu(\sigma_r + \sigma_\theta)$$

对于厚壁圆筒的位移场，由轴对称性，可得环向位移 $u_\theta = 0$。

根据几何方程

$$\varepsilon_\theta = \frac{u_r}{r} + \frac{1}{r}\frac{\partial u_\theta}{\partial \theta}$$

故可以得到径向位移

$$u_r = r \cdot \varepsilon_\theta = r \cdot \frac{1 - \nu^2}{E}\left(\sigma_\theta - \frac{\nu}{1 - \nu}\sigma_r\right)$$

计算结果：

为了考查基面力元模型对大规模三角形单元剖分的适用性，计算时网格剖分较细，如图 3.8 所示。

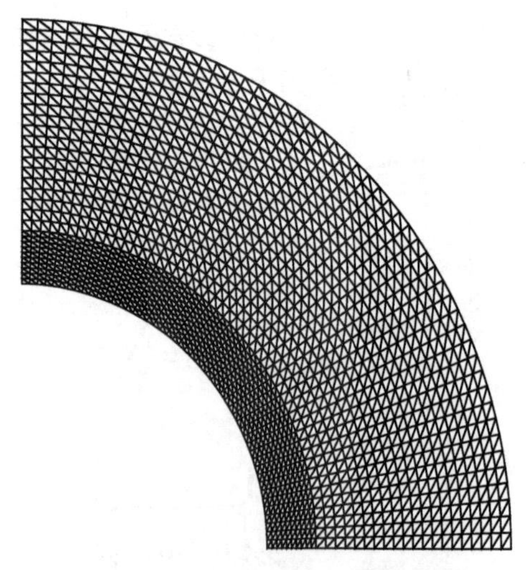

图 3.8　三角形单元剖分的厚壁圆筒

(3000 个单元，1581 个节点)

计算得到该问题的自由度为 3100 个。计算所得径向应力 σ_r、环向应力 σ_θ 和径向位移 u_r 的数值解，以及与理论解的比较分别绘于图 3.9 和图 3.10，并列于表 3.4 和表 3.5。

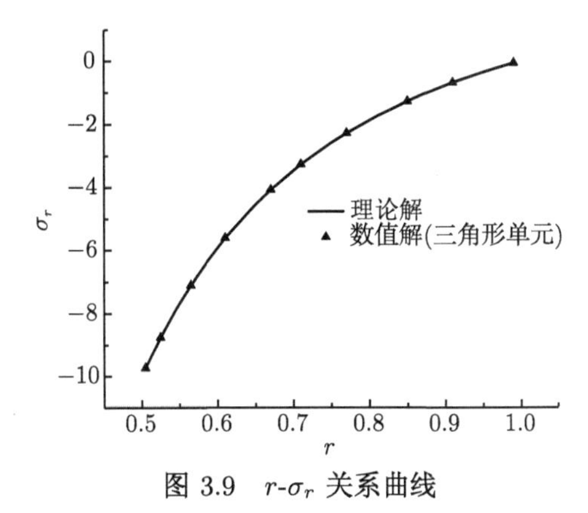

图 3.9 r-σ_r 关系曲线

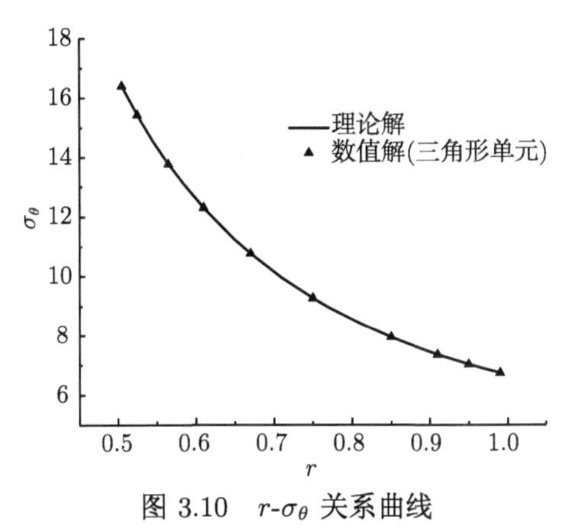

图 3.10 r-σ_θ 关系曲线

表 3.4 厚壁圆筒的应力解

位置 r	0.5049	0.7099	0.8099	0.9899
数值解 σ_r	−9.7325	−3.2747	−1.7442	−0.0660
理论解 σ_r	−9.7425	−3.2810	−1.7485	−0.0684
数值解 σ_θ	16.3971	9.9441	8.4123	6.7331
理论解 σ_θ	16.4091	9.9476	8.4151	6.7350

表 3.5 厚壁圆筒的位移解

位置 r	0.5000	0.7000	0.8000	1.0000
数值解 $u_r/\times 10^{-5}$	4.7642	3.7002	3.4002	3.0322
理论解 $u_r/\times 10^{-5}$	4.7667	3.7019	3.4017	3.0333

研究结果表明，采用本章方法的数值解与理论解吻合较好，且位移和应力数值解均较理论解略偏小，与理论上采用最小势能原理求解得到的位移解具有下限性质的结论相同。研究还显示，按本章方法得到的数值解与按传统常应变三角形单元有限元法的计算结果完全一致。

通过上述研究证明，本章基面力元模型可适用三角形单元的网格剖分。与传统常应变三角形单元有限元法相比，本章方法的数学模型的推导思路较为新颖，数学表达式更为简洁，物理概念更加清楚，计算、编程更为方便。

3.5 本章小结

(1) 本章利用基面力基本理论，以基面力的对偶量位移梯度为基本未知量，推导出基于势能原理的基面力元法列式。

(2) 与常规有限元法不同，此种新型有限元法未直接构造插值函数，而是利用张量推导得到数学模型。

(3) 研制出势能原理的基面力元 FORTRAN 软件和 MATLAB 软件，为保证本研究程序的正确性，作者对程序进行了分段考题工作，限于章节篇幅，这里没有一一列出考题算例。

(4) 数值算例表明，本方法可以用于计算各种线弹性理论问题，计算结果与理论解吻合较好，从而验证了本方法模型的可行性。

第 4 章　基于势能原理的三维基面力元法

本章建立空间四节点四面体基面力元模型，推导空间四节点四面体单元的刚度矩阵表达式、单元应变表达式，为开发相应的三维基面力元程序及继续研究基面力元的空间问题奠定基础。

4.1　基面力表示空间问题的基本公式

对于三维问题的小变形情况，应变张量 $\boldsymbol{\varepsilon}$ 可以表示为

$$\boldsymbol{\varepsilon}=\frac{1}{2}\left(\boldsymbol{u}_i\otimes\boldsymbol{P}^i+\boldsymbol{P}^i\otimes\boldsymbol{u}_i\right) \tag{4.1.1}$$

基面力可表示如下形式：

$$\boldsymbol{T}^i=\rho V_Q\frac{\partial W}{\partial \boldsymbol{u}_i}=\rho_0 V_p\frac{\partial W}{\partial \boldsymbol{u}_i} \tag{4.1.2}$$

式中，ρ_0 为变形前的物质密度；ρ 为变形后的物质密度；W 为应变能密度。

式 (4.1.2) 为用应变能密度 W 表示基面力 $\boldsymbol{T}^i$ 的表达式。因此，位移梯度 $\boldsymbol{u}_i$ 是基面力 $\boldsymbol{T}^i$ 的共轭变量。由此可知，所有力学问题都可以用 $\boldsymbol{T}^i$ 和 $\boldsymbol{u}_i$ 来描述。

基面力 $\boldsymbol{T}^i$ 与 Cauchy 应力张量 $\boldsymbol{\sigma}$ 的关系表达式为

$$\boldsymbol{\sigma}=\frac{1}{V_Q}\boldsymbol{T}^i\otimes\boldsymbol{Q}_i \tag{4.1.3}$$

4.2　空间四节点四面体基面力元模型

基于"基面力的概念"[80]，推导空间四节点四面体单元刚度的显示表达式。如图 4.1 所示为一个考虑边界问题的四节点四面体单元，用 A,B,C,D 表示各顶点；$u_{Ij}\,(I=A,B,C,D;j=x,y,z)$ 表示 I 节点在 j 方向上的位移分量；α，β，γ，χ 表示单元的四个面。

考虑该四面体中的一个面 α，如图 4.2 所示，连接该面的形心 α_g 与每一条边的中点，因此，α 面可以被分为 3 个区域 $\alpha_A,\alpha_B,\alpha_C$。用 S_α 表示该面的面积；$S_{\alpha A},S_{\alpha B},S_{\alpha C}$ 分别表示 $\alpha_A,\alpha_B,\alpha_C$ 的面积。假设单元在变形的过程中，α 面始终保持平面形状且各边均保持直线。则单元 α 面形心处的位移可以表示为 [80]

$$\boldsymbol{u}_\alpha=\frac{1}{S_\alpha}\left(S_{\alpha A}\boldsymbol{u}_A+S_{\alpha B}\boldsymbol{u}_B+S_{\alpha C}\boldsymbol{u}_C\right) \tag{4.2.1}$$

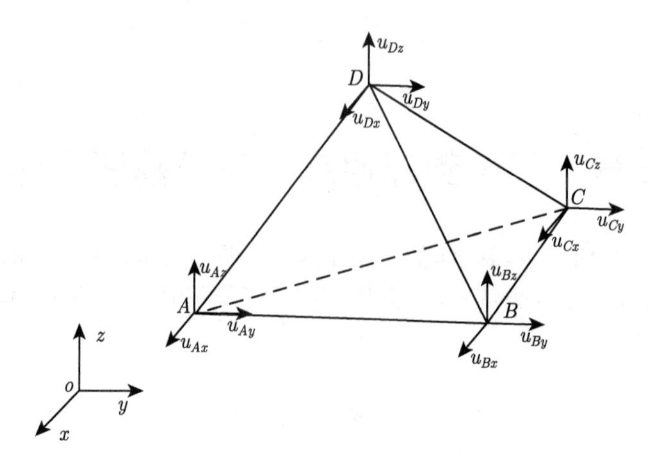

图 4.1　四节点四面体单元

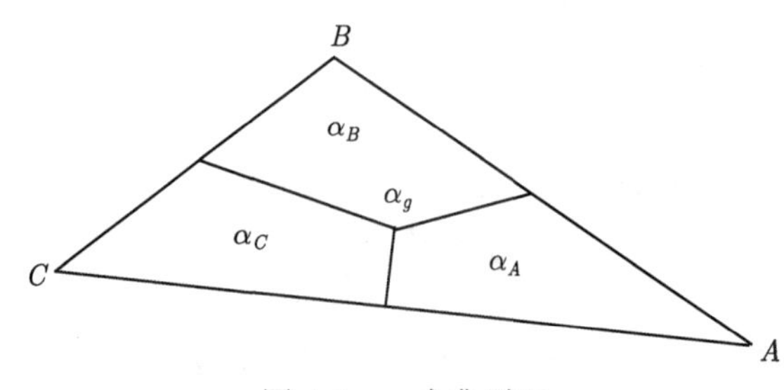

图 4.2　一个典型面

4.2.1　三维空间单元的应变

单元的真实应变 $\boldsymbol{\varepsilon}$ 可用平均应变 $\overline{\boldsymbol{\varepsilon}}$ 与应变偏量 $\widetilde{\boldsymbol{\varepsilon}}$ 之和表示：

$$\boldsymbol{\varepsilon} = \overline{\boldsymbol{\varepsilon}} + \widetilde{\boldsymbol{\varepsilon}} \tag{4.2.2}$$

对于小变形问题，$\widetilde{\boldsymbol{\varepsilon}}$ 可以忽略，则 $\boldsymbol{\varepsilon}$ 可由 $\overline{\boldsymbol{\varepsilon}}$ 来代替，可以得到单元的平均应变：

$$\overline{\boldsymbol{\varepsilon}} = \frac{1}{V}\int_V \boldsymbol{\varepsilon}\mathrm{d}V \tag{4.2.3}$$

将式 (4.1.1) 代入式 (4.2.3) 得到单元平均应变的表达式：

$$\overline{\boldsymbol{\varepsilon}} = \frac{1}{2V}\int_V \left(\boldsymbol{u}_i \otimes \boldsymbol{P}^i + \boldsymbol{P}^i \otimes \boldsymbol{u}_i\right)\mathrm{d}V \tag{4.2.4}$$

根据 Gauss 定理，单元平均应变的表达式 (4.2.4) 可以表示为

$$\overline{\boldsymbol{\varepsilon}} = \frac{1}{2V}\int_S (\boldsymbol{u} \otimes \boldsymbol{n} + \boldsymbol{n} \otimes \boldsymbol{u})\,\mathrm{d}S \tag{4.2.5}$$

若以 $\boldsymbol{n}_\alpha, \boldsymbol{n}_\beta, \boldsymbol{n}_\gamma, \boldsymbol{n}_\chi$ 分别表示单元的第 $\alpha, \beta, \gamma, \chi$ 面的外法线，则单元平均应变的表达式可以表示为

$$\bar{\boldsymbol{\varepsilon}}=\frac{1}{2V}\left[\left(\boldsymbol{u}_\alpha\otimes\boldsymbol{n}_\alpha+\boldsymbol{n}_\alpha\otimes\boldsymbol{u}_\alpha\right)S_\alpha+\left(\boldsymbol{u}_\beta\otimes\boldsymbol{n}_\beta+\boldsymbol{n}_\beta\otimes\boldsymbol{u}_\beta\right)S_\beta\right.$$
$$\left.+\left(\boldsymbol{u}_\gamma\otimes\boldsymbol{n}_\gamma+\boldsymbol{n}_\gamma\otimes\boldsymbol{u}_\gamma\right)S_\gamma+\left(\boldsymbol{u}_\chi\otimes\boldsymbol{n}_\chi+\boldsymbol{n}_\chi\otimes\boldsymbol{u}_\chi\right)S_\chi\right] \tag{4.2.6}$$

式中，$S_\alpha,S_\beta,S_\gamma,S_\chi$ 分别为单元第 α,β,γ,χ 面的面积；$\boldsymbol{u}_\alpha,\boldsymbol{u}_\beta,\boldsymbol{u}_\gamma,\boldsymbol{u}_\chi$ 分别为单元第 α,β,γ,χ 面形心处的位移向量；V 表示单元体积。

将式 (4.2.1) 代入式 (4.2.6)，得到用节点位移表示单元应变张量的表达式：

$$\bar{\boldsymbol{\varepsilon}}=\frac{1}{2V}\left(\boldsymbol{u}_I\otimes\boldsymbol{m}^I+\boldsymbol{m}^I\otimes\boldsymbol{u}_I\right) \tag{4.2.7}$$

式中，隐含求和约定，对空间四面体单元的 4 个顶点遍历求和。假设 α,β,γ 面相交于其中某个顶点 I，则有

$$\boldsymbol{m}^I=S_{aI}\boldsymbol{n}_\alpha+S_{\beta I}\boldsymbol{n}_\beta+S_{\gamma I}\boldsymbol{n}_\gamma+\cdots \tag{4.2.8}$$

对四节点四面体单元，$\boldsymbol{m}^I$ 的展开表达式为

$$\begin{aligned}\boldsymbol{m}^I&=S_{\alpha I}\boldsymbol{n}_\alpha+S_{\beta I}\boldsymbol{n}_\beta+S_{\gamma I}\boldsymbol{n}_\gamma\\&=S_{\alpha I}\left(n_{\alpha x}\boldsymbol{e}_x+n_{\alpha y}\boldsymbol{e}_y+n_{\alpha z}\boldsymbol{e}_z\right)+S_{\beta I}\left(n_{\beta x}\boldsymbol{e}_x+n_{\beta y}\boldsymbol{e}_y+n_{\beta z}\boldsymbol{e}_z\right)\\&\quad+S_{\gamma I}\left(n_{\gamma x}\boldsymbol{e}_x+n_{\gamma y}\boldsymbol{e}_y+n_{\gamma z}\boldsymbol{e}_z\right)\\&=\left(S_{\alpha I}n_{\alpha x}+S_{\beta I}n_{\beta x}+S_{\gamma I}n_{\gamma x}\right)\boldsymbol{e}_x+\left(S_{\alpha I}n_{\alpha y}+S_{\beta I}n_{\beta y}+S_{\gamma I}n_{\gamma y}\right)\boldsymbol{e}_y\\&\quad+\left(S_{\alpha I}n_{\alpha z}+S_{\beta I}n_{\beta z}+S_{\gamma I}n_{\gamma z}\right)\boldsymbol{e}_z\end{aligned} \tag{4.2.9}$$

又

$$S_{\alpha I}=\frac{1}{3}S_\alpha,\quad S_{\beta I}=\frac{1}{3}S_\beta,\quad S_{\gamma I}=\frac{1}{3}S_\gamma \tag{4.2.10}$$

因此，式 (4.2.9) 可以写成

$$\boldsymbol{m}^I=\frac{1}{3}\left[\left(S_\alpha n_{\alpha x}+S_\beta n_{\beta x}+S_\gamma n_{\gamma x}\right)\boldsymbol{e}_x+\left(S_\alpha n_{\alpha y}+S_\beta n_{\beta y}+S_\gamma n_{\gamma y}\right)\boldsymbol{e}_y\right.$$
$$\left.+\left(S_\alpha n_{\alpha z}+S_\beta n_{\beta z}+S_\gamma n_{\gamma z}\right)\boldsymbol{e}_z\right] \tag{4.2.11}$$

设单元共有 4 个节点，根据求和约定，将式 (4.2.7) 展开，得

$$\begin{aligned}\bar{\boldsymbol{\varepsilon}}&=\frac{1}{2V}\sum_{I=1}^{4}\left(\boldsymbol{u}_I\otimes\boldsymbol{m}^I+\boldsymbol{m}^I\otimes\boldsymbol{u}_I\right)\\&=\frac{1}{2V}\sum_{I=1}^{4}\left(u_{Ii}\boldsymbol{e}_i\otimes m_j^I\boldsymbol{e}_j+m_i^I\boldsymbol{e}_i\otimes u_{Ij}\boldsymbol{e}_j\right)\end{aligned} \tag{4.2.12}$$

以 x,y,z 表示直角坐标系坐标，式 (4.2.12) 可以表示为

$$
\begin{aligned}
\bar{\boldsymbol{\varepsilon}} =& \frac{1}{2V}\sum_{I=1}^{4}\left(2u_{Ix}m_x^i \boldsymbol{e}_x \otimes \boldsymbol{e}_x + 2u_{Iy}m_y^i \boldsymbol{e}_y \otimes \boldsymbol{e}_y\right.\\
&+ 2u_{Iz}m_z^i \boldsymbol{e}_z \otimes \boldsymbol{e}_z + \left(u_{Ix}m_y^I + u_{Iy}m_x^I\right)\boldsymbol{e}_y \otimes \boldsymbol{e}_x\\
&+ \left(u_{Ix}m_y^I + u_{Iy}m_x^I\right)\boldsymbol{e}_x \otimes \boldsymbol{e}_y + \left(u_{Ix}m_z^I + u_{Iz}m_x^I\right)\boldsymbol{e}_x \otimes \boldsymbol{e}_z\\
&+ \left(u_{Ix}m_z^I + u_{Iz}m_x^I\right)\boldsymbol{e}_z \otimes \boldsymbol{e}_x + \left(u_{Iy}m_z^I + u_{Iz}m_y^I\right)\boldsymbol{e}_y \otimes \boldsymbol{e}_z\\
&\left.+ \left(u_{Iy}m_z^I + u_{Iz}m_y^I\right)\boldsymbol{e}_z \otimes \boldsymbol{e}_y\right)
\end{aligned} \tag{4.2.13}
$$

因此可以得到单元平均应变的六个分量，即

$$
\begin{aligned}
&\bar{\varepsilon}_x = \frac{1}{V}\sum_{I=1}^{4}\left(u_{Ix}m_x^I\right) && \bar{\varepsilon}_y = \frac{1}{V}\sum_{I=1}^{4}\left(u_{Iy}m_y^I\right)\\
&\bar{\varepsilon}_z = \frac{1}{V}\sum_{I=1}^{4}\left(u_{Iz}m_z^I\right) && \bar{\gamma}_{xz} = \frac{1}{V}\sum_{I=1}^{4}\left(u_{Ix}m_z^I + u_{Iz}m_x^I\right)\\
&\bar{\gamma}_{xy} = \frac{1}{V}\sum_{I=1}^{4}\left(u_{Ix}m_y^I + u_{Iy}m_x^I\right) && \bar{\gamma}_{yz} = \frac{1}{V}\sum_{I=1}^{4}\left(u_{Iy}m_z^I + u_{Iz}m_y^I\right)
\end{aligned} \tag{4.2.14}
$$

4.2.2 三维空间单元的刚度矩阵

对于线弹性材料，单元的应变能表达式可以表示为

$$
W_D = \frac{AE}{2(1+\nu)}\left[\frac{\nu}{1-2\nu}\left(\bar{\boldsymbol{\varepsilon}} : U\right)^2 + \bar{\boldsymbol{\varepsilon}} : \bar{\boldsymbol{\varepsilon}}\right] \tag{4.2.15}
$$

式中，E 为杨氏模量；ν 为泊松比。

将式 (4.2.12) 代入式 (4.2.15) 得

$$
W_D = \frac{E}{4V(1+\nu)}\left[\frac{2\nu}{1-2\nu}\left(\boldsymbol{u}_I \times \boldsymbol{m}^I\right)^2 + \left(\boldsymbol{u}_I \cdot \boldsymbol{u}_J\right)\boldsymbol{m}^{IJ} + \left(\boldsymbol{u}_I \cdot \boldsymbol{m}^J\right)\left(\boldsymbol{u}_J \cdot \boldsymbol{m}^I\right)\right] \tag{4.2.16}
$$

式中，$\boldsymbol{m}^{IJ} = \boldsymbol{m}^I \cdot \boldsymbol{m}^J$。

由式 (4.2.16) 可以得到作用在单元节点 I 上的力:

$$
\boldsymbol{f}^I = \frac{\partial W_D}{\partial \boldsymbol{u}^I} = \boldsymbol{K}^{IJ} \cdot \boldsymbol{u}_J \tag{4.2.17}
$$

式中，$\boldsymbol{K}^{IJ}$ 为二阶张量，即所谓的刚度矩阵:

$$
\boldsymbol{K}^{IJ} = \frac{E}{2V(1+\nu)}\left(\frac{2\nu}{1-2\nu}\boldsymbol{m}^I \otimes \boldsymbol{m}^J + \boldsymbol{m}^{IJ}\boldsymbol{U} + \boldsymbol{m}^J \otimes \boldsymbol{m}^I\right) \tag{4.2.18}
$$

单元刚度矩阵中任意元素 $\boldsymbol{K}^{IJ}$ 的表达式可展开为

$$
\boldsymbol{K}^{IJ} = \frac{E}{2V(1+\nu)}\left(\frac{2\nu}{1-2\nu}m_i^I m_j^J \boldsymbol{e}_i \otimes \boldsymbol{e}_j + m_i^I m_j^J \delta_{kl}\boldsymbol{e}_k \otimes \boldsymbol{e}_l + m_i^I m_j^J \boldsymbol{e}_j \otimes \boldsymbol{e}_i\right)
$$

$$
\begin{aligned}
=&\frac{\boldsymbol{E}}{2V\left(1+\nu\right)}\left[\frac{2\nu}{1-2\nu}\left(m_x^I m_x^J \boldsymbol{e}_x\otimes\boldsymbol{e}_x+m_x^I m_y^J \boldsymbol{e}_x\otimes\boldsymbol{e}_y+m_y^I m_x^J \boldsymbol{e}_y\otimes\boldsymbol{e}_x\right.\right.\\
&+m_y^I m_y^J \boldsymbol{e}_y\otimes\boldsymbol{e}_y+m_y^I m_z^J \boldsymbol{e}_y\otimes\boldsymbol{e}_z+m_z^I m_y^J \boldsymbol{e}_z\otimes\boldsymbol{e}_y\\
&\left.+m_x^I m_z^J \boldsymbol{e}_x\otimes\boldsymbol{e}_z+m_z^I m_x^J \boldsymbol{e}_z\otimes\boldsymbol{e}_x+m_z^I m_z^J \boldsymbol{e}_z\otimes\boldsymbol{e}_z\right)\\
&+\left(m_x^I m_x^J+m_y^I m_y^J+m_z^I m_z^J\right)\left(\boldsymbol{e}_x\otimes\boldsymbol{e}_x+\boldsymbol{e}_y\otimes\boldsymbol{e}_y+\boldsymbol{e}_z\otimes\boldsymbol{e}_z\right)\\
&+m_x^I m_x^J \boldsymbol{e}_x\otimes\boldsymbol{e}_x+m_x^I m_y^J \boldsymbol{e}_y\otimes\boldsymbol{e}_x+m_y^I m_x^J \boldsymbol{e}_x\otimes\boldsymbol{e}_y\\
&+m_y^I m_y^J \boldsymbol{e}_y\otimes\boldsymbol{e}_y+m_y^I m_z^J \boldsymbol{e}_z\otimes\boldsymbol{e}_y+m_z^I m_y^J \boldsymbol{e}_y\otimes\boldsymbol{e}_z\\
&\left.+m_x^I m_z^J \boldsymbol{e}_z\otimes\boldsymbol{e}_x+m_z^I m_x^J \boldsymbol{e}_x\otimes\boldsymbol{e}_z+m_z^I m_z^J \boldsymbol{e}_z\otimes\boldsymbol{e}_z\right]
\end{aligned}
\tag{4.2.19}
$$

进一步整理可得

$$
\begin{aligned}
\boldsymbol{K}^{IJ}=&\frac{E}{2V\left(1+\nu\right)}\left[\left(\frac{2\nu}{1-2\nu}m_x^I m_x^J+m_x^I m_x^J+m_y^I m_y^J+m_z^I m_z^J+m_x^I m_x^J\right)\boldsymbol{e}_x\otimes\boldsymbol{e}_x\right.\\
&+\left(\frac{2\nu}{1-2\nu}m_x^I m_y^J+m_y^I m_x^J\right)\boldsymbol{e}_x\otimes\boldsymbol{e}_y+\left(\frac{2\nu}{1-2\nu}m_y^I m_x^J+m_x^I m_y^J\right)\boldsymbol{e}_y\otimes\boldsymbol{e}_x\\
&+\left(\frac{2\nu}{1-2\nu}m_x^I m_z^J+m_z^I m_x^J\right)\boldsymbol{e}_x\otimes\boldsymbol{e}_z+\left(\frac{2\nu}{1-2\nu}m_z^I m_x^J+m_x^I m_z^J\right)\boldsymbol{e}_z\otimes\boldsymbol{e}_x\\
&+\left(\frac{2\nu}{1-2\nu}m_y^I m_z^J+m_z^I m_y^J\right)\boldsymbol{e}_y\otimes\boldsymbol{e}_z+\left(\frac{2\nu}{1-2\nu}m_z^I m_y^J+m_y^I m_z^J\right)\boldsymbol{e}_z\otimes\boldsymbol{e}_y\\
&+\left(\frac{2\nu}{1-2\nu}m_y^I m_y^J+m_x^I m_x^J+m_y^I m_y^J+m_z^I m_z^J+m_y^I m_y^J\right)\boldsymbol{e}_y\otimes\boldsymbol{e}_y\\
&\left.+\left(\frac{2\nu}{1-2\nu}m_z^I m_z^J+m_x^I m_x^J+m_y^I m_y^J+m_z^I m_z^J+m_z^I m_z^J\right)\boldsymbol{e}_z\otimes\boldsymbol{e}_z\right]
\end{aligned}
\tag{4.2.20}
$$

将式 (4.2.20) 写成矩阵的形式，可以表示为

$$
\boldsymbol{K}^{IJ}=\frac{E}{2V(1+\nu)}\begin{bmatrix}
\frac{2-2\nu}{1-2\nu}m_x^I m_x^J+m_y^I m_y^J+m_z^I m_z^J & \frac{2\nu}{1-2\nu}m_x^I m_y^J+m_y^I m_x^J & \frac{2\nu}{1-2\nu}m_x^I m_z^J+m_z^I m_x^J\\
\frac{2\nu}{1-2\nu}m_y^I m_x^J+m_x^I m_y^J & \frac{2-2\nu}{1-2\nu}m_y^I m_y^J+m_x^I m_x^J+m_z^I m_z^J & \frac{2\nu}{1-2\nu}m_y^I m_z^J+m_z^I m_y^J\\
\frac{2\nu}{1-2\nu}m_z^I m_x^J+m_x^I m_z^J & \frac{2\nu}{1-2\nu}m_z^I m_y^J+m_y^I m_z^J & \frac{2-2\nu}{1-2\nu}m_z^I m_z^J+m_x^I m_x^J+m_y^I m_y^J
\end{bmatrix}
\tag{4.2.21}
$$

式中 $I, J = 1, 2, 3, 4$ 表示单元节点码。

根据张量运算规则，有

$$\boldsymbol{m}^I = m_i^I \boldsymbol{e}_i = m_x^I \boldsymbol{e}_x + m_y^I \boldsymbol{e}_y + m_z^I \boldsymbol{e}_z \tag{4.2.22}$$

由式 (4.2.11) 及式 (4.2.22) 可得

$$m_x^I = \frac{1}{3}\left(S_\alpha n_{\alpha x} + S_\beta n_{\beta x} + S_\gamma n_{\gamma x}\right) \tag{4.2.23}$$

$$m_y^I = \frac{1}{3}\left(S_\alpha n_{\alpha y} + S_\beta n_{\beta y} + S_\gamma n_{\gamma y}\right) \tag{4.2.24}$$

$$m_z^I = \frac{1}{3}\left(S_\alpha n_{\alpha z} + S_\beta n_{\beta z} + S_\gamma n_{\gamma z}\right) \tag{4.2.25}$$

式中，$n_{\alpha J}, n_{\beta J}, n_{\gamma J}\,(J = x, y, z)$ 分别表示汇交于空间四面体单元某顶点 I 的 α, β, γ 面在 J 方向的法线分量。

4.3 空间问题主应力及计算公式

根据弹性力学理论可知 [210]，物体内部一点的主应力方程为

$$\sigma^3 - I_1\sigma^2 + I_2\sigma - I_3 = 0 \tag{4.3.1}$$

式中，I_1，I_2，I_3 为应力张量不变量，

$$I_1 = \sigma_x + \sigma_y + \sigma_z \tag{4.3.2}$$

$$I_2 = \begin{vmatrix} \sigma_x & \tau_{xz} \\ \tau_{zx} & \sigma_z \end{vmatrix} + \begin{vmatrix} \sigma_x & \tau_{xy} \\ \tau_{yx} & \sigma_y \end{vmatrix} + \begin{vmatrix} \sigma_y & \tau_{yz} \\ \tau_{zy} & \sigma_z \end{vmatrix} \tag{4.3.3}$$

$$I_3 = \begin{vmatrix} \sigma_x & \tau_{xy} & \tau_{xz} \\ \tau_{yx} & \sigma_y & \tau_{yz} \\ \tau_{zx} & \tau_{zy} & \sigma_z \end{vmatrix} \tag{4.3.4}$$

式中，$\sigma_x, \sigma_y, \sigma_z, \tau_{xy}, \tau_{xz}, \tau_{yz}$ 为一点的六个应力分量。

方程 (4.3.1) 的三个根就是三个主应力，其计算公式为

$$\left.\begin{aligned} \sigma_{(1)} &= \sigma_0 + \sqrt{2}\tau_0 \cos\theta \\ \sigma_{(2)} &= \sigma_0 + \sqrt{2}\tau_0 \cos\left(\theta + \frac{2}{3}\pi\right) \\ \sigma_{(3)} &= \sigma_0 + \sqrt{2}\tau_0 \cos\left(\theta - \frac{2}{3}\pi\right) \end{aligned}\right\} \tag{4.3.5}$$

$$
\left.\begin{aligned}
\sigma_0 &= \frac{1}{3}\left(\sigma_x+\sigma_y+\sigma_z\right)\\
\tau_0 &= \frac{1}{3}\sqrt{\left(\sigma_x-\sigma_y\right)^2+\left(\sigma_y-\sigma_z\right)^2+\left(\sigma_z-\sigma_x\right)^2+6\left(\tau_{xy}^2+\tau_{yz}^2+\tau_{zx}^2\right)}\\
\theta &= \frac{1}{3}\arccos\left(\frac{\sqrt{2}J_3}{\tau_0^3}\right)\\
J_3 &= I_3-\frac{1}{3}I_1I_2+\frac{2}{27}I_1^3
\end{aligned}\right\} \tag{4.3.6}
$$

该式中的 σ_0 和 τ_0 具有物理概念。σ_0 为八面体面 (具有等倾角的斜面，简称等倾面) 上的正应力，也称之为平均应力或静水压力；τ_0 八面体面上的切应力。

将式 (4.3.5) 求得的 $\sigma_{(1)}$、$\sigma_{(2)}$ 和 $\sigma_{(3)}$ 按代数值大小排序，即可得到第一、第二和第三主应力 σ_1、σ_2 和 σ_3。

根据应力状态特征方程的解，可以对其受力状态进行分析，如果三个主应力均不为零，则此点为三向受力状态；如果其中有一个或两个主应力等于零，则此点为平面应力状态，因此平面应力状态是三向受力状态的特例。此外，由于主应力的大小和方向不随坐标的变化而改变，通常主应力还被用于构造强度理论，以此来判断材料是否破坏。主应力还是计算最大切应力等其他力学量的基础，在工程结构计算分析中具有重要作用。

4.4 三维基面力元法主程序开发

本程序是基于势能原理开发的三维基面力元线弹性分析程序，运用 FORTRAN 计算机语言编制，可建立三维基面力元模型并进行受力分析。

4.4.1 三维基面力元法程序说明

该程序包含三部分：

1. 前处理部分

前处理程序生成模型的基本数据，例如单元的材料属性、单元及节点编码、节点坐标、边界条件信息及加载信息。

2. 计算分析部分

计算分析部分运用三维基面力元理论、广义胡克定律等理论及 LU 分解法、盛金公式等方法对模型进行受拉、受压加载模拟，得到试件在给定位移下的应力–应变曲线。

3. 后处理部分

应用 MATLAB 图形显示功能，绘制加载后数值模型的应力云图和应变云图。

4.4.2 三维基面力元法程序流程图

三维基面力元法程序流程图如图 4.3 所示：

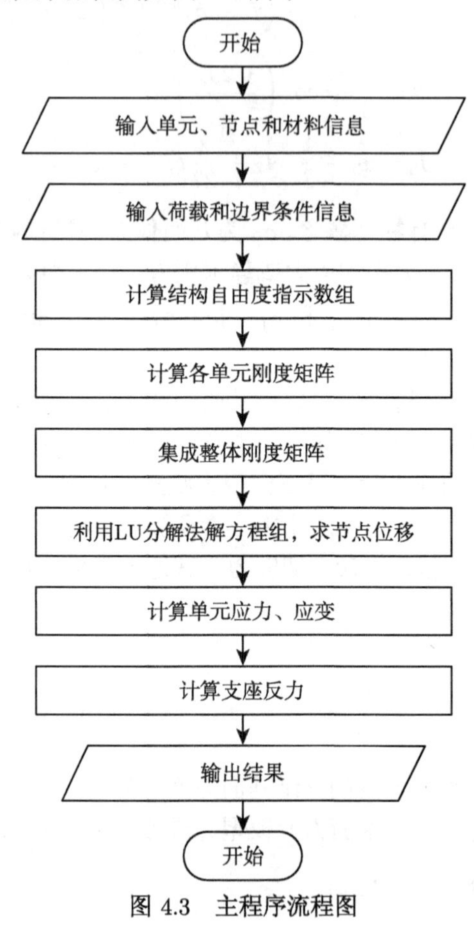

图 4.3 主程序流程图

4.5 三维基面力元模型正确性验证

本章推导了基于势能原理的空间四节点四面体单元基面力元模型，开发三维线弹性基面力元分析程序。为验证模型及程序的正确性，本节将该模型应用于简单的空间弹性理论算例，并与理论结果对比，考察该模型及程序的正确性、适用性。

算例 1 空间单元拉伸问题

目的：

考察本章推导的空间模型在单轴拉伸状态下，采用四节点四面体网格剖分时单元的应力、应变。验证本章三维基面力元法在单轴拉伸作用下计算性能。

计算算例：

有一边长为 1 受单向拉伸的立方体试件，如图 4.4 所示，边界条件为下端约束，上端受到加载步长为 $\varDelta = 0.001$ 的位移加载。取弹性模量 $E = 1$，泊松比 $\nu = 0$。

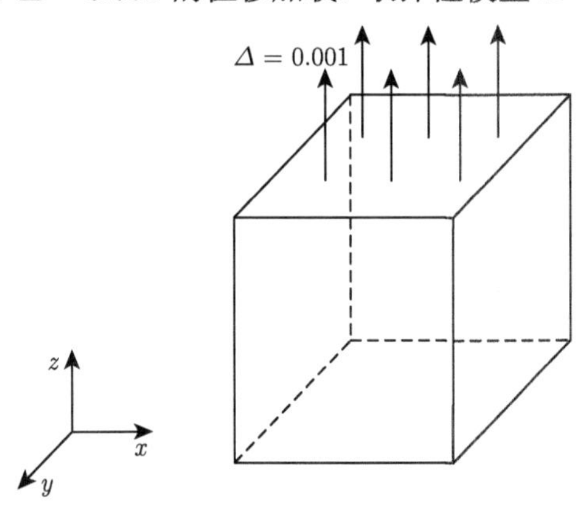

图 4.4 受单向拉伸作用的立方体试件

理论解：

当在顶层节点施加步长为 $\varDelta = 0.001$ 的位移荷载时，第 n 步时，应力、应变理论解为

应变：$\varepsilon_x = 0,\ \varepsilon_y = 0,\ \varepsilon_z = n\varDelta/1$

应力：$\sigma_x = 0,\ \sigma_y = 0,\ \sigma_z = E \cdot \varepsilon_z$

数值模拟结果：

运用自编的前处理程序将立方体试件进行剖分，如图 4.5所示，先剖分为尺寸为 0.5 的八个六面体单元，再将每个六面体单元细分为 ABCB1、ACDC1、AB1C1A1、CC1B1D1、ACC1B1 五个四面体，共四十个四面体。

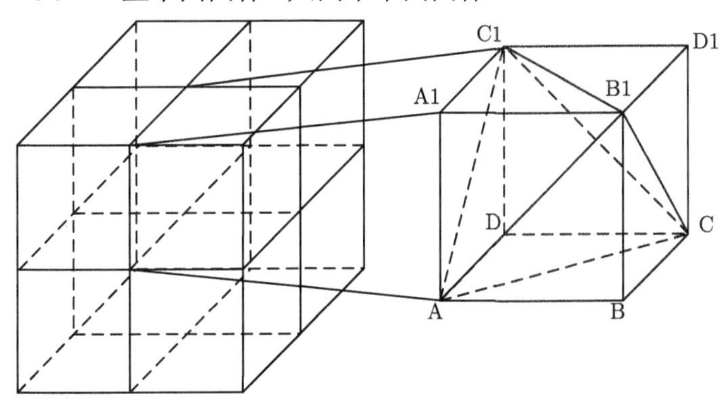

图 4.5 受单向拉伸作用的立方体试件

(27 个节点，40 个单元)

采用三维基面力元程序计算结果如表 4.1 所示：

表 4.1　单向拉伸作用下试件的解

加载步长 n	应变 ε_z	应力 σ_z
1	0.001	0.001
2	0.002	0.002
3	0.003	0.003
4	0.004	0.004
5	0.005	0.005

由表 4.1 可知，在单向拉伸作用下，将试件进行四面体单元剖分，程序计算所得应力、应变与理论解相同。

算例 2　空间单元剪切问题

目的：

验证本章推导的空间模型在纯剪状态下，采用四节点四面体网格剖分时单元的应力及应变，验证本研究三维基面力元法在剪力作用下计算性能。

计算条件：

试件尺寸、边界条件及单元网格剖分同算例 1，弹性模量 $E=1$，泊松比 $\nu=0.3$。实体受到如图 4.6 所示剪切荷载作用，剪切应力 $\tau=1$。

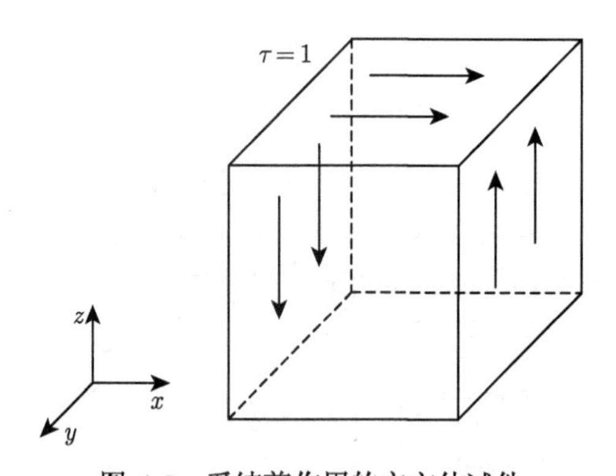

图 4.6　受纯剪作用的立方体试件

理论解：

应变：$\varepsilon_x=0$，$\varepsilon_y=0$，$\varepsilon_z=0$，$\gamma_{xy}=0$，$\gamma_{yz}=0$，$\gamma_{xz}=\dfrac{\tau_{xz}}{G}=\dfrac{\tau_{xz}}{E/2\,(1+\nu)}$

应力：$\sigma_x=0$，$\sigma_y=0$，$\sigma_z=0$，$\tau_{xy}=0$，$\tau_{yz}=0$，$\tau_{xz}=1$

数值模拟结果：

运用自编的前处理程序将立方体试件进行剖分，剖分方式如图 4.5 所示。

采用三维基面力元程序计算结果如表 4.2 和表 4.3 所示：

表 4.2 均布剪力作用下试件的应变解

	单元号 (1~8)					
	ε_x	ε_y	ε_z	γ_{xy}	γ_{yz}	γ_{xz}
理论解	0.000	0.000	0.000	0.000	0.000	2.600
数值解	0.000	0.000	0.000	0.000	0.000	2.600

由表 4.2 可知，立方体试件在均布剪力作用下，本研究数值模拟所得的应变解与理论解相同。

表 4.3 均布剪力作用下试件的应力解

	单元号 (1~8)					
	σ_x	σ_y	σ_z	τ_{xy}	τ_{yz}	τ_{xz}
理论解	0.000	0.000	0.000	0.000	0.000	1.000
数值解	0.000	0.000	0.000	0.000	0.000	1.000

由表 4.3 可知，立方体试件在均布剪力作用下，本研究数值模拟所得的解与理论解相同。

4.6 本 章 小 结

(1) 本章将基于势能原理的基面力单元法扩展到三维空间结构上，在三维基面力单元法程序方面进行了较为细致的研究工作。

(2) 本章以势能原理基面力元模型为基础，利用三维基面力元计算程序，结合空间问题典型算例进行数值计算，分析并讨论了本章三维基面力元程序的适用性。

(3) 数值算例表明，本章三维基面力元程序可以用于计算各种三维空间问题，其数值结果与理论解相吻合，从而验证三维基面力元模型的正确性以及程序的适用性。

第 5 章　动力问题的基面力元法

动力有限元分析与静力有限元分析的区别是需要考虑惯性力，因此有限元方程中增加了质量矩阵和阻尼矩阵，在动力分析中，引入了时间坐标。运用达朗贝尔原理可以得到各节点的动力有限元平衡方程。在动力方程的构建过程中，基面力元法采用与常规有限元法相同的方法，因此，动力基面力元方程如下：

$$m\ddot{u}(t) + c\dot{u}\,(t) + ku\,(t) = P\,(t)$$

式中，$\ddot{u}(t)$ 为加速度随时间的变化函数；$\dot{u}\,(t)$ 为速度随时间的变化函数；$u\,(t)$ 为位移随时间的变化函数。按照有限元的集成方法，可以形成结构的动力方程，表达式如下：

$$[M]\{\ddot{u}(t)\} + [C]\{\dot{u}\,(t)\} + [K_d]\{u\,(t)\} = \{P\,(t)\}$$

式中，$\{\ddot{u}(t)\}$，$\{\dot{u}\,(t)\}$，$\{u\,(t)\}$ 分别表示结构各节点的加速度向量、速度向量和位移向量；$[M]$，$[C]$，$[K_d]$ 分别表示结构的整体质量矩阵、阻尼矩阵和刚度矩阵；$\{P\,(t)\}$ 表示结构的动荷载列阵。

5.1　质量矩阵和阻尼矩阵

5.1.1　质量矩阵

结构的每个单元的质量矩阵集成为结构的整体质量矩阵。质量矩阵分为集中质量矩阵和一致质量矩阵。由于在计算时一致质量矩阵所占用的空间会比集中质量矩阵要大，并且采用两种质量矩阵计算精度相差不大，因此在进行工程动力计算分析时通常采用集中质量矩阵 [115]。

对于平面三角形单元模型，按照静力等效原则将单元的质量平均分配给三个节点上，这样每个节点处的加速度不致影响到其他节点的惯性力，单元的集中质量矩阵表示如下：

$$[M]^e = \frac{\rho_b TA}{3g}\begin{bmatrix} 1 & 0 & 0 & 0 & 0 & 0 \\ 0 & 1 & 0 & 0 & 0 & 0 \\ 0 & 0 & 1 & 0 & 0 & 0 \\ 0 & 0 & 0 & 1 & 0 & 0 \\ 0 & 0 & 0 & 0 & 1 & 0 \\ 0 & 0 & 0 & 0 & 0 & 1 \end{bmatrix} \tag{5.1.1}$$

式中，ρ_b 为单元容重；g 为重力加速度，本研究中取 $g = 9.81\text{m/s}^2$；A 为三角形单元的面积；T 表示单元的厚度，对于二维平面问题，取 $T = 1$。

5.1.2 阻尼矩阵

在结构动力响应问题中，一般采用高度理想化的粘性阻尼假设来考虑阻尼，阻尼系数采用粘性阻尼消耗的能量等于所有阻尼机制引起的能量消耗的方法确定，即粘性阻尼力与质点当前运动速度成正比。因此，在加载速率较高的动力结构分析中，阻尼作用不可忽略，然而实际工程分析中，要精确的求解阻尼矩阵相当困难。

Rayleigh 阻尼模型作为被广泛运用的一种正交阻尼模型，其可表达为质量矩阵和刚度矩阵的线性组合：

$$[C] = \alpha [M] + \beta [K_d] \tag{5.1.2}$$

式中，α 和 β 是不依赖于频率的比例系数。其量纲分别为 s^{-1} 和 s。对于 n 阶振型有关系式如下：

$$2\xi_n = \frac{\alpha}{\omega_n} + \beta\omega_n \tag{5.1.3}$$

式中，ω_n 表示 n 阶模态下的特征频率，ξ_n 为阻尼比。

通常情况下，工程结构的阻尼比的范围在 0.01~0.1。

应该指出，在再生混凝土破坏过程的细观力学中，关于阻尼模型的文献不论是实验研究还是理论研究尚不多见，值得进一步研究。阻尼的发生本是一种微观机制，对于一般的结构分析，阻尼理论试图用一种宏观的方法描述阻尼这种微观机制，只能从平均的意义上大致说明阻尼的特性，Rayleigh 阻尼便是属于这一概念范畴的模型，这种对阻尼耗能的模拟方法有很大的数值计算优势而经常采用。

虽然与混凝土材料真实存在的耗能机制相比，细观动力分析采用 Rayleigh 阻尼模型对材料的位移、应力等动力响应均产生影响，但是这并不妨碍对混凝土动态力学机理进行探讨。

在混凝土材料的破坏过程中，由于损伤引起了材料内部微观结构的变化，材料常数和内部耗能也发生了变化，因此，损伤单元的刚度矩阵和阻尼矩阵应当视为损伤变量的函数；另外，质量矩阵严格来说也应随损伤变化，但是总质量是守恒的，因而可以作出质量矩阵与损伤状态无关的假定。损伤引起刚度降低及试件的频谱明显下移，但是损伤对材料阻尼影响的研究尚不多见，所以在动力分析中阻尼矩阵的计算采用试样的初始刚度矩阵，阻尼比也不发生变化，即不考虑损伤发展对阻尼矩阵的影响 [126]。

5.2 动力方程的求解

动力方程是和时间 t 有关的常微分方程组，其位移是时间 t 的连续函数，通常有时域逐步积分法和振型叠加法。振型叠加法仅适用于线弹性结构，时域逐步积分法可以将时间点进行离散，研究离散时间点上的值，与运动变量的离散化相对应，结构体系的动力微分方程不一定要求在全部时间点上都满足条件，仅需要在离散时间点上满足要求即可。在一定的时间间隔内，对位移、速度和加速度的关系由于所采用的假设不同所得不同的逐步积分方法。本研究采用时域逐步积分方法中的 Newmark-β 法进行动力方程的求解。

$[M]$、$[C]$ 和 $[K_d(t)]$ 分别表示质量阵、阻尼阵和动刚度阵；$\{\ddot{U}_d(t)\}$、$\{\dot{U}_d(t)\}$ 和 $\{U_d(t)\}$ 分别为结点加速度、速度和位移；$\{P_d(t)\}$ 为结点的动荷载列阵。给出 t 时刻的动力平衡方程，即：

$$[M]\{\ddot{U}_d(t)\}+[C]\{\dot{U}_d(t)\}+[K_d(t)]\{U_d(t)\}=\{P_d(t)\} \tag{5.2.1}$$

$t+\Delta t$ 时刻的动力平衡方程：

$$[M]\{\ddot{U}_d(t+\Delta t)\}+[C]\{\dot{U}_d(t+\Delta t)\}+[K_d(t+\Delta t)]\{U_d(t+\Delta t)\}=\{P_d(t+\Delta t)\} \tag{5.2.2}$$

将式 (5.2.2) 减去式 (5.2.1) 得

$$[M]\{\Delta\ddot{U}_d(t)\}+[C]\{\Delta\dot{U}_d(t)\}+[K_d^s(t)]\{\Delta U_d(t)\}=\{\Delta P_d(t)\} \tag{5.2.3}$$

这里 $[K_d^s(t)]$ 为两时刻的割线刚度，同样可以用 t 时刻的切线刚度 $[K_d(t)]$ 来代替，则式 (5.2.3) 可以写成下式：

$$[M]\{\Delta\ddot{U}_d(t)\}+[C]\{\Delta\dot{U}_d(t)\}+[K_d(t)]\{\Delta U_d(t)\}=\{\Delta P_d(t)\} \tag{5.2.4}$$

其中，

$$\{\Delta\ddot{U}_d(t)\}=\{\ddot{U}_d(t+\Delta t)\}-\{\ddot{U}_d(t)\} \tag{5.2.5}$$

$$\{\Delta\dot{U}_d(t)\}=\{\dot{U}_d(t+\Delta t)\}-\{\dot{U}_d(t)\} \tag{5.2.6}$$

$$\{\Delta U_d(t)\}=\{U_d(t+\Delta t)\}-\{U_d(t)\} \tag{5.2.7}$$

$$\{\Delta P_d(t)\}=\{P_d(t+\Delta t)\}-\{P_d(t)\} \tag{5.2.8}$$

与静力损伤不同的是，这里的 $[K_d(t)]$ 是损伤变量 $D(\varepsilon)$ 和弹模强化系数 $H_E(\dot{\varepsilon})$ 的函数。在解方程 (5.2.4) 时，采用的 Newmark-β 法计算步骤如下：

(1) 确定运动初始值 $\{U_d(0)\}$、$\{\dot{U}_d(0)\}$、$\{\ddot{U}_d(0)\}$、$\{\Delta P_d(0)\}$；

(2) 选择时间步长 Δt、控制参数 β 和 γ ($\beta=0.25(0.5+\gamma)^2$，$\gamma\geqslant 0.5$)，并计算积分常数

$$\alpha_0=\frac{1}{\beta\Delta t^2};\quad \alpha_1=\frac{\gamma}{\beta\Delta t};\quad \alpha_2=\frac{1}{\beta\Delta t};\quad \alpha_3=\frac{1}{2\beta}-1;$$

$$\alpha_4 = \frac{\gamma}{\beta} - 1; \quad \alpha_5 = \frac{\Delta t}{2}\left(\frac{\gamma}{\beta} - 2\right); \quad \alpha_6 = \Delta t(1-\gamma); \quad \alpha_7 = \gamma \Delta t$$

(3) 形成刚度矩阵 $[K_d(t)]$、质量阵 $[M]$ 和阻尼阵 $[C]$；

(4) 将 Newmark-β 法的递推公式 [115] 代入式 (5.2.4)，则方程可变为

$$[\hat{K}]\{\Delta U_d(t)\} = \{\Delta \hat{P}_d(t)\} \tag{5.2.9}$$

式中，有效刚度矩阵 $[\hat{K}]$：

$$[\hat{K}] = [K_d(t)] + \alpha_0[M] + \alpha_1[C] \tag{5.2.10}$$

有效荷载列阵 $\{\Delta \hat{P}_d(t)\}$：

$$\begin{aligned}\{\Delta \hat{P}_d(t)\} =& \{\Delta P_d(t)\} + (\alpha_2\{\dot{U}_d(t)\} + (\alpha_3+1)\{\ddot{U}_d(t)\})[M] \\ &+ ((\alpha_4+1)\{\dot{U}_d(t)\} + \alpha_5\{\ddot{U}_d(t)\})[C]\end{aligned} \tag{5.2.11}$$

(5) 对 $[\hat{K}]$ 进行三角分解：$[\hat{K}] = [L][D][L]^{\mathrm{T}}$，并求 $\{\Delta U_d(t)\}$；

(6) 求 $t+\Delta t$ 时刻的位移、速度和加速度：

$$\{U_d(t+\Delta t)\} = \{U_d(t)\} + \{\Delta U_d(t)\} \tag{5.2.12}$$

$$\{\ddot{U}_d(t+\Delta t)\} = \alpha_0\{\Delta U_d(t)\} - \alpha_2\{\dot{U}_d(t)\} - \alpha_3\{\ddot{U}_d(t)\} \tag{5.2.13}$$

$$\{\dot{U}_d(t+\Delta t)\} = \alpha_1\{\Delta U_d(t)\} - \alpha_4\{\dot{U}_d(t)\} - \alpha_5\{\ddot{U}_d(t)\} \tag{5.2.14}$$

全量型程序只需把上述增量换成全量即可。

另外，对于时间步长的选取，一种不复杂，但非常有用的选择时间步长的方法是：先用一个看起来合理的时间步长求解问题，然后以稍小的时间步长重复求解，对比结果，持续这个过程直到连续的两个解足够接近。

5.3 本章小结

本章介绍了动力问题的基面力元法及运用 Newmark-β 法求解。方程以一般动力学方程的形式给出，其中包括惯性力项、Rayleigh 阻尼项和弹性项，并探讨了本研究中对阻尼的简化。另外，运用 Newmark-β 法求解动力学方程具有很好的收敛性，本章详细说明了 Newmark-β 法的求解过程。

第二部分

再生混凝土细观损伤分析模型及模拟方法

第 6 章　再生混凝土二维随机骨料模型

在细观层次上，混凝土被视为由粗细骨料、硬化水泥砂浆和二者之间的粘结界面组成，三相组分的力学性质直接决定了混凝土材料的宏观力学性能。深入研究混凝土的细观结构特征，建立细观结构与宏观力学性能之间的关系，是混凝土材料力学性质研究的重要研究内容。相对于普通混凝土，再生混凝土具有更高的不均匀性和更为复杂的细观结构，下面介绍本研究中的再生混凝土二维随机骨料模型，及对再生混凝土二维随机圆骨料和任意凸多边形骨料模型的生成、有限元网格的剖分及单元属性的确定。

6.1　再生混凝土二维随机圆骨料模型

再生骨料与天然集料相比，其外层比天然集料多附着一层老水泥砂浆，因此本研究在细观层次上将再生骨料混凝土视为由天然集料、老水泥砂浆、新水泥砂浆、天然集料与老水泥砂浆之间的粘结带、老水泥砂浆与新水泥砂浆之间的粘结带组成的五相分均匀复合材料。因此，可将再生骨料简化为两个同心圆，如图 6.1 所示。

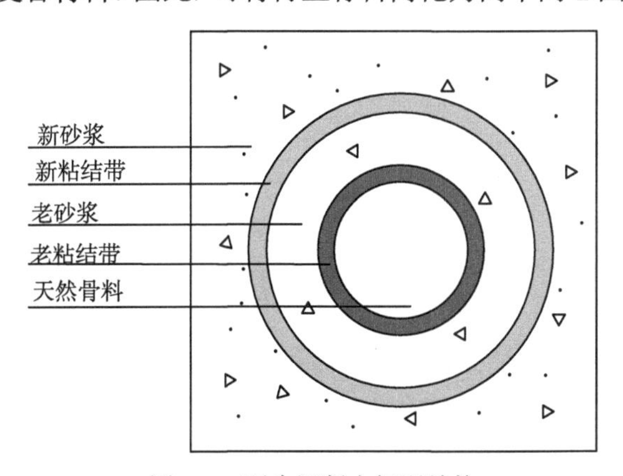

图 6.1　再生混凝土细观结构

6.1.1　再生骨料颗粒数与级配

骨料，即在混凝土中起骨架或填充作用的粒状松散材料，分为粗骨料和细骨料。粒径小于 5mm 的为细骨料，本研究将细骨料视为砂浆匀质体。骨料级配是组成骨料的不同粒径颗粒的比例关系。粗骨料按粒径依次分为 5~20 mm、20~40 mm、40~

80 mm、80~150 mm 四个粒级 [134]，根据骨料最大粒径和包含粒级种类数将骨料级配分为一、二、三、四级配。为了确定不同粒径骨料在混凝土试件中的数量，需先将再生骨料简化为球形。

骨料尺寸分布在再生混凝土复合材料设计及优化中起着非常重要的作用。骨料尺寸分布是否合适将严重影响再生混凝土材料的力学性能。Fuller 级配可以使得再生混凝土能够获得较为优化的密实度和宏观强度。因此本研究中，设定骨料分布满足 Fuller 级配曲线，其表达式为

$$Y = 100\left(\frac{D_0}{D_{\max}}\right)^n \tag{6.1.1}$$

式中，Y 为通过直径 D_0 筛孔的骨料重量百分比；$D_{\max}$ 为骨料颗粒的最大直径。

方程指数 n 的取值范围为 $n = 0.45 \sim 0.70$，本研究中 n 取 0.5，即表达式为

$$Y = 100\left(\frac{D_0}{D_{\max}}\right)^{\frac{1}{2}} \tag{6.1.2}$$

在富勒曲线的基础上，瓦拉文 (Walaraven J. C.) 将三维骨料级配曲线转化成二维横断面骨料级配曲线。粒径 $D < D_0$ 骨料的累积分布概率 [27,129] 如下

$$\begin{aligned} P_c(D<D_0) = & P_k\left[1.065\left(\frac{D_0}{D_{\max}}\right)^{1/2} - 0.053\left(\frac{D_0}{D_{\max}}\right)^4 - 0.012\left(\frac{D_0}{D_{\max}}\right)^6\right. \\ & \left. - 0.0045\left(\frac{D_0}{D_{\max}}\right)^8 + 0.0025\left(\frac{D_0}{D_{\max}}\right)^{10}\right] \end{aligned} \tag{6.1.3}$$

式中，P_k 为骨料体积与混凝土总体积的百分比，一般取 0.75；P_c 为粒径小于 D_0 的骨料的累积分布概率。

计算横断面面积为 A 的再生骨料混凝土试件中，粒径 $D_1 < D < D_2$ 的骨料颗粒数 n，公式如下

$$n = [P_c(D<D_2) - P_c(D<D_1)] \times A/A_i \tag{6.1.4}$$

式中，A_i 为直径是代表粒径的再生骨料面积。

一级配再生混凝土试件尺寸为 100mm×100mm×100mm，二级配再生混凝土试件尺寸为 150mm×150mm×150mm， 三级配再生混凝土试件尺寸为 300mm×300mm×300mm。各级配再生混凝土试件中的骨料等效粒径及颗粒数如表 6.1。

表 6.1 各级配再生混凝土试件中的骨料等效粒径及颗粒数

等效粒径/mm	60	32.5	30	20	17.5	12.5	12	10	7.5
一级配试件骨料颗粒数	0	0	0	0	3	9	0	0	37
二级配试件骨料颗粒数	0	3	0	10	0	0	0	59	0
三级配试件骨料颗粒数	6	0	21	0	0	0	159	0	0

6.1.2 再生骨料老砂浆层厚度

再生粗骨料是废弃混凝土经破碎、加工后所得，因此要计算再生骨料中老砂浆层的厚度，必须先知道废弃混凝土附着的砂浆质量含量。肖建庄 [136] 运用图像处理软件分析再生混凝土试件切割断面照片得到老砂浆的面积百分比含量，进一步计算得到再生骨料中老砂浆的质量百分比含量为 41.0%。沈大钦 [137] 利用煅烧的方法分离粗骨料和砂浆，得到再生骨料中老砂浆的含量平均为 42.1%。袁飚 [138] 运用利用浓硫酸浸泡的方法剔除老砂浆，得到由 C20 和 C30 的废弃混凝土制成的再生骨料中老砂浆的含量分别为 44.8%和 40.4%。本研究假定再生骨料中老砂浆的质量含量为 42%。

通过天然骨料的密度 (2600kg/m^3)、砂浆的密度 (2000kg/m^3) 及其质量含量百分比计算老砂浆的体积含量百分比。又有研究结果表明：混凝土中集料的体积百分比与某一断面处的集料的面积百分比基本相等 [139]，由此可以计算出某一界面处再生骨料中老砂浆和天然骨料的面积比，进而求出再生骨料中老砂浆层的厚度。各级配再生混凝土试件中的不同粒径骨料的砂浆层厚度如表 6.2。

$$\omega = \frac{m_s}{m_{总}} = \frac{V_s \cdot \rho_s}{V_s \cdot \rho_s + V_g \cdot \rho_g} \tag{6.1.5}$$

$$\bar{\omega} = \frac{V_s}{V_g} = \frac{\rho_g \cdot \omega}{\rho_s \cdot (1-\omega)} \tag{6.1.6}$$

式中，V_s、V_g 分别表示再生骨料中老砂浆和骨料所占的面积；ρ_s、ρ_g 分别表示老砂浆和骨料的密度；m_s、$m_{总}$ 分别表示老砂浆和再生骨料的质量；ω 表示老砂浆的质量含量，$\bar{\omega}$ 表示老砂浆面积与骨料面积比。

表 6.2 各级配再生混凝土试件中的不同粒径骨料的砂浆层厚度

等效粒径/mm	60	32.5	30	20	17.5	12.5	12	10	7.5
一级配试件老砂浆厚度	—	—	—	—	2.47	1.76	—	—	1.06
二级配试件老砂浆厚度	—	4.59	—	2.82	—	—	—	1.41	—
三级配试件老砂浆厚度	8.47	—	4.23	—	—	—	1.69	—	—

由面积比得出砂浆层厚度 h

$$h = \frac{a - a\sqrt{\dfrac{1}{1+\bar{\omega}}}}{2} \tag{6.1.7}$$

式中 a 表示骨料粒径。

6.1.3 再生骨料的分布

为了更好的模拟真实骨料的分布，需要生成一组随机数来确定骨料的投放位置。本研究中所采用的蒙特卡罗方法又称统计模拟法、随机抽样技术，是一种随机模拟方法，以概率和统计理论方法为基础的一种计算方法，是使用随机数 (或更常见的伪随机数) 来解决很多计算问题的方法。目前计算机生成随机数的方法大致分为三类：数学方法、物理方法和随机数表方法。在计算机上产生随机数最常见、最实用的是数学方法，该方法是通过数学递推公式来生成的“伪随机数”，具有速度快，占用内存小，随机数序列可重复实现方便复查检验等优点。

用数学方法产生随机数时，一般情况下采用的递推公式如下：

$$\xi_{n+k}=T(\xi_n,\xi_{n+1},\cdots,\xi_{n+k+1}) \tag{6.1.8}$$

对于给定的初始值 $\xi_1,\xi_2,\cdots,\xi_k$，逐个产生 $\xi_{n+k}(n=1,2,\cdots)$。经常遇到的是 k=1 的情况，此时用一种单步递推公式：

$$\xi_{n+k}=T(\xi_n) \tag{6.1.9}$$

对于给定初始值 ξ_1，逐个确定 $\xi_2,\xi_3,\cdots$。

用数学方法产生的随机数存在两大问题：

(1) 递推公式 T 和初始值 $\xi_1,\cdots,\xi_k$ 确定后，整个随机数序列便被唯一确定下来了。即随机数序列中除前 k 个随机数是选定的外，其他的所有随机数都是被它前面的随机数所唯一确定，不满足随机数相互独立的要求。

(2) 既然随机数序列是用递推公式确定的，而在电子计算机上所能表示的 (0,1) 上的数又是有限多的，因此，这样的随机数序列就可能出现重复地无限继续下去，一旦出现 n' 和 $n''(n'<n'')$ 使得 $\xi_{n'+m}=\xi_{n''+m}(m=1,\cdots,k)$ 成立，则随机数序列将出现周期性的循环现象。

由于上述两个原因，人们通常称用数学方法所产生的随机数为伪随机数。由于该方法易于在计算机中实现，可以反复计算，且不受计算机限制，因此，尽管存在一些问题，但仍然被广泛地应用在蒙特卡罗方法中，成为在计算机上产生随机数的最主要方法。

随机数序列应具备均匀性和独立性。由于递推公式的不同将生成均匀分布随机数的方法分为同余法、平方取中法、迭代取中法和位移法；其中同余法又可分为：乘同余法、加同余法和乘加同余法等。

1) 乘同余法 [140]

产生伪随机数的乘同余法是由 Lehmer 首先提出来的，乘同余法的一般形式是对任意初值 x_1 由如下递推公式确定：

$$\begin{cases} X_{n+1}=\lambda X_n(\bmod M) \\ \xi_{n+1}=X_{n+1}/M \end{cases} \tag{6.1.10}$$

2) 加同余法 [140,141]

产生伪随机数的加同余法是对任意初始值 X_1、X_2，用如下递推公式确定：

$$\begin{cases} X_{n+2} = X_n + X_{n+1}(\text{mod}M) \\ \xi_{n+2} = X_{n+2}/M \end{cases} \tag{6.1.11}$$

当 $X_1 = X_2$ 时，所确定的 $X_1, \cdots, X_n$ 就是著名的剩余 Fibonacci 数序列。对于加同余法所产生的伪随机数序列，即或其中比较特殊的 Fibonacci 数序列，若想给出它的均匀偏度也是非常难的。

3) 乘加同余法 [142−144]

产生伪随机数的乘加同余法是由 Rotenberg 于 1960 年提出来的，这个方法由于有很多优点，已成为产生伪随机数的主要方法。

该法的一般形式是对任意初值 X_1 由如下递推公式确定：

$$\begin{cases} X_{n+1} = (\lambda X_n + C)(\text{mod}M) \\ \xi_{n+1} = X_{n+1}/M \end{cases} \tag{6.1.12}$$

本研究中采用乘加同余法生成在 (0,1) 区间的均匀分布伪随机数序列。式 (6.1.12) 中，$\lambda = 2053$，$C = 13849$。

为了便于计算机上使用，通常取

$$M = 2^S \tag{6.1.13}$$

其中，S 为计算机中二进制数的最大可能有效位数，本研究取 $S = 16$。

利用公式 (6.1.12) 生成随机数序列，进而确定投放骨料的圆心坐标，具体投放过程如下：

(1) 根据试件的尺寸确定边界范围，并选定坐标系。

(2) 根据蒙特卡罗法得到 (0,1) 区间上的均匀分布随机数 R 和 E。

(3) 由生成的随机数求骨料颗粒的圆心坐标 (x_n, y_n)，如下式

$$\begin{cases} x_n = R_n \times b \\ y_n = E_n \times h \end{cases} \tag{6.1.14}$$

式中，b 为试件截面的宽度，h 为试件截面的长度。

(4) 按骨料的圆心坐标依次投放骨料，所投放的骨料保证在试件尺寸范围内，后投放的骨料与已投放的骨料之间不出现交叉重叠，以及相邻骨料圆心之间的距离大于 1.05 倍的两骨料半径之和。以保证两骨料间必须有一定厚度的水泥砂浆层。

通过上述方法确定每个骨料的投放位置，建立各级配再生混凝土二维随机骨料分布模型，如图 6.2 所示的一级配、二级配和三级配再生混凝土试件。

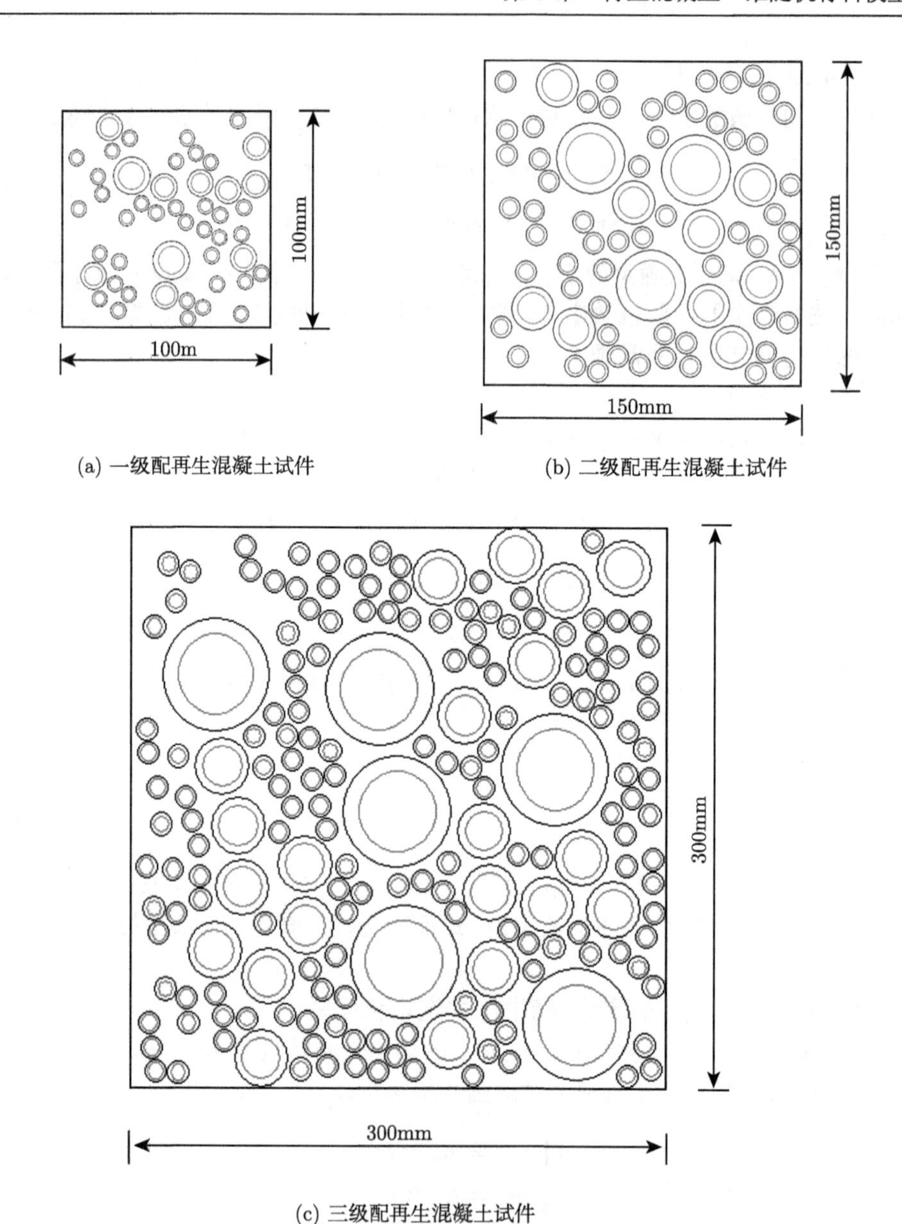

(a) 一级配再生混凝土试件　　(b) 二级配再生混凝土试件

(c) 三级配再生混凝土试件

图 6.2　再生混凝土随机骨料分布模型

6.2　再生混凝土二维随机凸多边形骨料模型

再生混凝土二维随机凸多边形骨料模型是在随机圆骨料模型的基础上建立的。圆形骨料模型已经确定了骨料的颗粒数、粒径及在截面内所占的面积。本研究将再生粗骨料简化为嵌套的两个任意凸多边形，如图 6.3 所示。其中天然骨料与老砂浆在截面内所占的面积与圆形再生粗骨料相等。

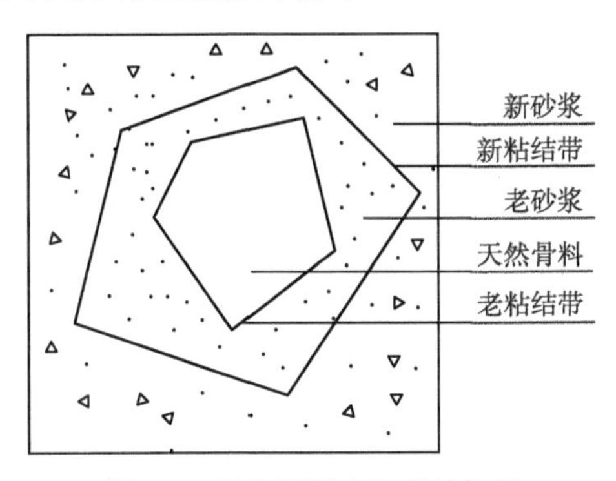

图 6.3 再生混凝土细观结构图

6.2.1 生成随机多边形基骨料的生成

在每个随机圆骨料的圆周上根据粒径大小随机生成数个点构成多边形基框架，粒径较大的基框架顶点数较多，粒径较小的基框架顶点较少。按照逆时针顺序连接基点，并将这些基点及对应线进行编码。本研究中试件均采用三种代表粒径，其中粒径最大的基框架为五边形，中等粒径的基框架为四边形，粒径最小的基框架为三角形。

生成的基框架多边形为圆骨料圆周的内接多边形，为了提高凸多边形骨料的生成效率，通过控制点与点之间的距离，保证骨料的圆心在基框架多边形的内部。

$$L_{\min} = 2R \cdot \sin\left(\frac{\pi}{2(n-1)}\right) \tag{6.2.1}$$

式中，$L_{\min}$ 为相邻两基点之间的最小距离；R 为骨料半径；n 为基框架多边形顶点个数。

利用上述方法在再生圆骨料的外圆即老砂浆的边界生成多边形基框架，如图 6.4 所示。

在内圆即天然集料的边界上生成多边形基框架时，除了要满足圆心在多边形内，还要保证基点在延展结束后的老砂浆边界形成的多边形内。

对于任意凸多边形的各个顶点 A_1，A_2，$\cdots$，A_i，A_{i+1}，$\cdots$，A_n 逆时针排序。多边形顶点 A_i 的坐标为 (x_i, y_i)，A_{i+1} 的坐标为 (x_{i+1}, y_{i+1})。P 为平面内一点，其坐标为 (x, y)。对于三角形 PA_iA_{i+1} 的面积有如下关系式

$$S_i = \frac{1}{2}\begin{vmatrix} x & y & 1 \\ x_i & y_i & 1 \\ x_{i+1} & y_{i+1} & 1 \end{vmatrix}, \quad (i = 1, 2, \cdots, n) \tag{6.2.2}$$

任意 $S_i > 0$，则点 P 在多边形内部；至少有一个 $S_i = 0$，则点 P 在多边形边界上；至少有一个 $S_i < 0$，则点 P 在多边形外部。

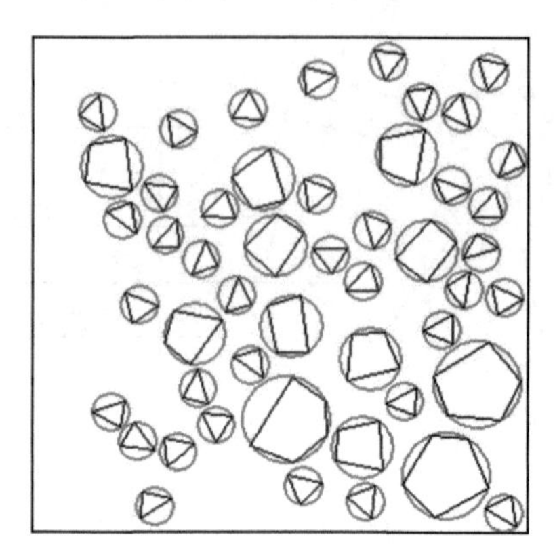

图 6.4　多边形基框架

6.2.2　随机多边形延展条件和方式

骨料基框架多边形生成后，按多边形骨料面积与其对应圆骨料面积的差值从大到小排序，并将每个多边形的边长从大到小排序。优先选择多边形骨料面积与对应圆面积差值较大骨料开始延凸，并优先在以多边形边长较长的边为直径的外半圆内插入新顶点，如图 6.5 所示。

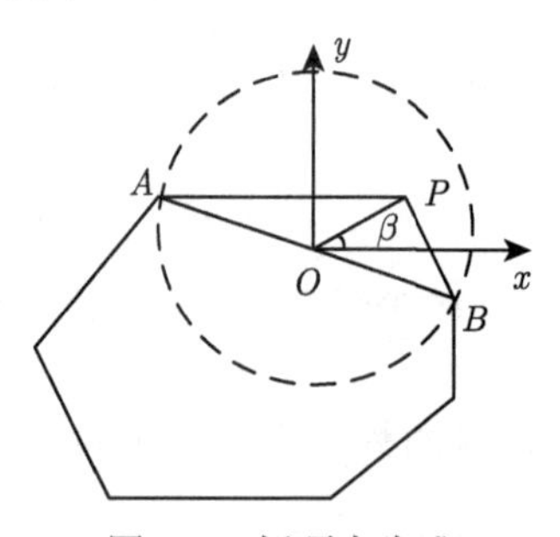

图 6.5　新顶点生成

新插入点坐标为

$$\begin{cases} x = \dfrac{1}{2}(x_i + x_{i+1}) + \dfrac{1}{2}\overline{A_iA_{i+1}}R_1\cos(2\pi R_2) \\ y = \dfrac{1}{2}(y_i + y_{i+1}) + \dfrac{1}{2}\overline{A_iA_{i+1}}R_1\sin(2\pi R_2) \end{cases} \tag{6.2.3}$$

式中，R_1、R_2 为 (0,1) 区间内的随机数。

新插入点还要满足以下条件：

(1) 新插入点不能超出试件尺寸范围，即

$$x \in (0, b), \quad y \in (0, h) \tag{6.2.4}$$

式中，b, h 为试件的宽度和高度。

(2) 新形成的边长要大于设定的最小值，本研究设定的最小值为

$$l_{\min} = 0.2R \cdot \sin\left(\frac{\pi}{2(n-1)}\right) \tag{6.2.5}$$

式中，R 为骨料半径；n 为基框架多边形顶点个数。

(3) 新插入点后形成的多边形比原多边形的面积增长值要大于设定的最小值，以保证延凸的效率。本研究设定的最小值为

$$S_{\min} = 0.3(S_C - S_D) \tag{6.2.6}$$

式中，S_C 为圆骨料面积；S_D 为插入点前多边形的面积。

(4) 保证插入点后新形成的多边形为凸多边形，点 P 为边 A_iA_{i+1} 外侧新插入点，如图 6.6 所示。点 P 与相邻边 $A_{i-1}A_i$ 和 $A_{i+1}A_{i+2}$ 分别构成三角形 $PA_{i-1}A_i$ 和 $PA_{i+1}A_{i+2}$，根据公式 (6.2.2) 计算，当两个三角形的面积均为正值时，新多边形为凸多边形。

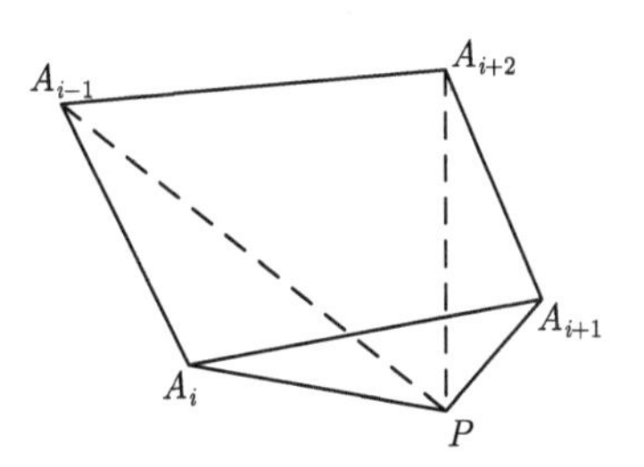

图 6.6 凸条件判别

(5) 对于老砂浆边界多边形的延展，除了满足上述条件外，还要保证骨料之间不出现交叉重叠。因此要保证新插入点不会入侵其他骨料，同时还要保证其他多边形骨料现有顶点不会进入插入点后形成的新的多边形。如图 6.7 所示。

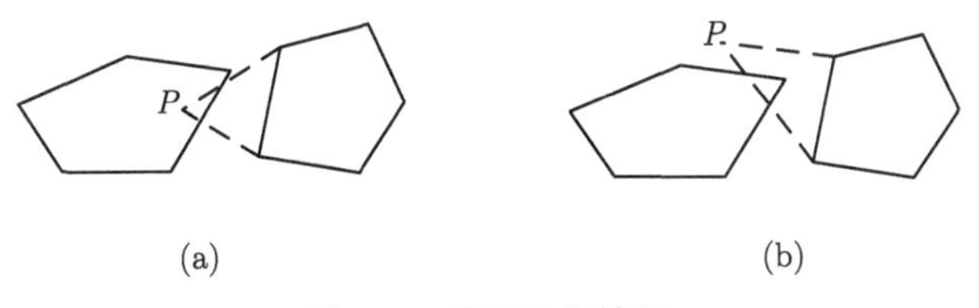

图 6.7 骨料入侵情况

针对第一种入侵情况，需要利用公式 (6.2.2) 计算新插入点 P 与其他多边形骨料的各边组成的三角形面积，至少有一个 $S_i < 0$ $(i = 1, 2, \cdots, n)$ 以保证点 P 不在其他骨料内。对于第二种入侵情况，只需判别其他多边形骨料的顶点是否在三角形 PA_iA_{i+1} 内，计算方法同上。

天然骨料边界多边形的延展则无需考虑骨料交叉重叠问题，只需保证延展点在与其对应的老砂浆边界多边形内。

当新插入点满足上述所有条件时，则确认插入该点。如有任何一个条件不满足，则重新生成新的插入点。当多边形面积大于对应的圆面积时，延凸结束。多边形骨料生成过程如图 6.8 所示。

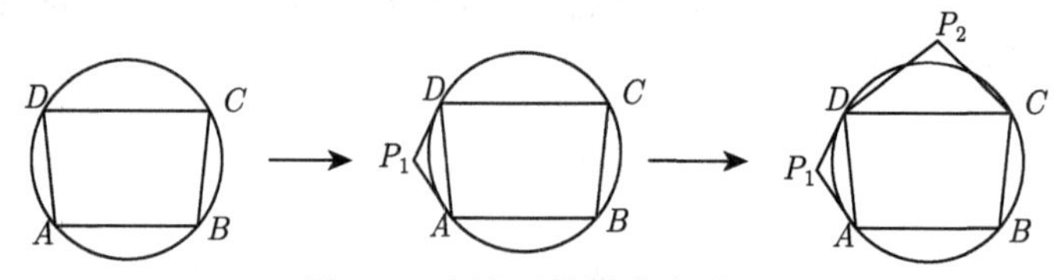

图 6.8 多边形骨料生成过程

6.2.3 流程框图

由于凸多边形骨料是在圆骨料的基础上形成的，因此生成再生混凝土随机凸多边形骨料模型要先读入随机圆骨料模型中骨料参数。

主程序流程图如图 6.9 所示。

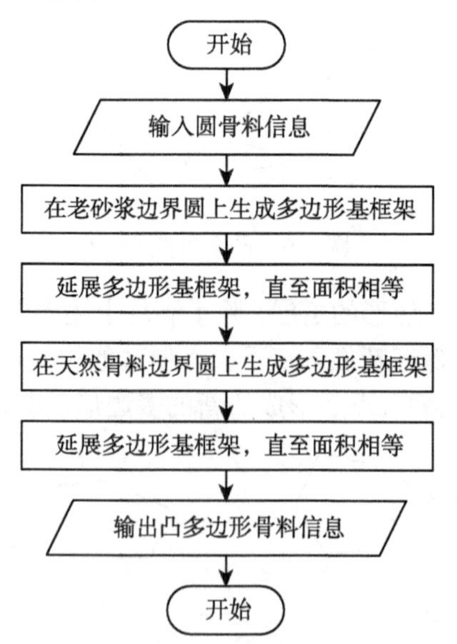

图 6.9 建立多边形骨料模型主程序流程图

凸多边形生成流程图如图 6.10 所示。

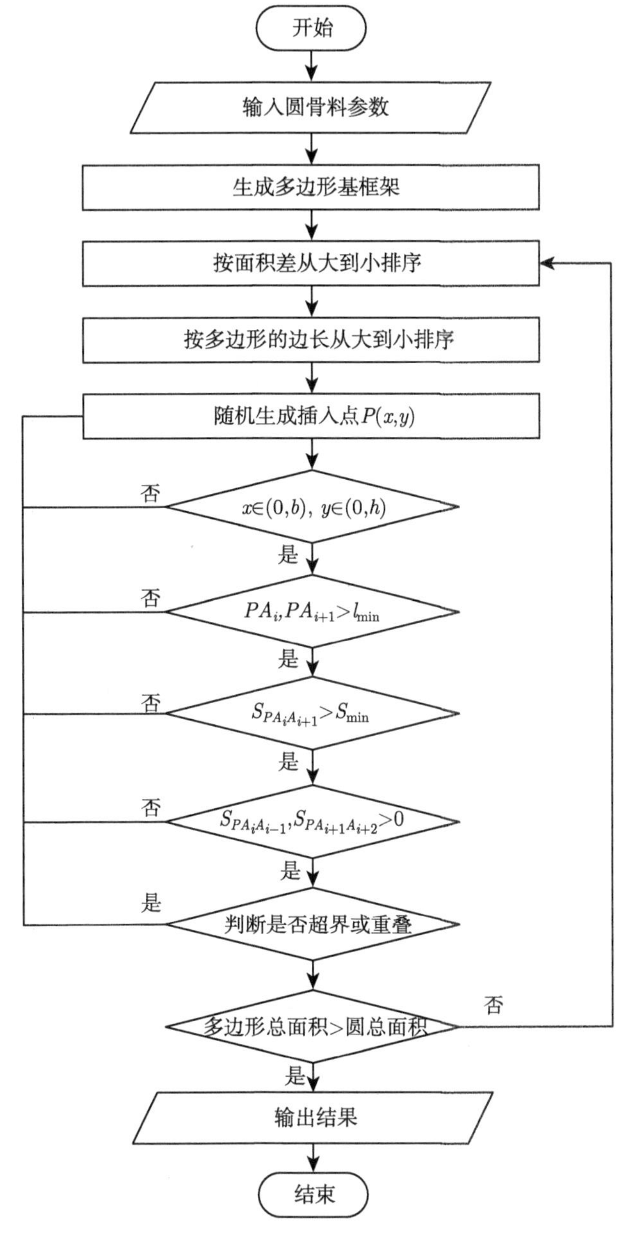

图 6.10 凸多边形生成子程序流程图

利用上述方法，编制凸多边形再生骨料的自动生成软件，将再生混凝土二维随机圆骨料分布模型演变成再生混凝土二维随机凸多边形骨料分布模型，如图 6.11

所示为一级配、二级配和三级配再生混凝土试件。

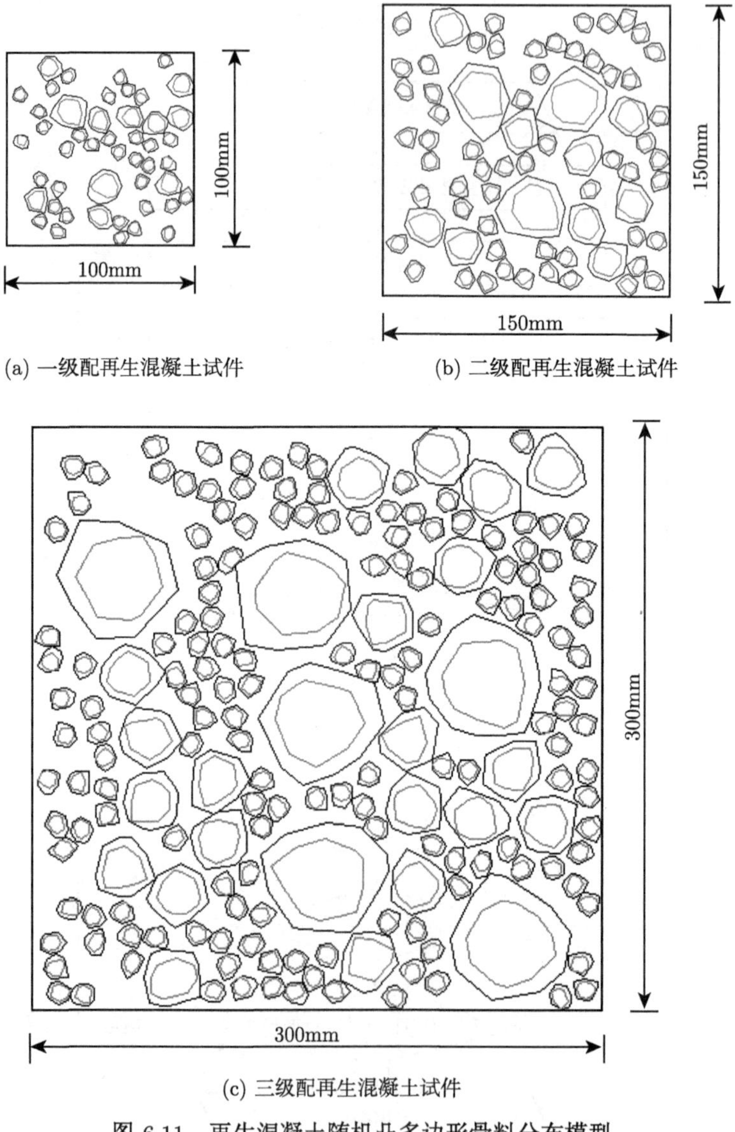

(a) 一级配再生混凝土试件

(b) 二级配再生混凝土试件

(c) 三级配再生混凝土试件

图 6.11　再生混凝土随机凸多边形骨料分布模型

6.3　有限元网格剖分及单元属性确定

6.3.1　网格自动剖分方法

有限元网格剖分就是将连续的物体离散成简单单元的过程，随着有限元方法的应用越来越广泛，学者们提出了多种有限元网格剖分的方法，如：Delaunay 三角分割法、栅格模型法、参数映射法和推进波前法。常用的简单单元包括：一维杆元及集中质量元、二维三角形、四边形元和三维四面体元、五面体元和六面体元。网格剖分越密、数量越多越接近真实状态，相应计算精度提高，但同时计算规模也将加大，导致计算速度降低。因此要综合考虑来确定网格剖分的尺寸。有限元网格剖分是有限元分析中的关键技术之一，网格质量将直接影响到数值分析的精度。

本研究采用了规则三角形网格剖分方法，通过输入试件的截面尺寸和网格剖分步长，自动生成密度信息一致的结点，连接结点形成平面单元。然后将有限元网格投影到已生成的随机骨料分布模型上，如图 6.12 所示。

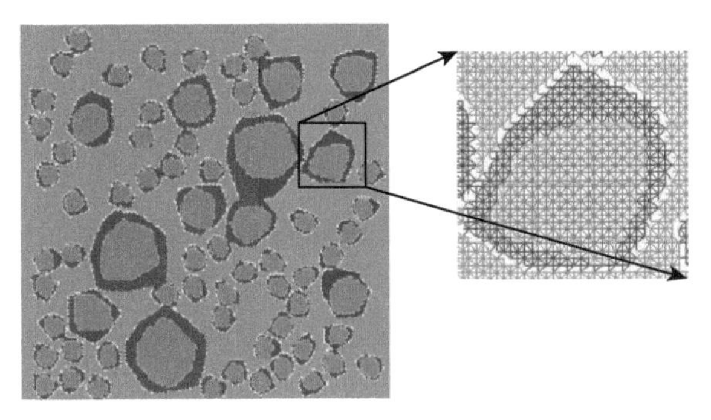

图 6.12 网格剖分图

6.3.2 单元属性的确定

有限元网格投影后，通过判断单元结点的相对位置来确定其单元类型。当单元所有结点均落在天然骨料区域时，此单元为天然骨料单元；当所有结点均落在老砂浆区域时，此单元为老砂浆单元；当所有结点均落在新砂浆区域时，此单元为新砂浆单元；当有部分结点在天然骨料区域，其余点落在老砂浆区域时，此单元为老粘结带单元；当部分结点在老砂浆区域，其余结点均落在新砂浆区域时，此单元为新粘结带单元；当单元结点既有落入天然骨料区域的，又有落入老砂浆区域的，还有落入新砂浆区域的，则该单元也为老砂浆单元。

根据不同的单元类型，分别给各个单元赋予弹性模量、泊松比和抗拉强度等单元属性。

6.4 本章小结

在再生混凝土细观力学中，再生骨料的尺寸、形状、分布和老砂浆含量直接影响着再生混凝土力学特性，因此，按再生混凝土级配的骨料比例，研究高效率的骨料投放算法是进行再生混凝土细观力学分析的前提和基础。本章详细说明了再生混凝土二维随机圆骨料模型和随机凸多边形骨料模型的生成过程，并着重介绍了在圆骨料的基础上生成凸多边形骨料的过程，以及进行有限元网格划分，并确定单元类型和属性。

第 7 章　再生混凝土三维随机球骨料模型

第 6 章介绍了本课题组运用 FORTRAN 计算机语言建立的二维圆形及任意凸多边形随机骨料模型。以上计算模型仅限于二维模型，未涉及三维模型。从二维到三维，单元数目将成倍增加，单元判别难度增大，方程数量增多，而且计算速度和计算精度降低，给计算分析带来了极大困难。本章在本课题组工作的基础之上，进行再生混凝土三维细观结构模型的深入研究和开发，旨在寻求一种高效及快速的模型建立和数值模拟方法。

7.1　再生混凝土三维随机骨料模型

7.1.1　蒙特卡罗随机方法

再生混凝土材料中，骨料在试件内部呈现随机分布的状态，为了更真实模拟再生混凝土试件内骨料的分布，需要用到随机变量，本研究采用蒙特卡罗随机方法。

蒙特卡罗方法又称为随机模拟方法或统计模拟法。该方法运用概率和统计理论方法在计算机上生成具有各种概率分布的伪随机数，并通过构造随机模型使得某一随机变量的数学期望值与实际问题中要求的解相等。利用数学方法使计算机产生随机数的方法有随机数表法、随机数学方法和物理法。其中，最常用的是随机数学方法，通过数学递推公式来生成的“伪随机数”，具有速度快，占用内存小的优点。根据递推公式不同，生成均匀分布随机数的方法可分为平方取中法、位移法、迭代取中法和同余法。其中同余法又可分为：加同余法、乘加同余法和乘同余法等。本研究采用乘加同余法生成在 (0,1) 区间的均匀分布伪随机数序列，递推公式如下：

$$\begin{cases} X_{n+1} = (\lambda X_n + C)(\mathrm{mod} M) \\ r_n = X_n / M \end{cases} \tag{7.1.1}$$

式中，$C = 217$，$\lambda = 29$，$M = 2^S$，S 为计算机中二进制数的最大可能有效位数，本研究取 $S = 16$。

运用式 (7.1.1) 在 (0,1) 区间上生成均匀分布随机数 R_n, E_n, F_n，根据下式确定投放骨料的球心坐标 (x_n, y_n, z_n)。

$$\begin{cases} x_n = R_n \times b \\ y_n = E_n \times l \\ z_n = F_n \times h \end{cases} \tag{7.1.2}$$

式中，l 为试件截面的长度，b 为试件截面的宽度，h 为试件截面的高度，n 为骨料颗粒数。

骨料在投放过程需满足如下规则：

(1) 骨料在试件范围内；

(2) 骨料之间不得出现交叉重叠；

(3) 相邻骨料圆心之间的距离大于 1.05 倍的两骨料半径之和。

7.1.2 富勒颗粒级配理论

试件内的骨料分为粗骨料和细骨料，各个粒径的粗骨料分布情况称为级配，不同级配的骨料具有不同的密实度。良好的级配是按照一定粒径比例的骨料形成一个连续的级配曲线，拌制的混凝土具有较高的强度及较好的耐久性能。为了获得最大的密实度，1907 年 Fuller 和 Thompson [150] 通过大量的试验研究，提出了最大密实度级配曲线。该曲线的理论依据是将固体颗粒按照粒径的大小进行有序组合，从而获得密实度最大、孔隙最小的材料。

富勒级配曲线假定细骨料的颗粒级配用椭圆形曲线表示，粗骨料的颗粒级配用于椭圆曲线相切的直线表示。表达式为

$$(P-7)^2 = \frac{b^2}{a^2}\left(2a - d^2\right) \tag{7.1.3}$$

式中，P 为通过筛孔孔径 d 的重量百分比；d 为筛分孔径；a,b 分别为椭圆曲线的横轴的顶点和纵轴的顶点。

为简化起见，假定骨料形状为球形，从而建立再生混凝土的细观结构模型。简化后的为抛物线曲线，表达式为

$$P = 100\left(\frac{d}{D_{\max}}\right)^n \tag{7.1.4}$$

式中，$D_{\max}$ 为骨料的最大粒径；n 为方程指数，取值范围为 0.45~0.70，本研究取 0.5。

7.1.3 骨料颗粒数及混凝土级配

混凝土中的骨料按照粒径大小以 5 mm 为界限分为粗骨料和细骨料，研究表明，混凝土内部骨料的体积一般为试件体积 75%，粗骨料的体积约为试件体积的

35%~50%[151]，本研究取粗骨料体积为占试件总体积的 50%。骨料颗粒数具体计算步骤如下：

(1) 根据式 (7.1.4) 计算各粒径骨料的重量分布概率 $P(D)$；

(2) 按照式 (7.1.5) 计算各粒径骨料的总体积 V_i：

$$V_i = 0.5 \times b \times l \times h \times (P_{ci} - P_{ci+1}) \tag{7.1.5}$$

(3) 根据式 (7.1.6) 计算各粒径骨料的个数 N_i：

$$N_i = V_i \big/ \left(\pi D_i^3/6\right) \tag{7.1.6}$$

再生混凝土级配表示不同粒径粗骨料的比例关系。再生粗骨料按照粒径范围分为：5~20 mm、20~40 mm、40~80 mm、80~150 mm 四个骨料级配。普通混凝土力学性能试验方法标准规定，混凝土标准试件是边长为 150mm 的立方体试件，非标准试件有边长为 100mm 和 200mm 的立方体试件。由式 (7.2.3)~ 式 (7.2.6) 可得出试件内骨料颗粒数，如表 7.1 所示。

表 7.1 再生混凝土试件中的骨料等效粒径及颗粒数

等效粒径	32.5	20	17.5	12.5	10	7.5
100mm 立方体试件	–	–	23	77	–	468
150mm 立方体试件	19	71	–	–	834	–

7.1.4 再生骨料老砂浆层厚度

本研究假定再生骨料中老砂浆的质量含量为 42%。通过天然骨料的密度 (2600kg/m^3)、砂浆的密度 (2000kg/m^3) 及其质量含量百分比计算老砂浆的体积含量百分比，进而求出老砂浆层厚度。

$$\omega = \frac{m_s}{m_{总}} = \frac{V_s \cdot \rho_s}{V_s \cdot \rho_s + V_g \cdot \rho_g} \tag{7.1.7}$$

$$\bar{\omega} = \frac{V_s}{V_g} = \frac{\rho_g \cdot \omega}{\rho_s \cdot (1-\omega)} \tag{7.1.8}$$

式中，V_s、V_g 分别表示再生骨料中老砂浆和骨料所占的体积；ρ_s、ρ_g 分别表示老砂浆和骨料的密度；m_s、$m_{总}$ 分别表示老砂浆和再生骨料的质量；ω 表示老砂浆的质量含量，$\bar{\omega}$ 表示老砂浆面积与骨料面积比。

由体积比得出砂浆层厚度 h。

$$8h^3 - 12dh^2 + d^2h - \frac{\omega}{1-\omega}d^3 = 0 \tag{7.1.9}$$

式中，d 表示骨料粒径。

本研究算例中各级配再生混凝土试件中不同骨料粒径的附着砂浆厚度如表 7.2 所示：

表 7.2　再生混凝土试件中不同骨料粒径的附着砂浆厚度 (mm)

等效粒径	32.5	20	17.5	12.5	10	7.5
100mm 立方体试件老砂浆厚度	–	–	2.48	1.76	–	1.06
150mm 立方体试件老砂浆厚度	4.59	2.82	–	–	1.41	–

7.1.5　骨料球心坐标的确定

首先建立再生骨料三维随机分布数学模型，将骨料按照粒径不同进行分类。建立数学模型的方法如下：

(1) 确定骨料所在的空间范围；

(2) 根据球心坐标及半径确定骨料的具体位置；

(3) 球心坐标的 x, y, z 由 7.1.1 节给出，可以保证球体在空间范围内随机分布；

(4) 球心坐标的定位方法采用未投放骨料与全部已投放骨料循环比较的方法确定。

所有骨料必须满足两两之间的距离大于两球体的半径之和，以保证球体互不侵入。投放方法如下：

首先投放骨料直径最大的一批骨料，先将第一个骨料随机投放到试件范围内；投放第二颗骨料时，必须满足此球心与第一个骨料球心之间的距离大于两半径之和的 1.05 倍；以此类推，投放 N 个球且该球与前 $N-1$ 个球满足上述规则，此方法为循环比较投放法。随着投放骨料数目的增加，循环比较的次数也随之增多，投放难度也会增加。

按照 7.1.2 节的算法及本节投放方法，以尺寸为 100mm×100mm×100mm、150mm×150mm×150mm 的再生混凝土试件为例，按照上述方法投放骨料球心散点图，如图 7.1 所示。

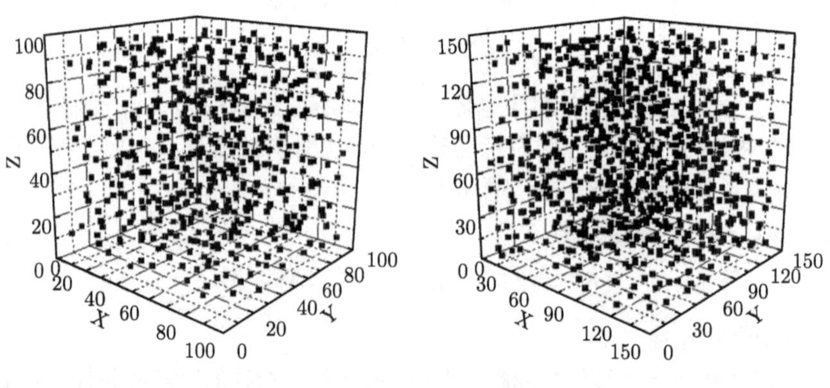

(a) 100mm 立方体试件球心散点图　　(b) 150mm 立方体试件球心散点图

图 7.1　三维随机骨料球心分布图

由图 7.1 可以看出，本研究选取的随机方法及骨料循环确定坐标方法能够给出随机性分布良好的骨料模型图。

7.1.6 骨料随机投放模型

根据 7.1.3 节及 7.1.4 节的计算数据，运用自编的 MATLAB 程序，将三个级配试件按照骨料粒径的大小不同分批次投放到制定区域内。再生混凝土三维随机骨料投放过程如图 7.2 所示：

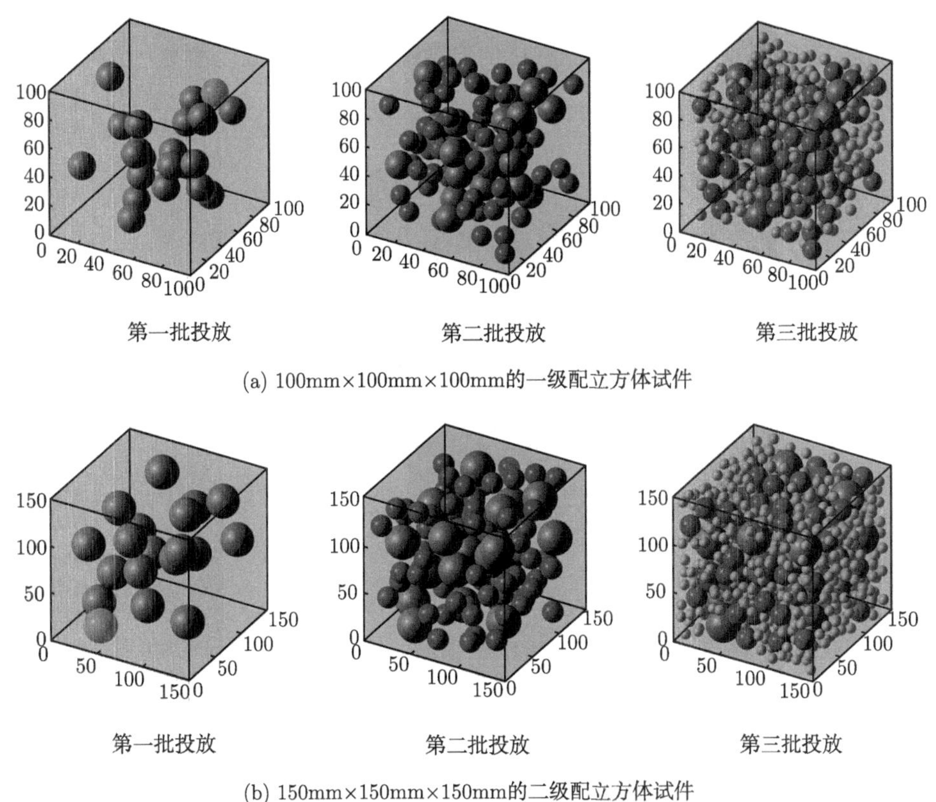

(a) 100mm×100mm×100mm的一级配立方体试件

(b) 150mm×150mm×150mm的二级配立方体试件

图 7.2 再生混凝土三维随机骨料模型图

7.2 空间有限元模型及单元属性判别

有限元模型的建立是将随机骨料模型离散为通过面或者线彼此相连的简单单元的过程，常用的单元有：一维杆单元，二维三角形单元、四边形单元和三维四面体单元、五面体单元和六面体单元。随着维数及密度的增加，模型更接近于试件的实际状态且计算精度更高，但数量、复杂程度及计算所需时间也随之增加。因此选择合理的单元形式及剖分方法是影响数值模拟速度及计算精度的重要因素之一。

7.2.1　空间网格剖分方法

由于三维空间问题的复杂性，准确识别再生混凝土五相介质是十分困难的。本研究采用“基本网格单元模型”方法，通过背景网格投影，描述再生混凝土试件的非均质细观结构。

运用自编的 FORTRAN 程序，根据需要输入试件尺寸及合理的剖分步长，形成四节点四面体单元空间背景网格。将随机分布的再生骨料颗粒投影到空间背景网格上，从而实现再生混凝土三维网格的自动剖分，建立有限元模型。空间背景网格如图 7.3 所示。

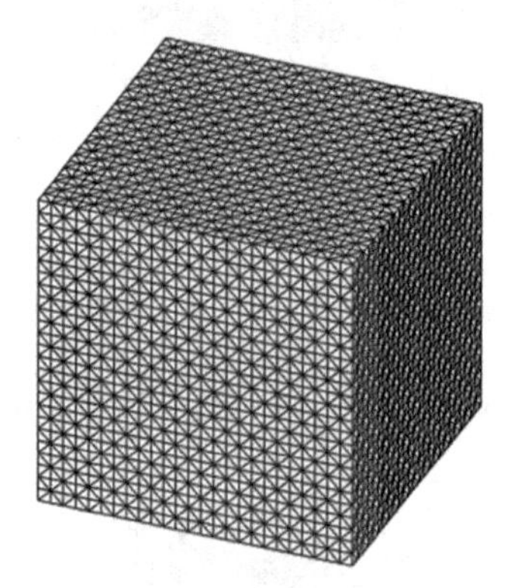

图 7.3　空间背景网格

7.2.2　单元属性判别

将空间背景网格投影到随机骨料模型以后，计算单元的四个节点到骨料球心的距离，通过节点与骨料的位置关系判断单元的属性。本研究单元判别规则如下：

(1) 骨料单元：单元四个节点中，至少有三个节点位于骨料内；

(2) 老粘结带单元：单元四个节点中，有二个节点位于骨料内，且有二个节点位于老砂浆内；

(3) 老砂浆单元：单元四个节点中，至少有三个节点位于老砂浆内，或者至少有一个节点位于骨料内，且至少有一个节点位于新砂浆内；

(4) 新粘结带单元：单元四个节点中，有二个节点位于新砂浆内；

(5) 新砂浆单元：单元四个节点中，至少有三个节点位于新砂浆内。

将五相单元分别标记，赋予各自的弹性模量、泊松比及抗拉强度。本节选取 100mm×100mm×100mm 的再生混凝土试件，五相介质如图 7.4 所示。

为了形象的展示再生混凝土三维球形骨料模型的细观结构，本研究在三维试件 $X = 40$mm 的断面处演示五相介质的投放过程，依次投放由外向内新砂浆单元、新粘结带单元，老砂浆单元、老粘结带单元及骨料单元，分别以不同的颜色表示，如图 7.5 所示。

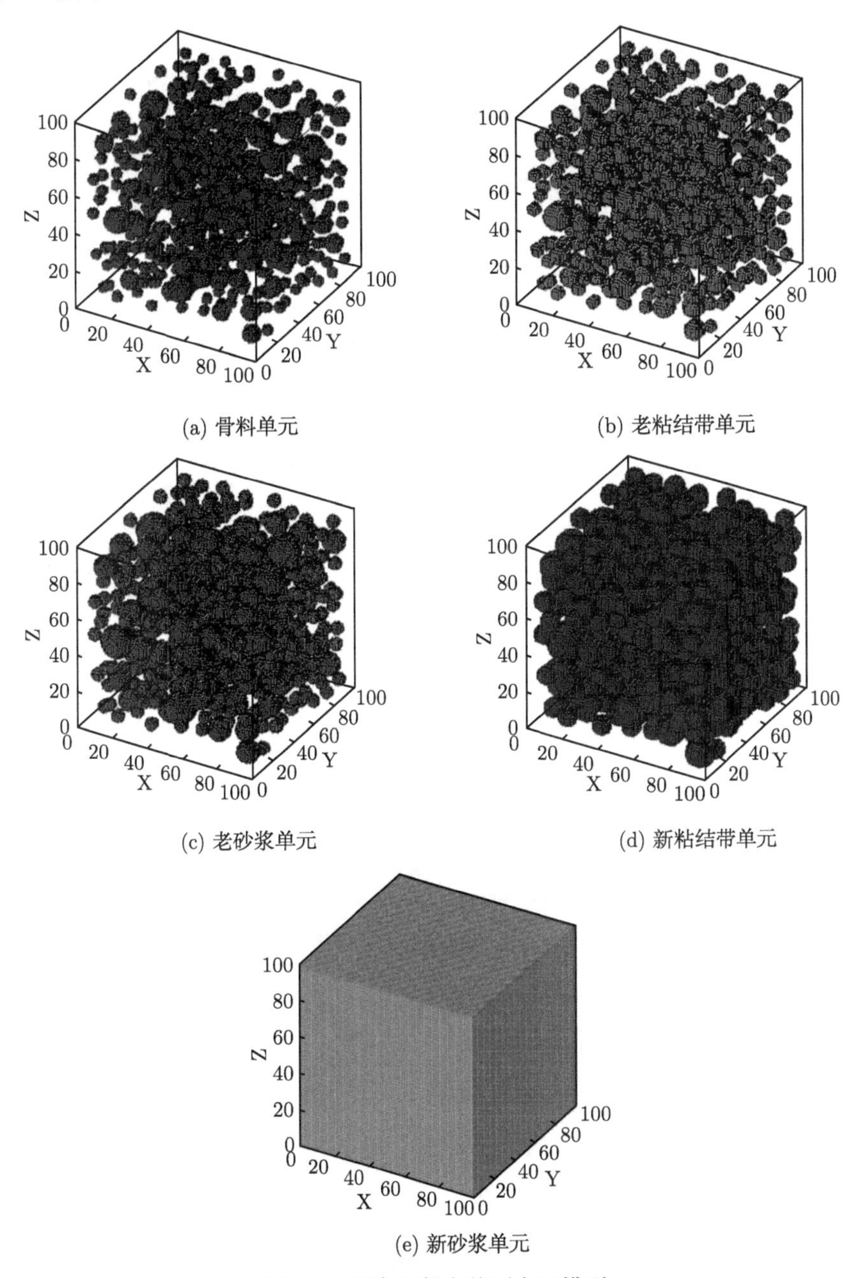

(a) 骨料单元　(b) 老粘结带单元

(c) 老砂浆单元　(d) 新粘结带单元

(e) 新砂浆单元

图 7.4　再生混凝土基面力元模型

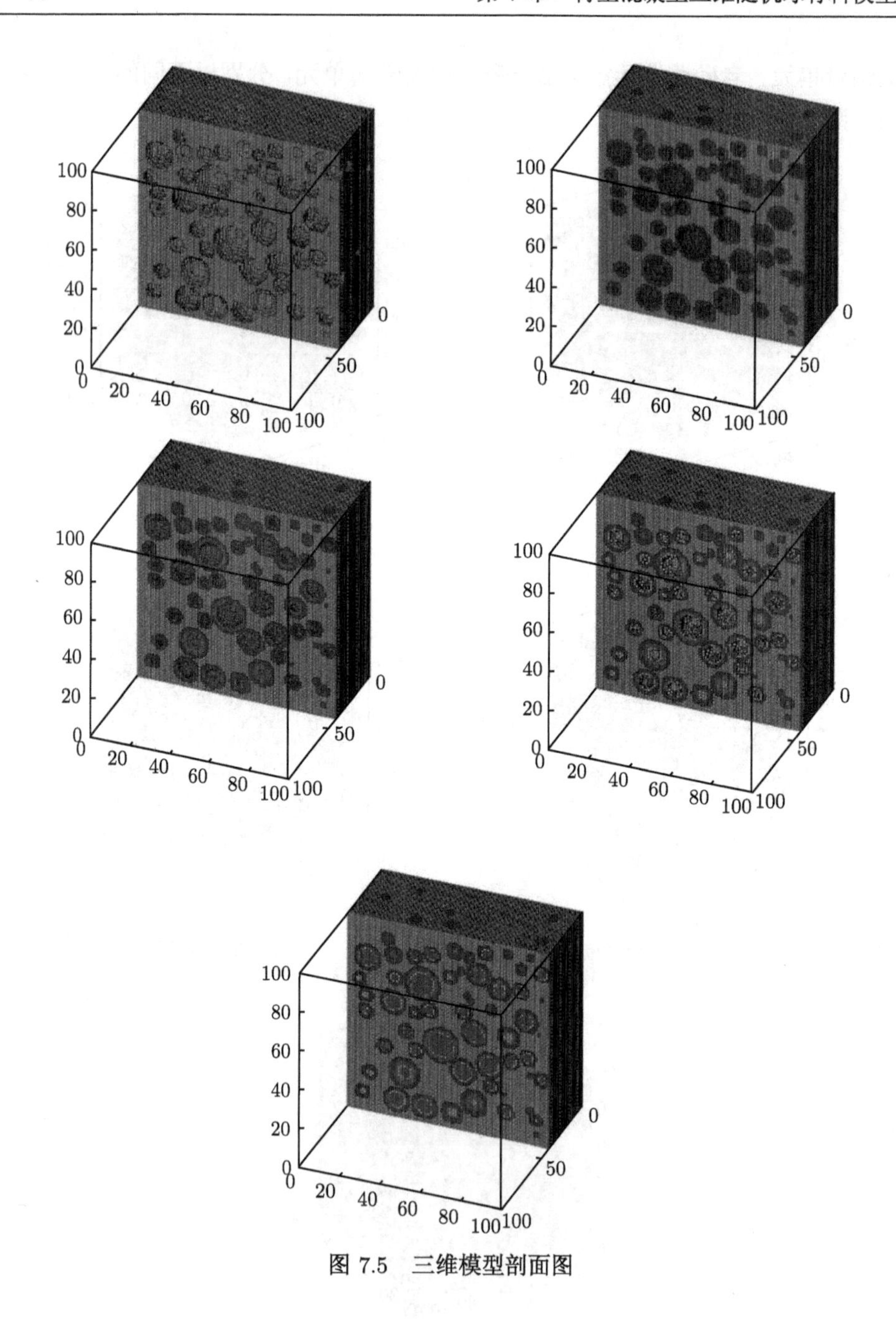

图 7.5　三维模型剖面图

7.3　再生混凝土模型生成流程图

本研究根据富勒颗粒级配曲线，将骨料简化为球形，运用蒙特卡罗随机方法，生成再生混凝土三维球形随机骨料模型。建立正四面体网格背景投影到随机骨料模型，通过限定条件判断单元类型，生成基面力元模型。主程序流程图如图 7.6 所示：

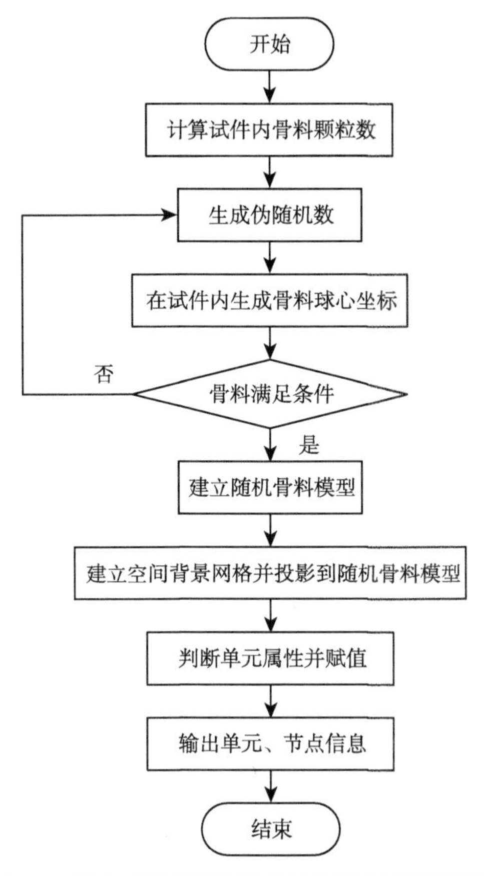

图 7.6 建立三维球形随机骨料模型主程序流程图

7.4 本章小结

本章主要介绍了再生混凝土三维随机球骨料模型的建立。按富勒颗粒级配曲线的骨料比例，采用蒙特卡罗随机方法投放骨料，并在细观层次上划分单元，进行单元属性判别，赋予五相介质相应的力学参数，从而建立起再生混凝土三维随机球骨料模型。此外，本章给出了建立再生混凝土随机骨料模型的程序框图。再生混凝土三维随机球骨料模型的建立为后续章节的计算分析奠定了基础。

第 8 章　基于数字图像技术的再生混凝土细观模型

在细观层次上，再生混凝土被视为由骨料、老水泥砂浆、新水泥砂浆、再生骨料与老水泥砂浆之间的老粘结带界面、老水泥砂浆与新水泥砂浆之间的新粘结带界面组成的五相复合非均质材料，在第 6 章和第 7 章中，介绍了根据真实骨料形状及其分布规律应用统计学理论随机生成的数值骨料模型，这种模型建立在细观数值模拟研究的基础上，是由简单的几何体组合而成，且骨料位置随机分布，因此生成的模型和真实骨料之间或多或少存在差别，从而导致数值模拟的力学性能与真实结果有一定的差距。本章将介绍基于数字图像技术的再生混凝土细观模型，该模型可以得到真实的骨料形状和分布情况，能够很好地表征再生混凝土细观的非均质性。

图 8.1 为肖建庄等 [180] 制作的再生混凝土试块切割后得到的照片，黑色是天然骨料，其面积百分比为 25.1%，白色是老砂浆，面积百分比为 22.6%，灰色是新砂浆，面积百分比为 52.4%。图片中各相材料边界区分不明显，由于杂质的干扰，照片灰度值分布不均匀，需要对图片进行数字图像处理。在数字化处理时作如下假定：① 将再生混凝土看作是由骨料、老砂浆和新砂浆组成的三相材料，认为它们为单质材料，不考虑空隙和裂缝等；② 处理过程中，忽略图片中小骨料碎末；③ 不考虑照片采样、量化过程引起的误差。

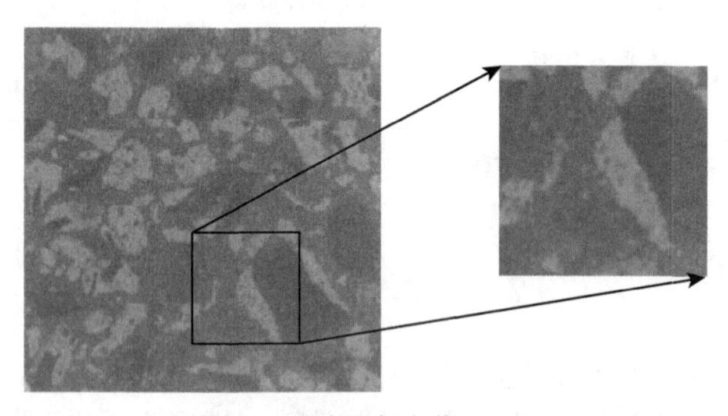

图 8.1　再生混凝土截面照片

8.1　图像分段变换

首先将图片由彩色图片转化为灰度图片。由于只考虑骨料、新砂浆和老砂浆三相单质材料，所以对图片进行三值化处理，将骨料、新砂浆和老砂浆以不同的灰度值进行处理。这样可以消除骨料、新砂浆和老砂浆各自内部的纹理，同时可以用三个灰度值为材料代码引用到自编好的 FORTRAN 程序中，对材料附上相应的属性。

首先绘制样本直方图，如图 8.2 所示。依据直方图可知，骨料的灰度值主要分布在 0~100 之间，老砂浆的灰度值主要在 160~255 之间，新砂浆灰度值主要为 100~160。

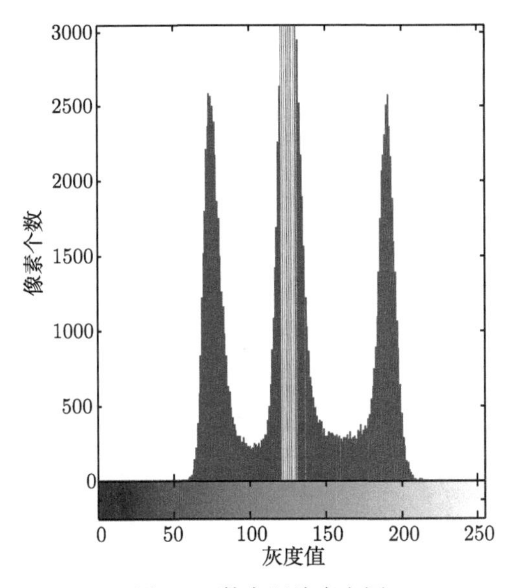

图 8.2 数字照片直方图

在 MATLAB 中编辑函数式：

$$f(i,j)=\begin{cases}0, & f(i,j)<\xi \\ 0.5, & \xi\leqslant f(i,j)<\xi \\ 1, & f(i,j)\geqslant\delta\end{cases} \tag{8.1.1}$$

式中，$f(i,j)$ 为图像中第 i 行第 j 列像素的灰度值；ξ 为骨料和新砂浆灰度值的分界阈值；δ 为新砂浆和老砂浆灰度值的分界阈值。

依据直方图确定 ξ 取 100，δ 取 160，则由以上函数式变换后，天然骨料灰度值为 0，新砂浆为 0.5，老砂浆为 1。

8.2 滤 波 除 噪

由于机电噪声、拍摄环境以及分段变换等因素，生成的图片不可避免的存在噪声的影响，因此需要对分段变换结果进行滤波除噪，去除骨料和砂浆区域的杂质信息。经过上述处理后，骨料区域和新老砂浆区域为连续的单质块状区域，因此滤波过程要求还原三区域中的内部信息。

中值滤波的原理是将图像中某点灰度值用该点领域 (即单位处理区域) 中各点值的中值代替。若设定单位处理区域为 A，则中值滤波器输出为：

$$f(i,j) = \mathrm{Med}\{x_{ij}\} = \mathrm{Med}\left\{x_{(i+r)(j+s)}, (r,s) \in A\right\} \tag{8.2.1}$$

式中，$f(i,j)$ 为滤波后第 i 行第 j 列像素的灰度值；Med{　} 为取中值的函数；x_{ij} 为数字图像中原来各点的灰度值；r, s 为单位处理区域 A 的长和宽，单位为像素。

8.3 边界处理

本研究在处理完以上两步后，从图 8.3 中可以看出，在骨料和老砂浆边缘，有一层新砂浆，这是由于在进行三值化处理时，当骨料和老砂浆相邻，其边缘的灰度值由小到大渐变，其中将有一层像素的灰度值与新砂浆相近，从而按照新砂浆处理，变换后骨料和老砂浆将被一层新砂浆隔开。

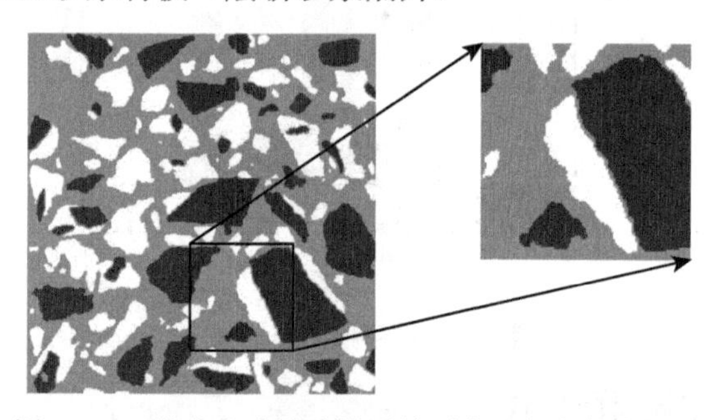

图 8.3　三值化和滤波除燥后的再生混凝土数字图像

对骨料和老砂浆进行膨胀处理来消除骨料和老砂浆边缘的新砂浆，首先对骨料和老砂浆边缘进行检测，再分别对骨料，老砂浆向外横向纵向扩大一定的像素点，从而消除骨料和老砂浆之间的新砂浆，如图 8.4 所示。

对骨料、老砂浆和新砂浆进行粘结带处理。依次判断两个相邻的像素点的灰度值，当前后灰度值或上下灰度值不相同时，该像素点位置即为材料的边界，变换该点处的像素灰度值，以该灰度值作为材料代码记录下来。

经过上述处理后，骨料、新老砂浆及其之间的粘结带已经基本清晰，因此接下来对各相进行提取，记录下相应的灰度代码，以一个像素点对应一个有限元单元的形式，读入自编好的 FORTRAN 程序中，附上相应的材料属性，形成再生混凝土真实细观数值模型，从而进行再生混凝土细观数值模拟，如图 8.5 所示，黑色为骨料，深灰色老拉砂浆，浅灰色为新砂浆，白色为粘结带。

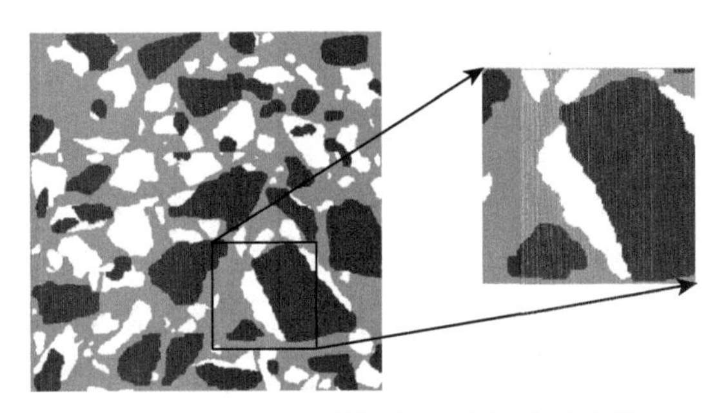

图 8.4 边界处理后的再生混凝土数字图像

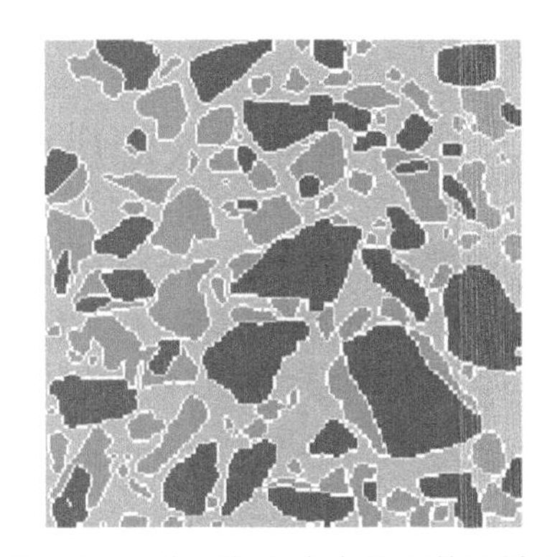

图 8.5 再生混凝土真实细观数值模型

在图形处理过程中作者发现再生混凝土截面照片处理仍存在一些问题：①三值化变换的阈值、中值滤波处理区域的选取与骨料的大小、形状以及内部空蚀情况有关；②当骨料内部、边界存在较大杂质时，图像处理过程中骨料将出现一定空蚀现象，这影响了图像处理的最终结果；③提取再生混凝土各相材料与真实结构的相似度受图像像素大小的影响，图片像素越高，材料提取越准确，但数据量越大。因此，对于再生混凝土数字图片的处理需在图像处理方法的选取和改进上作进一步研究。

8.4 本 章 小 结

本章应用数字图像处理技术对再生混凝土截面数字照片进行处理，通过对图形三值化处理、中值滤波、骨料和新老砂浆边界处理，得到了很好的再生混凝土五相材料信息，从提取结果看，再生混凝土的五相材料信息与原图像吻合程度较好，且处理方法的适用性较好。

第 9 章　再生混凝土材料本构损伤模型

将损伤力学应用于混凝土受力性能研究，首要的工作是要根据混凝土的试验数据建立损伤应力随应力状态或应力水平变化的规律，这种规律用公式来表示，常称为损伤模型。目前建立的混凝土损伤模型，大多还是基于单轴受力试验。建立模型时大多采用半试验半经验的方法，下面介绍本研究中应用到的一些损伤模型。

9.1　双折线损伤本构模型

为了简化计算，将应力–应变曲线的上升段和下降段简化为直线，如图 9.1 所示。双折线损伤模型是各向同性弹性损伤本模型，引入标量损伤变量 D。受损材料的名义应力 σ_{ij}(柯西应力) 可以通过其有效应力 $\overline{\sigma}_{ij}(\overline{\sigma}_{ij}=\sigma_{ij}/(1-D))$ 在无损材料中的应变来表示。

$$\sigma = E_0(1-D)\varepsilon \tag{9.1.1}$$

若忽略损伤对泊松比的影响，损伤后的弹性模量可以用初始弹性模量表示：

$$E = E_0(1-D) \tag{9.1.2}$$

式中，E 为损伤后的弹性模量，E_0 为初始弹性模量，D 为损伤变量。

图 9.1 中下角标 “t” 和 “c” 分别表示拉伸和压缩；ε_0 为峰值应变，ε_r 为残余应变，ε_u 为极限拉应变；f_t 和 f_c 分别为单轴拉伸和单轴压缩强度。

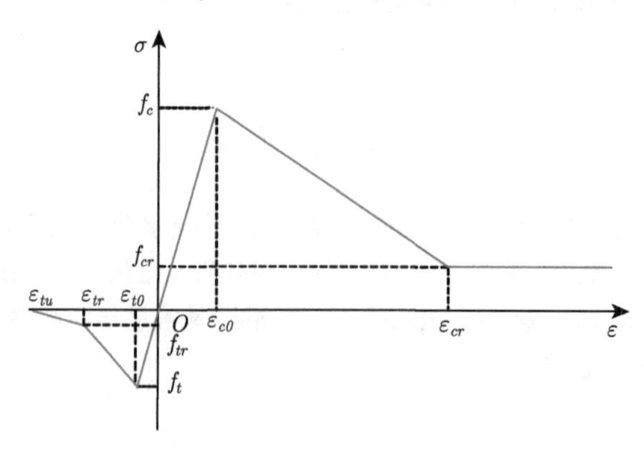

图 9.1　双折线应力–应变关系

受拉损伤因子 D_t 和受压损伤因子 D_c 分别为

$$D_t=\begin{cases}0, & \varepsilon<\varepsilon_{t0}\\ 1-\dfrac{\eta_t-\lambda_t}{\eta_t-1}\dfrac{\varepsilon_{t0}}{\varepsilon}+\dfrac{1-\lambda_t}{\eta_t-1}, & \varepsilon_{t0}<\varepsilon<\varepsilon_{tr}\\ 1-\dfrac{\lambda_t\cdot\xi_t}{\xi_t-\eta_t}\dfrac{\varepsilon_{t0}}{\varepsilon}+\dfrac{\lambda_t}{\xi_t-\eta_t}, & \varepsilon_{tr}<\varepsilon<\varepsilon_{tu}\\ 1, & \varepsilon>\varepsilon_{tu}\end{cases} \tag{9.1.3}$$

$$D_c=\begin{cases}0, & \varepsilon<\varepsilon_{c0},\\ 1-\dfrac{\eta_c-\lambda_c}{\eta_c-1}\dfrac{\varepsilon_{c0}}{\varepsilon}+\dfrac{1-\lambda_c}{\eta_c-1}, & \varepsilon_{c0}<\varepsilon<\varepsilon_{cr}\\ 1-\lambda_c\dfrac{\varepsilon_{c0}}{\varepsilon}, & \varepsilon_{cr}<\varepsilon<\varepsilon_{cu}\\ 1, & \varepsilon>\varepsilon_{cu}\end{cases} \tag{9.1.4}$$

式中，残余应变 $\varepsilon_r=\eta\varepsilon_0$，$\eta$ 为残余应变系数，混凝土 $1<\eta\leqslant 5$；极限应变 $\varepsilon_u=\xi\varepsilon_0$，$\xi$ 为极限应变系数，$\xi>\eta$；残余强度 $f_r=\lambda f$，λ 为残余强度系数，$0<\lambda\leqslant 1$；ε 为单元在加载史上最大主应变值。

9.2 多折线损伤本构模型

当混凝土材料临近峰值压应力时，表现出极强的非线性，因此，本章在双折线应力-应变关系的基础上发展出多折线应力-应变关系。

受拉损伤因子 D_t 和受压损伤因子 D_c 分别为

$$D_t=\begin{cases}0, & \varepsilon\leqslant\varepsilon_{t0},\\ 1-\dfrac{\varepsilon_{t0}}{\varepsilon}+\dfrac{\varepsilon-\varepsilon_{t0}}{\eta_t\varepsilon_{t0}-\varepsilon_{t0}}\dfrac{\varepsilon_{t0}}{\varepsilon}(1-\alpha), & \varepsilon_{t0}<\varepsilon\leqslant\eta_t\varepsilon_{t0}\\ 1-\dfrac{\alpha}{\xi_t-\eta_t}\dfrac{\varepsilon-\eta_t\varepsilon_{t0}}{\varepsilon}+\dfrac{\alpha\varepsilon_{t0}}{\varepsilon}, & \eta_t\varepsilon_{t0}<\varepsilon\leqslant\xi_t\varepsilon_{t0}\\ 1, & \varepsilon>\xi_t\varepsilon_{t0}\end{cases} \tag{9.2.1}$$

$$D_c=\begin{cases}1-\dfrac{\beta}{\gamma}, & \varepsilon\leqslant\lambda\varepsilon_{c0}\\ 1-\dfrac{1-\beta}{1-\lambda}\dfrac{\varepsilon-\lambda\varepsilon_{c0}}{\varepsilon}-\beta\dfrac{\varepsilon_{c0}}{\varepsilon}, & \lambda\varepsilon_{c0}<\varepsilon\leqslant\varepsilon_{c0}\\ 1-\dfrac{1-\gamma}{1-\eta_c}\dfrac{\varepsilon-\varepsilon_{c0}}{\varepsilon}-\dfrac{\varepsilon_{c0}}{\varepsilon}, & \varepsilon_{c0}<\varepsilon\leqslant\eta_c\varepsilon_{c0}\\ 1-\dfrac{\gamma\varepsilon_{c0}}{\varepsilon}, & \eta_c\varepsilon_{c0}<\varepsilon\leqslant\xi_c\varepsilon_{c0}\\ 1, & \varepsilon>\xi_c\varepsilon_{c0}\end{cases} \tag{9.2.2}$$

式中，ε_0 为峰值应变，弹性峰值应变 $\varepsilon_e = \lambda\varepsilon_0$，$\lambda$ 为弹性应变系数；残余应变 $\varepsilon_r = \eta\varepsilon_0$，$\eta$ 为残余应变系数，混凝土材料 $1 < \eta \leqslant 5$；极限应变 $\varepsilon_u = \xi\varepsilon_0$，$\xi$ 为极限应变系数，$\xi > \eta$；β 为弹性抗压强度系数，峰值弹性抗压强度 $f_{ce} = \beta f_c$；γ 为残余抗压强度系数，残余抗压强度 $f_{cr} = \gamma f_c$；α 为残余抗拉强度系数，残余抗拉强度 $f_{tr} = \alpha f_t$。下角标 “t” 和 “c” 分别表示拉伸和压缩。多折线应力–应变曲线如图 9.2。

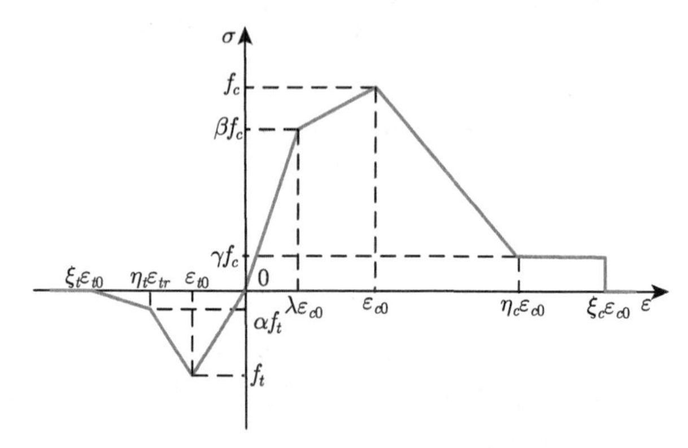

图 9.2　多折线应力–应变关系

9.3　分段曲线损伤本构模型

混凝土材料在受外荷载时通常表现为两个阶段。初期变形主要以弹性变形为主，损伤变形可以忽略；当应力逐渐增大，接近峰值应力时，其产生的损伤变形逐步增大，占总变形比例增加，损伤变形便不可忽略。

本研究中分段曲线损伤模型是对钱济成 [160] 混凝土损伤本构模型修改后得到的，其损伤变量函数 (见图 9.3) 可表示为

$$D = \begin{cases} 0, & 0 \leqslant \varepsilon < \varepsilon_{f0} \\ A_1\left(\dfrac{\varepsilon - \varepsilon_{f0}}{\varepsilon_f}\right)^{B_1}\left(1 - \dfrac{\varepsilon_{f0}}{\varepsilon}\right) - \dfrac{E_0\varepsilon_{f0}}{\varepsilon}, & \varepsilon_{f0} \leqslant \varepsilon < \varepsilon_f \\ 1 - \dfrac{A_2}{C_2\left(\varepsilon/\varepsilon_f - 1\right)^{B_2} + \varepsilon/\varepsilon_f}, & \varepsilon \geqslant \varepsilon_f \end{cases} \tag{9.3.1}$$

将式 (9.3.1) 代入式 (9.1.1) 求得分段曲线损伤应力–应变模型，如图 9.4 所示。

图 9.3 和图 9.4 可以清楚地反映受压及受拉单元弹性非线性损伤全过程，图中 ε_{f0} 为对应弹性阶段结束时的弹性峰值应变，ε_f 为对应于峰值应力时的峰值应变，σ_{f0} 为各相单元的压缩或拉伸峰值应力，σ_f 为各相单元的压缩或拉伸峰值应力。下角标 “t” 和 “c” 分别表示拉伸和压缩。

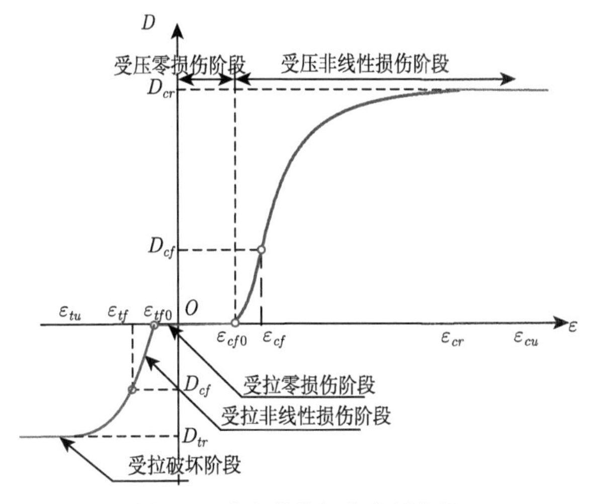

图 9.3 分段曲线损伤变量曲线

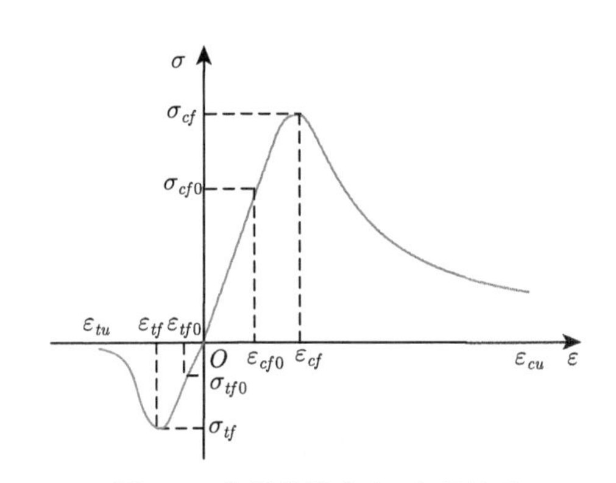

图 9.4 分段曲线应力–应变关系

国内外的研究者普遍认为普通混凝土在受拉及受压时，应力小于峰值应力 $0.6f_t$ 范围内混凝土基本上处于弹性阶段，此阶段初始微裂缝没有发展，也就是认为没有新的损伤发生，应力–应变呈线性关系，并定义此应力值为弹性极限；当应力超过 $0.6f_t$ 后，裂纹开始产生并扩展，应力–应变曲线变为非线性增长 [161,162]。

相比于双折线损伤模型，本研究提出的分段曲线模型考虑材料各阶段损伤变形的影响，较为真实地还原材料的损伤过程。对于受压单元，应变达到弹性阶段结束时的弹性极限应变 ε_{f0} 之前，处于弹性变形阶段，此时材料零损伤；在超过某一弹性应变阈值 (即弹性极限应变) 后，材料开始发生损伤变形，且损伤变形速率变化逐渐加快，应力–应变曲线变为非线性；当应力达到峰值应力后，损伤因子不断提高，损伤变形速率先增后减，直至应变超过极限应变 σ_u 时材料破坏。

A_1 和 B_1 为仅与材料相关的标量，通常可通过边界条件：

$$\sigma|_{\varepsilon=\varepsilon_f} = \sigma_f, \quad \left.\frac{\mathrm{d}\sigma}{\mathrm{d}\varepsilon}\right|_{\varepsilon=\varepsilon_f} = 0 \tag{9.3.2}$$

求得，即

$$A_1 = 1 - \frac{\sigma_f}{E_0\varepsilon_f}, \quad B_1 = \frac{\sigma_f}{E_0\varepsilon_f - \sigma_f} \tag{9.3.3}$$

式中，E_0 为初始弹性模量。

另外可推得

$$A_2 = \frac{\sigma_f}{E_0\varepsilon_f} \tag{9.3.4}$$

9.4　多轴损伤本构关系

再生混凝土材料的受力变形与损伤破裂主要是拉伸变形起控制作用，因此可以只考虑细观单元受拉时的破坏，另外，当单元出现损伤以后，在平面及三维应力状态下，单元将变为各相异性，而计算模型中仍假定为各相同性，单元的杨氏模量取其最小值，这样在一定程度上加速了计算模型的损伤破坏。因此，应用张楚汉 [163] 模型，在考虑单元各相异性的同时，仍假设计算模型在平面及三维应力状态下，其损伤是各向同性的，将本构关系推广至平面及三维应力状态。

一般的多轴空间中应力–应变关系式定义为

$$\boldsymbol{\sigma} = (1-D)\boldsymbol{D}_0^{el} : \boldsymbol{\varepsilon} \tag{9.4.1}$$

式中，$\boldsymbol{D}_0^{el}$ 为相应二维或三维空间中初始弹性矩阵。

$$D = r\left(\tilde{\sigma}\right) D_t \tag{9.4.2}$$

式中，D_t 为单轴拉伸损伤变量，其定义见式

$r\left(\tilde{\sigma}\right)$ 定义如下：

$$r\left(\tilde{\sigma}\right) = \frac{\sum\limits_{i=1}^{n}\langle\tilde{\sigma}_i\rangle}{\sum\limits_{i=1}^{n}|\tilde{\sigma}_i|}, \quad 0 \leqslant r\left(\tilde{\sigma}\right) \leqslant 1 \tag{9.4.3}$$

式中，$\tilde{\sigma}_i$ 为主应力分量；$\langle\ \ \rangle$ 为 Macauley 算符，定义为 $\langle x\rangle = \dfrac{1}{2}\left(|x| + x\right)$。

9.5 本 章 小 结

本章介绍了三种描述再生混凝土损伤演变的模型，即双折线模型、多折线模型和分段曲线模型，并且根据实际材料的受力状态，介绍了多轴损伤本构模型，后续计算分析中，将采用这些模型进行再生混凝土的细观数值模拟。

第 10 章　再生混凝土的细观等效化模型

再生骨料混凝土作为一种由天然骨料、老水泥砂浆、新水泥砂浆、天然骨料与老水泥砂浆之间的界面、老水泥砂浆与新水泥砂浆之间的界面组成的五相组成的复合材料。现有的再生混凝土材料的数值模拟大多需要网格剖分尺寸较小，划分单元密集才能够保证接近真实解的计算结果，这使得再生混凝土数值模拟的计算量大大增加，计算效率降低。为解决此问题，本章提出一种新型的细观等效模型，从而达到相对精确的结果，并使计算效率提高。

本章将再生混凝土界面等效化理论应用到串联和并联均质化模型中，建立了再生混凝土细观等效化模型。

10.1　再生混凝土圆骨料复合球等效模型

本章中运用四相复合球模型将再生混凝土中的五相介质等效为三相介质，将其中的老界面、老砂浆和新界面等效成一相均匀介质，并且在泊松比、弹性模量和有效强度方面与原三相介质等效。

本章介绍的等效模型主要依据均匀化理论这一方法, 从而建立起复合材料弹性分析的新方法。假设各相材料界面的联结是完全的，下面将详细介绍关于再生混凝土界面等效模型的理论分析和推导过程。

10.1.1　泊松比的等效

若使用三相球模型或其他方式求解等效体的剪切模量较为繁琐，而且新、老界面层可看作带有孔隙的老砂浆层，三者的各相材料力学性质十分接近，且泊松比的变化很小，故本节采用横向串联模型对等效体的泊松比进行求解：

$$C_i + C_m + C_o = 1 \tag{10.1.1}$$

$$\mu^* = C_i\mu_i + C_o\mu_o + C_m\mu_m \tag{10.1.2}$$

式中，C_i、C_o、C_m 分别代表新界面层 (itz)、老界面层 (oitz) 和老砂浆层 (m) 在等效体中所占的体积分数；μ_i、μ_o、μ_m 分别代表新界面层、老界面层和老砂浆层的泊松比；μ^* 为等效体的等效泊松比。

10.1.2 弹性模量的等效

如图 10.1 所示，假设四个球的半径分别为 r_a、r_b、r_c、r_d。在复合球的外边界即 r_d 处施加一均匀分布的径向应力，由于球体本身具有对称性，依据弹性力学球对称问题位移解法的控制方程为

$$\frac{\mathrm{d}^2u_r}{\mathrm{d}r^2}+\frac{2}{r}\frac{\mathrm{d}u_r}{\mathrm{d}r}-\frac{2u_r}{r^2}+F_r=0 \tag{10.1.3}$$

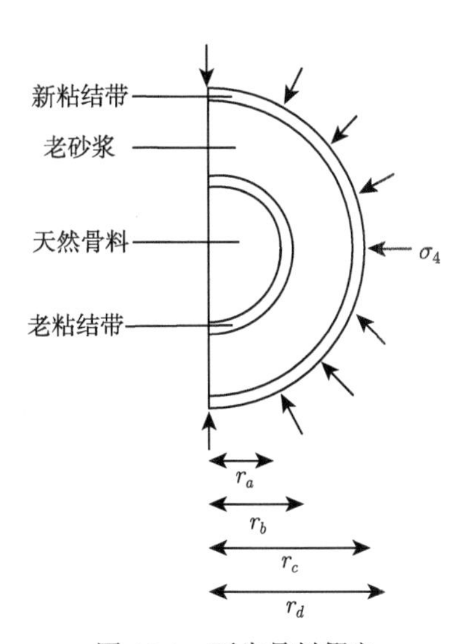

图 10.1 再生骨料假定

若体积力 $F_r=0$，此常微分方程可通过积分求解，其通解为 $u_r=c_1r+c_2r^{-2}$。则骨料 (a)、老界面 (oitz)、老砂浆 (m) 和新界面 (itz) 内任意一点 r 处的径向位移分别为

$$u_a(r)=0,\quad 0\leqslant r<r_a \tag{10.1.4}$$

$$u_o(r)=A_1r+A_2r^{-2},\quad r_a\leqslant r<r_b \tag{10.1.5}$$

$$u_m(r)=A_3r+A_4r^{-2},\quad r_b\leqslant r<r_c \tag{10.1.6}$$

$$u_i(r)=A_5r+A_6r^{-2},\quad r_c\leqslant r\leqslant r_d \tag{10.1.7}$$

对于式 (10.1.4)，在球坐标系的基本方程中，球对称问题只产生径向位移，与坐标 φ、θ 无关，故 $u_r=u(r),u_\varphi=u_\theta=0$。对于式 (10.1.5)，将上述条件代入空间坐标系的几何方程可得应变关系，将应变关系代入物理方程，得应力分量为

$$\sigma_r=(3\lambda+2G)A_2-\frac{2GA_3}{r^3} \tag{10.1.8}$$

$$\sigma_\phi=\sigma_\theta=(3\lambda+2G)A_2+\frac{2GA_3}{r^3} \tag{10.1.9}$$

其中，λ 为拉梅常数，G 为剪切模量，μ 为泊松比，则

$$\lambda = \frac{E\mu}{(1+\mu)(1-2\mu)} \tag{10.1.10}$$

$$G = \frac{E}{2(1+\mu)} \tag{10.1.11}$$

当只考虑老界面层时，可将其视为内外表面承受均匀压力的球壳，其内外表面压力分别为 σ_1、σ_2，其边界条件为 $\sigma_r|_{r=r_a} = \sigma_1, \sigma_r|_{r=r_b} = \sigma_2$，将其代入上述物理方程求得的应力分量中，可得

$$A_2 = \frac{\sigma_2 r_b^3 - \sigma_1 r_a^2}{(3\lambda + 2G)(r_a^3 - r_b^3)} \tag{10.1.12}$$

$$A_3 = \frac{(\sigma_2 - \sigma_1) r_a^3 r_b^3}{4G(r_a^3 - r_b^3)} \tag{10.1.13}$$

对于老界面层内表面，可得方程关系：$u_1/r_a = A_2 + A_3/r_a^3$，$u_2/r_b = A_2 + A_3/r_b^3$，分别将式 (10.1.12)、式 (10.1.13) 代入，整理即可得到方程关系 (10.1.15)。以此类推，整理后可以得到以下函数关系：

$$\begin{cases} u_1/r_a = k_1^a A_1 \\ \sigma_1 = k_2^a A_1 \end{cases} \tag{10.1.14}$$

$$\begin{cases} u_2/r_b = k_{11}^o u_1/r_a + k_{12}^o \sigma_1 \\ \sigma_2 = k_{21}^o u_1/r_a + k_{22}^o \sigma_1 \end{cases} \tag{10.1.15}$$

$$\begin{cases} u_3/r_c = k_{11}^m u_2/r_b + k_{12}^m \sigma_2 \\ \sigma_3 = k_{21}^m u_2/r_b + k_{22}^m \sigma_2 \end{cases} \tag{10.1.16}$$

$$\begin{cases} u_4/r_d = k_{11}^i u_3/r_c + k_{12}^i \sigma_3 \\ \sigma_4 = k_{21}^i u_3/r_c + k_{22}^i \sigma_3 \end{cases} \tag{10.1.17}$$

模型中心为骨料，骨料为固体相介质，其位移变量可忽略不计。因此，在式 (10.1.14)～式 (10.1.17) 中的矩阵系数分别为

$$k_1^a = 1, \quad k_2^a = \frac{Ea}{1-2\mu_o} \tag{10.1.18}$$

$$k_{11}^o = 1 - \frac{(1+\mu_o)C_o}{3(1-\mu_o)C_o}, \quad k_{12}^o = \frac{(1+\mu_o)(1-2\mu_o)C_o}{3(1-\mu_o)E_o C_o},$$

$$k_{21}^o = \frac{2E_o C_o}{3(1-2\mu_o)C_o}, \quad k_{22}^o = 1 - \frac{2(1-2\mu_o)C_o}{3(1-2\mu_o)C_o} \tag{10.1.19}$$

$$k_{11}^m = 1 - \frac{(1+\mu_m)C_m}{3(1-\mu_m)(V_m+C_o)}, \quad k_{12}^m = \frac{(1+\mu_m)(1-2\mu_m)C_m}{3(1-\mu_m)E_m(C_o+C_m)},$$

$$k_{21}^m = \frac{2E_mC_m}{3(1-2\mu_m)(C_m+C_o)}, \quad k_{22}^m = 1 - \frac{2(1-2\mu_m)C_m}{3(1-2\mu_m)(C_m+C_o)} \tag{10.1.20}$$

$$k_{11}^i = 1 - \frac{(1+\mu_i)C_i}{3(1-\mu_i)(C_i+C_o+C_m)}, \quad k_{12}^i = \frac{(1+\mu_i)(1-2\mu_i)C_i}{3(1-\mu_i)E_i(C_i+C_o+C_m)},$$

$$k_{21}^i = \frac{2E_iC_i}{3(1-2\mu_i)(C_i+C_o+C_m)}, \quad k_{22}^i = 1 - \frac{2(1-2\mu_i)C_i}{3(1-2\mu_i)(C_i+C_o+C_m)} \tag{10.1.21}$$

式中 C_i、C_o、C_m 分别代表新界面层 (itz)、老界面层 (oitz) 和老砂浆层 (m) 在等效体中所占的体积分数，μ_i、μ_o、μ_m 分别代表新界面层、老界面层和老砂浆层的泊松比，E_i、E_o、E_m 分别代表新界面层、老界面层和老砂浆层的杨氏模量。由式 (10.1.14) ~ 式 (10.1.17) 式联立，可得

$$\frac{\sigma_4}{u_4/r_d} = \frac{(k_{21}^ik_{11}^m + k_{22}^ik_{21}^m)(k_{11}^ok_1^a + k_{12}^ok_2^a) + (k_{21}^ik_{12}^m + k_{22}^ik_{22}^m)(k_{21}^ok_1^a + k_{22}^ok_2^a)}{(k_{11}^ik_{11}^m + k_{12}^ik_{21}^m)(k_{11}^ok_1^a + k_{12}^ok_2^a) + (k_{11}^ik_{12}^m + k_{12}^ik_{22}^m)(k_{21}^ok_1^a + k_{22}^ok_2^a)} \tag{10.1.22}$$

因为径向位移 u_4 相对于半径而言为微小量，其高阶导数可以忽略不计。所以体应力与体应变的比值为

$$\theta = \frac{4\pi u_4r_d^2 + o(u_4)}{4/3\pi r_d^3} = \frac{3u_4}{r_d} \tag{10.1.23}$$

体积模量是弹性模量的一种，即物体的体积应变与体积应力之间的关系的一个物理量，即 $K = \dfrac{E}{3(1-2\mu)}$。将此模型等效为中心为骨料，外面三层等效为一层厚度为 $(r_d - r_a)$ 的均匀介质层，其杨氏模量和泊松比分别为 E^*、μ^*，将式 (10.1.22) 代入，则径向应力 σ_4 和径向位移 u_4 的关系可表示为

$$K^* = \frac{\sigma_4}{3u_4/r_d} = \frac{E^*}{3(1-2\mu^*)} \tag{10.1.24}$$

将式 (10.1.22)、式 (10.1.24) 联立，可得

$$E^* = \frac{(k_{21}^ik_{11}^m + k_{22}^ik_{21}^m)(k_{11}^ok_1^a + k_{12}^ok_2^a) + (k_{21}^ik_{12}^m + k_{22}^ik_{22}^m)(k_{21}^ok_1^a + k_{22}^ok_2^a)}{(k_{11}^ik_{11}^m + k_{12}^ik_{21}^m)(k_{11}^ok_1^a + k_{12}^ok_2^a) + (k_{11}^ik_{12}^m + k_{12}^ik_{22}^m)(k_{21}^ok_1^a + k_{22}^ok_2^a)}(1-2\mu^*) \tag{10.1.25}$$

10.1.3 强度的等效

如图 10.2 所示，在再生混凝土中，界面层一般是指在骨料边界的影响下水泥颗粒分布构成的一种较为特殊的结构，并不是一个简单的结构均匀区域。新老界面层厚度较小，其中水泥砂浆所占比例并不小，其性质与老砂浆层相近，但是相比于

新、老砂浆，界面层所含未水化的水泥较少，且自身孔隙率较高，故可将新老界面层近似看作带有孔隙的老砂浆层。在应力加载时，界面内的缝隙和孔隙处会产生应力集中状态，率先发生破坏，且本身强度相比于骨料、老砂浆和新砂浆较低，破坏会首先发生在界面层。因此在再生混凝土多相介质中，新老两种界面为最薄弱部分，是其力学性质的软肋。假设各相材料界面的联结是完全的，界面层厚度远小于砂浆层厚度，在细观等效过程中，我们可以近似将新老界面层的强度当做等效体的强度，用来模拟计算。

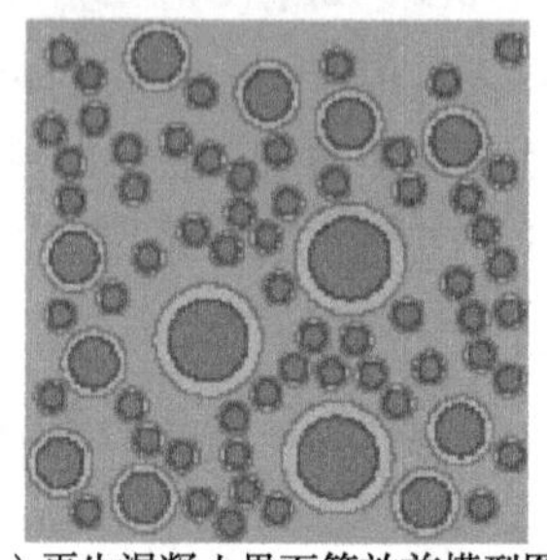

(a) 再生混凝土界面等效前模型图

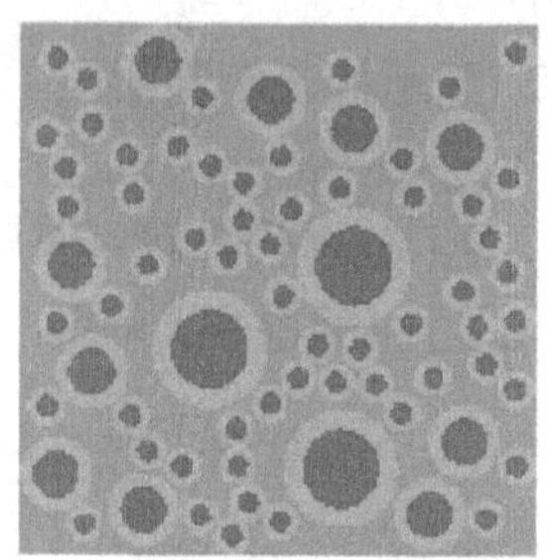

(b) 再生混凝土界面等效后模型图

图 10.2　再生混凝土界面等效示意图

10.2　细观等效化模型

10.2.1　Voigt 并联弹模等效模型及 Reuss 串联弹模等效模型 [164]

我们采用一个简单的材料强度方法求解 Voigt 并联模型，如图 10.3 所示。作为一级近似，忽略横向变形。

平衡方程：

$$\sigma A = \sigma_1 A_1 + \sigma_2 A_2 \tag{10.2.1}$$

应变协调方程：

$$\varepsilon = \varepsilon_1 = \varepsilon_2 \tag{10.2.2}$$

本构关系：

$$\sigma = E\varepsilon \tag{10.2.3}$$

将式 (10.2.3) 代入式 (10.2.1) 得到

$$E\varepsilon A = E_1\varepsilon_1 A_1 + E_2\varepsilon_2 A_2 \tag{10.2.4}$$

由应变协调方程式 (10.2.2)，式 (10.2.4) 简写为

$$EA = E_1 A_1 + E_2 A_2 \tag{10.2.5}$$

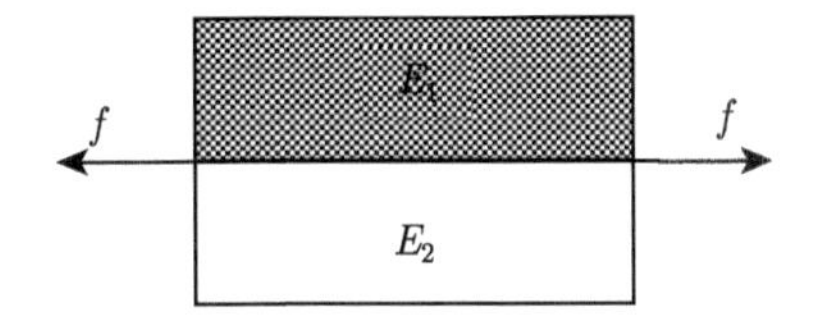

图 10.3　Voigt 并联模型

对复合材料模型，使用体积比面积更方便。因此，对于单位长度：

$$EV = E_1V_1 + E_2V_2 \tag{10.2.6}$$

或

$$E = E_1c_1 + E_2c_2 \tag{10.2.7}$$

其中，$c_i = V_i/V$ 表示第 i 相的体积份数。

用同样的方法求解 Reuss 串联模型，如图 10.4 所示：

$$\frac{1}{E} = \frac{c_1}{E_1} + \frac{c_2}{E_2} \tag{10.2.8}$$

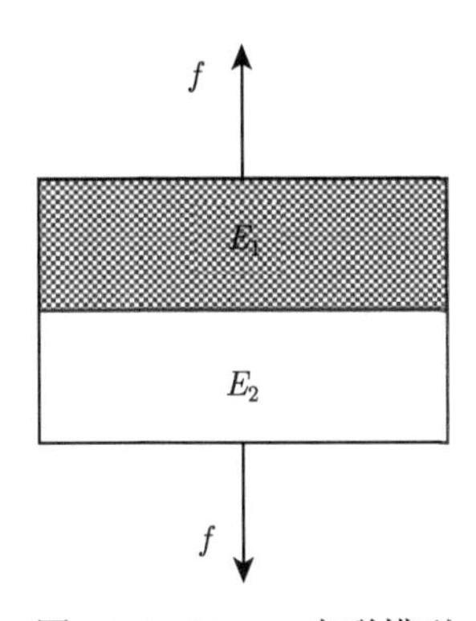

图 10.4　Reuss 串联模型

为了进一步理解这些模型，重新推导考虑横向变形的并联模型和串联模型。我们考虑一个体积为 V、体积模量为 K，受到均匀静水压力 P 作用的均质体。储存的总应变能 W 为

$$W = \frac{P^2V}{2K} \tag{10.2.9}$$

或者

$$W = \frac{\varepsilon^2KV}{2} \tag{10.2.10}$$

其中，

$$\varepsilon = \frac{\mathrm{d}V}{V} = \frac{P}{K} \tag{10.2.11}$$

为体积应变。

并联模型假设两相复合材料中每一相的应变相同。因此，储存的总能量为

$$W = W_1 + W_2 = \frac{\varepsilon^2 K_1 V_1}{2} + \frac{\varepsilon^2 K_2 V_2}{2} \tag{10.2.12}$$

其中，下标 1 和 2 区分不同相。复合材料应变能式 (10.2.10)，等于等效均质介质应变能式 (10.2.12)，有效体积模量表达式为

$$K = c_1 K_1 + c_2 K_2 \tag{10.2.13}$$

对于有效剪切模量 G, 可以得到类似的表达式。由式 (10.2.13) 可以计算有效弹性模量:

$$E = \frac{9KG}{3K + G} = 2G(1 + \nu) = 3K(1 - 2\nu) \tag{10.2.14}$$

由式 (10.2.13) 和式 (10.2.14)，可以给出并联模型的有效弹性模量 [165]：

$$E = c_1 E_1 + c_2 E_2 + \frac{27 c_1 c_2 (G_1 K_2 - G_2 K_1)^2}{(3K_{\text{v}} + G_{\text{v}})(3K_1 + G_1)(3K_2 + G_2)} \tag{10.2.15}$$

其中，K_{v} 和 G_{v} 为采用 Voigt 并联模型获得的值。对于两相具有相同泊松比的特殊情况，式 (10.2.13) 可简写为式 (10.2.7)，即忽略横向变形得到的 $E = E_1 c_1 + E_2 c_2$。

串联模型各相的应力状态为相同的静水压力 P。复合材料储存的总能量为

$$W = W_1 + W_2 = \frac{P^2 V_1}{2K_1} + \frac{P^2 V_2}{2K_2} = \frac{P^2}{2}\left(\frac{V_1}{K_1} + \frac{V_2}{K_2}\right) \tag{10.2.16}$$

有效体积模量可由式 (10.2.9) 和式 (10.2.16) 得到

$$\frac{1}{K} = \frac{c_1}{K_1} + \frac{c_2}{K_2} \tag{10.2.17}$$

由式 (10.2.14) 给出的弹性模量关系，可以改写式 (10.2.17) 为

$$\frac{1}{E} = \frac{c_1}{E_1} + \frac{c_2}{E_2} \tag{10.2.18}$$

注意，式 (10.2.18) 与忽略横向变形的式 (10.2.8) 相同。

应该指出的是，Voigt 模型和 Reuss 模型都是等效模型，具有一定的近似性。因为等应力假设满足应力平衡方程，但一般来说，会在两相界面产生不连续的位移。与此相似，等应变假设产生一个可接受的应变场，但所引起的应力是不连续的。

Hill [166] 采用弹性理论的各种能量考虑，表明并联和串联假设可得出剪切模量 G 和体积模量 K 的上下限。这一结果是有意义的，因为如果给出各相介质的弹性模量和体积份数，就可以确定混凝土材料弹性模量的最大和最小允许值。从工程角度出发，如果最大和最小值接近，那么问题便得以解决。

10.2.2 基于 Voigt 并联和 Reuss 串联方法的细观等效损伤本构模型

基于金浏，杜修力 [167−171] 提出的细观单元等效化的基本思想，建立两相的细观等效模型，细观等效化模型是在混凝土随机骨料模型的基础上而建立的。将混凝土材料视为只有天然粗骨料，硬化水泥砂浆两相介质组成的复合材料。随机骨料模型内各相介质均采用双折线弹性损伤本构模型。建立的随机骨料模型如图 10.5 所示。

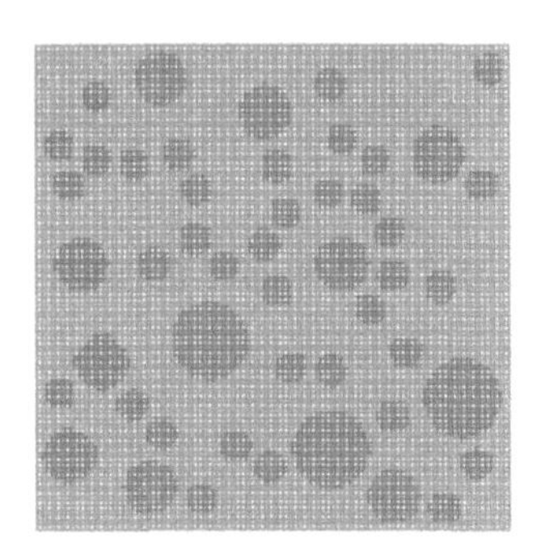

图 10.5 随机骨料模型

运用 Reuss 串联分析模型推导细观等效单元不同损伤阶段的等效弹模，建立细观等效化串联模型，就含有砂浆和骨料两相介质的混凝土为研究对象，“ag” 代表骨料，“mo” 代表砂浆，假设一等效单元内骨料宽度为 a，砂浆宽度为 b，则 $a/(a+b)$ 为骨料在等效单元内的体积份数，$b/(a+b)$ 为砂浆在等效单元内的体积份数，分别用 C_0 和 C_1 表示，F 为等效单元外荷载，且如图 9.1 所示的双折线模型中 $\varepsilon_0^{\mathrm{mo}} \leqslant \varepsilon_0^{\mathrm{ag}} \leqslant \varepsilon_r^{\mathrm{mo}} \leqslant \varepsilon_r^{\mathrm{ag}} \leqslant \varepsilon_u^{\mathrm{mo}} \leqslant \varepsilon_u^{\mathrm{ag}}$，其中 $\varepsilon_0^{\mathrm{mo}}$、$\varepsilon_u^{\mathrm{mo}}$、$\varepsilon_r^{\mathrm{mo}}$ 分别代表了砂浆的峰值应变、残余应变及极限应变，其中 $\varepsilon_0^{\mathrm{ag}}$、$\varepsilon_r^{\mathrm{ag}}$、$\varepsilon_u^{\mathrm{ag}}$ 分别代表了骨料的峰值应变、残余应变及极限应变。

串联模型基于等应力假设，可得如下损伤本构关系：

$$\varepsilon=\frac{\sigma}{E_m}=C_0\frac{\sigma}{E^{\mathrm{ag}}}+C_1\frac{\sigma}{E^{\mathrm{mo}}}=C_0\frac{\sigma}{E_0^{\mathrm{ag}}\left(1-d^{\mathrm{ag}}\right)}+C_1\frac{\sigma}{E_0^{\mathrm{mo}}\left(1-d^{\mathrm{mo}}\right)} \tag{10.2.19}$$

本研究等效单元内的各相组成都采用的是双折线损伤模型，令 d 为损伤变量，则各相组成损伤过程的弹性模量可以用初始弹性模量和损伤变量 d 来表示，即

$$E^{\mathrm{ag}}=E_0^{\mathrm{ag}}\left(1-d^{\mathrm{ag}}\right) \tag{10.2.20}$$

$$E^{\mathrm{mo}}=E_0^{\mathrm{mo}}\left(1-d^{\mathrm{mo}}\right) \tag{10.2.21}$$

由此可得，等效单元的弹性模量的本构关系

$$\frac{1}{E_m}=\frac{C_0}{E^{\mathrm{ag}}}+\frac{C_1}{E^{\mathrm{mo}}}=\frac{C_0}{E_0^{\mathrm{ag}}\left(1-d^{\mathrm{ag}}\right)}+\frac{C_1}{E_0^{\mathrm{mo}}\left(1-d^{\mathrm{mo}}\right)} \tag{10.2.22}$$

由式 (10.2.22) 展开可得

$$1/E_m = \begin{cases} C_1/E_0^{\mathrm{mo}} + C_0/E_0^{\mathrm{ag}}, & \varepsilon \leqslant \varepsilon_0^{\mathrm{mo}} \\ C_1/E_r^{\mathrm{mo}} + C_0/E_0^{\mathrm{ag}}, & \varepsilon_0^{\mathrm{mo}} < \varepsilon \leqslant \varepsilon_0^{\mathrm{ag}} \\ C_1 E_r^{\mathrm{mo}} + C_0/E_r^{\mathrm{ag}}, & \varepsilon_0^{\mathrm{ag}} < \varepsilon \leqslant \varepsilon_r^{\mathrm{mo}} \\ C_1/E_u^{\mathrm{mo}} + C_0/E_r^{\mathrm{ag}}, & \varepsilon_r^{\mathrm{mo}} < \varepsilon \leqslant \varepsilon_r^{\mathrm{ag}} \\ C_1/E_u^{\mathrm{mo}} + C_0/E_u^{\mathrm{ag}}, & \varepsilon_r^{\mathrm{ag}} < \varepsilon \leqslant \varepsilon_u^{\mathrm{mo}} \\ C_0/E_u^{\mathrm{ag}}, & \varepsilon_u^{\mathrm{mo}} < \varepsilon \leqslant \varepsilon_u^{\mathrm{ag}} \\ 0, & \varepsilon_u^{\mathrm{ag}} < \varepsilon \end{cases} \tag{10.2.23}$$

相应的，由并联模型得出的等效单元的弹性模量的本构关系为

$$E_m = \begin{cases} C_1 E_0^{\mathrm{mo}} + C_0 E_0^{\mathrm{ag}}, & \varepsilon \leqslant \varepsilon_0^{\mathrm{mo}} \\ C_1 E_r^{\mathrm{mo}} + C_0 E_0^{\mathrm{ag}}, & \varepsilon_0^{\mathrm{mo}} < \varepsilon \leqslant \varepsilon_0^{\mathrm{ag}} \\ C_1 E_r^{\mathrm{mo}} + C_0 E_r^{\mathrm{ag}}, & \varepsilon_0^{\mathrm{ag}} < \varepsilon \leqslant \varepsilon_r^{\mathrm{mo}} \\ C_1 E_u^{\mathrm{mo}} + C_0 E_r^{\mathrm{ag}}, & \varepsilon_r^{\mathrm{mo}} < \varepsilon \leqslant \varepsilon_r^{\mathrm{ag}} \\ C_1 E_u^{\mathrm{mo}} + C_0 E_u^{\mathrm{ag}}, & \varepsilon_r^{\mathrm{ag}} < \varepsilon \leqslant \varepsilon_u^{\mathrm{mo}} \\ C_0 E_u^{\mathrm{ag}}, & \varepsilon_u^{\mathrm{mo}} < \varepsilon \leqslant \varepsilon_u^{\mathrm{ag}} \\ 0, & \varepsilon_u^{\mathrm{ag}} < \varepsilon \end{cases} \tag{10.2.24}$$

对于再生混凝土，将老界面 (oitz)、老砂浆 (m)、新界面 (itz) 运用界面等效模型进行等效化处理以后，将在两相介质的细观等效化模型的基础上进行扩展，建立三相介质的细观等效化模型，从而得到再生混凝土等效单元的弹性损伤模型的公式如下：

$$1/E^* = \begin{cases} C_2/E_0^{\mathrm{em}} + C_1/E_0^{\mathrm{mo}} + C_0/E_0^{\mathrm{ag}}, & \varepsilon \leqslant \varepsilon_0^{\mathrm{em}} \\ C_2/E_r^{\mathrm{em}} + C_1/E_0^{\mathrm{mo}} + C_0/E_0^{\mathrm{ag}}, & \varepsilon_0^{\mathrm{em}} < \varepsilon \leqslant \varepsilon_0^{\mathrm{mo}} \\ C_2/E_r^{\mathrm{em}} + C_1/E_r^{\mathrm{mo}} + C_0/E_0^{\mathrm{ag}}, & \varepsilon_0^{\mathrm{mo}} < \varepsilon \leqslant \varepsilon_0^{\mathrm{ag}} \\ C_2/E_r^{\mathrm{em}} + C_1/E_r^{\mathrm{mo}} + C_0/E_r^{\mathrm{ag}}, & \varepsilon_r^{\mathrm{em}} < \varepsilon \leqslant \varepsilon_r^{\mathrm{mo}} \\ C_2/E_u^{\mathrm{em}} + C_1/E_r^{\mathrm{mo}} + C_0/E_r^{\mathrm{ag}}, & \varepsilon_r^{\mathrm{mo}} < \varepsilon \leqslant \varepsilon_r^{\mathrm{ag}} \\ C_2/E_u^{\mathrm{em}} + C_1/E_u^{\mathrm{mo}} + C_0/E_r^{\mathrm{ag}}, & \varepsilon_u^{\mathrm{em}} < \varepsilon \leqslant \varepsilon_u^{\mathrm{mo}} \\ C_2/E_u^{\mathrm{em}} + C_1/E_u^{\mathrm{mo}} + C_0/E_u^{\mathrm{ag}}, & \varepsilon_u^{\mathrm{mo}} < \varepsilon \leqslant \varepsilon_u^{\mathrm{ag}} \\ 0, & \varepsilon_u^{\mathrm{ag}} < \varepsilon \end{cases} \tag{10.2.25}$$

其中，“ag” 代表骨料，“em” 代表等效界面，“mo” 代表新砂浆 $\varepsilon_0^{\mathrm{m}} \leqslant \varepsilon_0^{\mathrm{mo}} \leqslant \varepsilon_0^{\mathrm{ag}} \leqslant \varepsilon_r^{\mathrm{m}} \leqslant \varepsilon_r^{\mathrm{mo}} \leqslant \varepsilon_r^{\mathrm{ag}} \leqslant \varepsilon_u^{\mathrm{m}} \leqslant \varepsilon_u^{\mathrm{mo}} \leqslant \varepsilon_u^{\mathrm{ag}}$，其中 $\varepsilon_0^{\mathrm{m}}$、$\varepsilon_u^{\mathrm{m}}$、$\varepsilon_r^{\mathrm{m}}$ 分别代表了等效界面的峰值应

变、残余应变及极限应变，$\varepsilon_0^{\mathrm{mo}}$、$\varepsilon_u^{\mathrm{mo}}$、$\varepsilon_r^{\mathrm{mo}}$ 分别代表了砂浆的峰值应变、残余应变及极限应变，$\varepsilon_0^{\mathrm{ag}}$、$\varepsilon_r^{\mathrm{ag}}$、$\varepsilon_u^{\mathrm{ag}}$ 分别代表了骨料的的峰值应变、残余应变及极限应变。E^* 为细观等效单元的弹性模量。

相应的再生混凝土并联模型等效单元的弹性损伤模型公式如下：

$$E^* = \begin{cases} C_2E_0^{\mathrm{em}}+C_1E_0^{\mathrm{mo}}+C_0E_0^{\mathrm{ag}}, & \varepsilon \leqslant \varepsilon_0^{\mathrm{em}} \\ C_2E_r^{\mathrm{em}}+C_1E_0^{\mathrm{mo}}+C_0E_0^{\mathrm{ag}}, & \varepsilon_0^{\mathrm{em}} < \varepsilon \leqslant \varepsilon_0^{\mathrm{mo}} \\ C_2E_r^{\mathrm{em}}+C_1E_r^{\mathrm{mo}}+C_0E_0^{\mathrm{ag}}, & \varepsilon_0^{\mathrm{mo}} < \varepsilon \leqslant \varepsilon_0^{\mathrm{ag}} \\ C_2E_r^{\mathrm{em}}+C_1E_r^{\mathrm{mo}}+C_0E_r^{\mathrm{ag}}, & \varepsilon_r^{\mathrm{em}} < \varepsilon \leqslant \varepsilon_r^{\mathrm{mo}} \\ C_2E_u^{\mathrm{em}}+C_1E_r^{\mathrm{mo}}+C_0E_r^{\mathrm{ag}}, & \varepsilon_r^{\mathrm{mo}} < \varepsilon \leqslant \varepsilon_r^{\mathrm{ag}} \\ C_2E_u^{\mathrm{em}}+C_1E_u^{\mathrm{mo}}+C_0E_r^{\mathrm{ag}}, & \varepsilon_u^{\mathrm{em}} < \varepsilon \leqslant \varepsilon_u^{\mathrm{mo}} \\ C_2E_u^{\mathrm{em}}+C_1E_u^{\mathrm{mo}}+C_0E_u^{\mathrm{ag}}, & \varepsilon_u^{\mathrm{mo}} < \varepsilon \leqslant \varepsilon_u^{\mathrm{ag}} \\ 0, & \varepsilon_u^{\mathrm{ag}} < \varepsilon \end{cases} \tag{10.2.26}$$

10.2.3 细观等效化模型的网格划分

本章采用了规则三角形单元作为网格剖分单元。首先，将试件用粗网格剖分，并使粗网格单元投影到附有属性的原细观单元。然后，将每个粗网格单元内的不同属性细观单元进行细观等效化处理得到的弹性模量、泊松比赋予粗网格单元，从而得到一个每个粗网格单元内部均匀同性，单元之间属性不同的细观等效化模型，如图 10.6 所示。

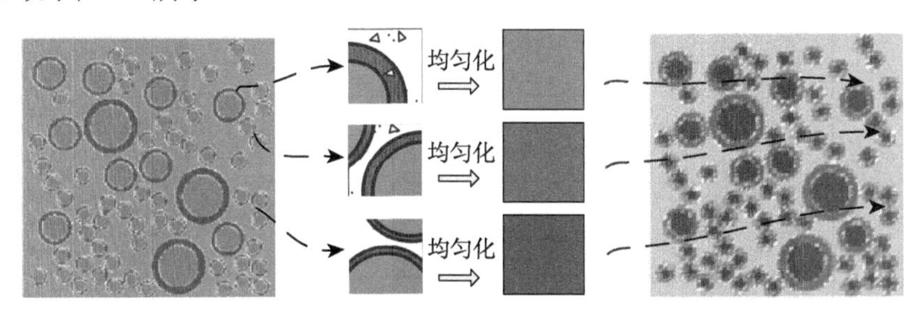

图 10.6 细观等效化基本过程

10.2.4 细观等效化模型计算程序流程图

为将本章介绍的细观等效化模型应用到后续的数值试验中，作者编制了相应的程序，如图 10.7 为该程序的流程控制图。

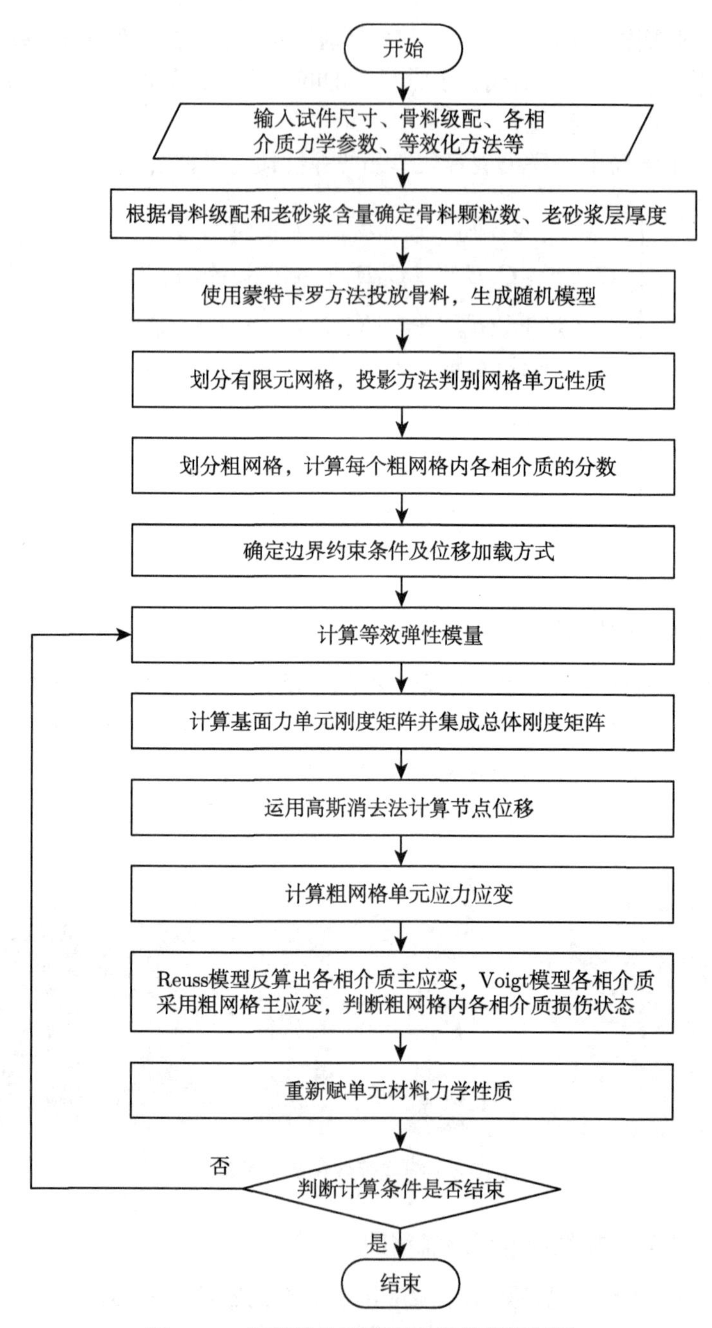

图 10.7　细观等效化模型计算程序流程图

10.3 本 章 小 结

本章提出了一种针对再生混凝土宏观力学特性分析的新模型，即再生混凝土圆骨料复合球模型，将再生混凝土老砂浆和粘结带近似进行等效计算，另外，详细介绍了细观等效化模型，包括 Voigt 并联分析模型及 Reuss 串联分析模型，并开发出相应的 FORTRAN 程序。

(1) 运用再生混凝土圆骨料复合球模型，将再生混凝土老砂浆和粘结带的泊松比、弹性模量、及强度近似等效为一相，从而将五相材料变化为三相材料，无论是后续的细观等效化模型求解还是非线性方程计算，都将大大提高其计算的稳定性。

(2) 细观等效化模型首先从细观尺度入手，建立再生混凝土随机骨料模型，然后划分粗网格，并投影到建立的随机骨料模型上，各粗网格单元的力学特性采用复合材料等效化方法来确定。

第 11 章　损伤问题非线性基面力元求解模型

对于再生混凝土材料，加载进入软化段后，非线性问题比较严重，采用常规的迭代计算方法会引入较大的数值误差，因此，有必要研究合适的计算求解模型，提高计算精度。

针对材料非线性问题，本章提出了非线性基面力元求解模型。

11.1　直接迭代法

对于再生混凝土材料非线性的问题，可通过迭代过程来分析求解。采用直接迭代法求解动力非线性平衡方程如下：

$$\boldsymbol{\psi}(\boldsymbol{u}) = \boldsymbol{K}(\boldsymbol{u}) - \boldsymbol{P} = 0 \tag{11.1.1}$$

式中，$\boldsymbol{K}(\boldsymbol{u})$ 表示等效动刚度矩阵 $\hat{\boldsymbol{K}}_d$ 与节点位移向量 $\boldsymbol{u}$ 的点乘积，$\boldsymbol{P}$ 表示等效外荷载向量。

对于直接迭代法来说，首先假定由各初始状态的试探解

$$\boldsymbol{u} = \boldsymbol{u}^{(0)} \tag{11.1.2}$$

代入式 (11.1.1) $\boldsymbol{K}(\boldsymbol{u})$ 中，可求得改进了的第一次近似解

$$\boldsymbol{u}^{(1)} = \left(\boldsymbol{K}^{(0)}\right)^{-1} \boldsymbol{P} \tag{11.1.3}$$

其中，

$$\boldsymbol{K}^{(0)} = \boldsymbol{K}\left(\boldsymbol{u}^{(0)}\right) \tag{11.1.4}$$

重复上述过程，到第 n 次近似解

$$\boldsymbol{u}^{(n)} = \left(\boldsymbol{K}^{(n-1)}\right)^{-1} \boldsymbol{P} \tag{11.1.5}$$

上述求解过程直到误差的某种范数小于规定的容许小量 e_{r}，即

$$\|e\| = \left\|\boldsymbol{u}^{(n)} - \boldsymbol{u}^{(n-1)}\right\| \leqslant e_{\mathrm{r}} \tag{11.1.6}$$

上述迭代可以终止。

从上述过程可以看出，要执行直接迭代法的计算，首先需要假设一个初始的试探解 $\boldsymbol{u}^{(0)}$，在材料的非线性问题中，$\boldsymbol{u}^{(0)}$ 通常可以从首先求解的线弹性问题得到；其次是直接迭代法的每次迭代需要计算和形成新的本质上是割线刚度矩阵的系数矩阵 $\boldsymbol{K}\left(\boldsymbol{u}^{(n-1)}\right)$，所以只适用于与变形历史无关的非线性问题，对于这类问题，应力可以由应变 (或应变率) 确定，也可以由位移 (或位移变化率) 确定。

11.2 收敛准则

在迭代计算中，为了终止迭代过程，必须确定一个收敛标准。在实际应用中，可以从结点的不平衡力向量和位移增量向量两个方面来判断迭代计算的收敛性。

关于直接迭代法的收敛性，当系统为单自由度情形时，可以指出，当 $\boldsymbol{K}(u)-u$ 是凸的情况 (如图 11.1(a) 所示)，通常解是收敛的。但当 $\boldsymbol{K}(u)-u$ 是凹的情况 (如图 11.1(b) 所示)，则解可能是发散的。当系统为多自由度情形时，无论是节点力还是节点位移都是向量，其大小一般用该向量的范数来表示，而且收敛判断也更为复杂。

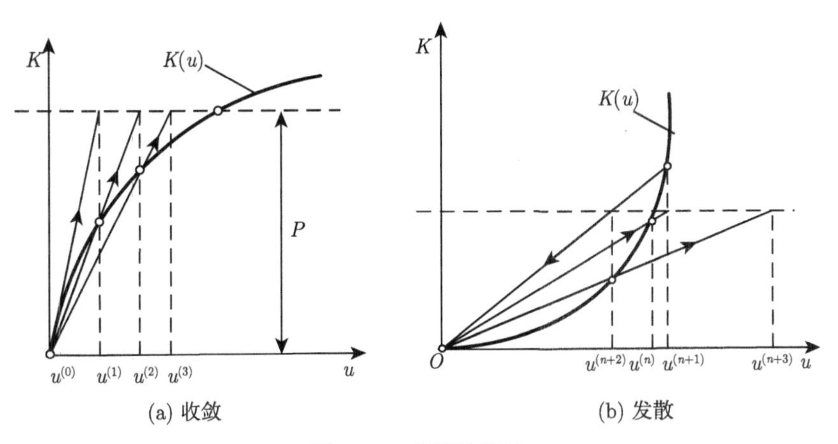

图 11.1 直接迭代法

设列向量 $\{v\}=(v_1,v_2,v_3,\cdots,v_n)^{\mathrm{T}}$，该向量的范数可以定义为

(1) 各元素绝对值之和：

$$\|V\|_1=\sum_{i=1}^{n}|V_i| \tag{11.2.1}$$

(2) 各元素平方和的根

$$\|V\|_2=\left(\sum_{i=1}^{n}\left|V_i^2\right|\right)^{0.5} \tag{11.2.2}$$

(3) 元素中绝对值最大值

$$\|V\|_{\infty}=\max_{n}|V_i| \tag{11.2.3}$$

这三个范数为 $\|V\|_P\,(P=1,2,\infty)$，应用中可任选其中一种。

有了列向量的范数，无论是节点力还是节点位移向量，其“大小”均可按其范数的大小来判断。所谓足够小就是指其范数已小于预先指定的某个小数。

取位移增量为衡量收敛判断标准的位移准则称为位移准则，若满足下列条件就认为迭代收敛：

$$\|\Delta u_{i+1}\|\leqslant\alpha_d\|u_i+\Delta u_{i+1}\| \tag{11.2.4}$$

式中，α_d 为位移收敛容差，$\|\Delta u_{i+1}\|$ 为位移增量向量的某种范数。

取不平衡结点力为衡量收敛标准的准则称为平衡力准则，若满足下列条件就认为迭代收敛：

$$\|\Delta P_i\|\leqslant\alpha_p\|p\| \tag{11.2.5}$$

式中，P 为外荷载向量，ΔP_i 为不平衡力向量，α_d 为不平衡力收敛容差。

实践证明，对于再生混凝土材料，由于非线性比较严重，前后两次得到的节点位移向量范数之比和节点不平衡力向量范数之比会出现剧烈跳动，以导致收敛不可靠。而相比采用增量法计算，由于负刚度的引入带来刚度矩阵的奇异性，从而解奇异刚度矩阵引入数值误差，本研究采用全量法进行迭代计算，假定再生混凝土试件承受一定的初始位移荷载，首先按照初始弹模进行加载，算出各个单元的单元主应变，根据材料损伤本构模型，单元的主应变对应单元的割线弹模，然后以单元的割线弹模重新加载，重新计算出各单元的主应变，重复这个过程，直到前后两次加载的力之差小于预先指定的某个数即可停止迭代，接着以上一步的割线弹模进入下一加载步计算，重复以上过程。

11.3　非线性基面力元法程序

为将本章介绍的迭代方法应用到后续的数值试验中，作者编制了相应的基面力元法程序，如图 11.2 为该程序的流程控制图。

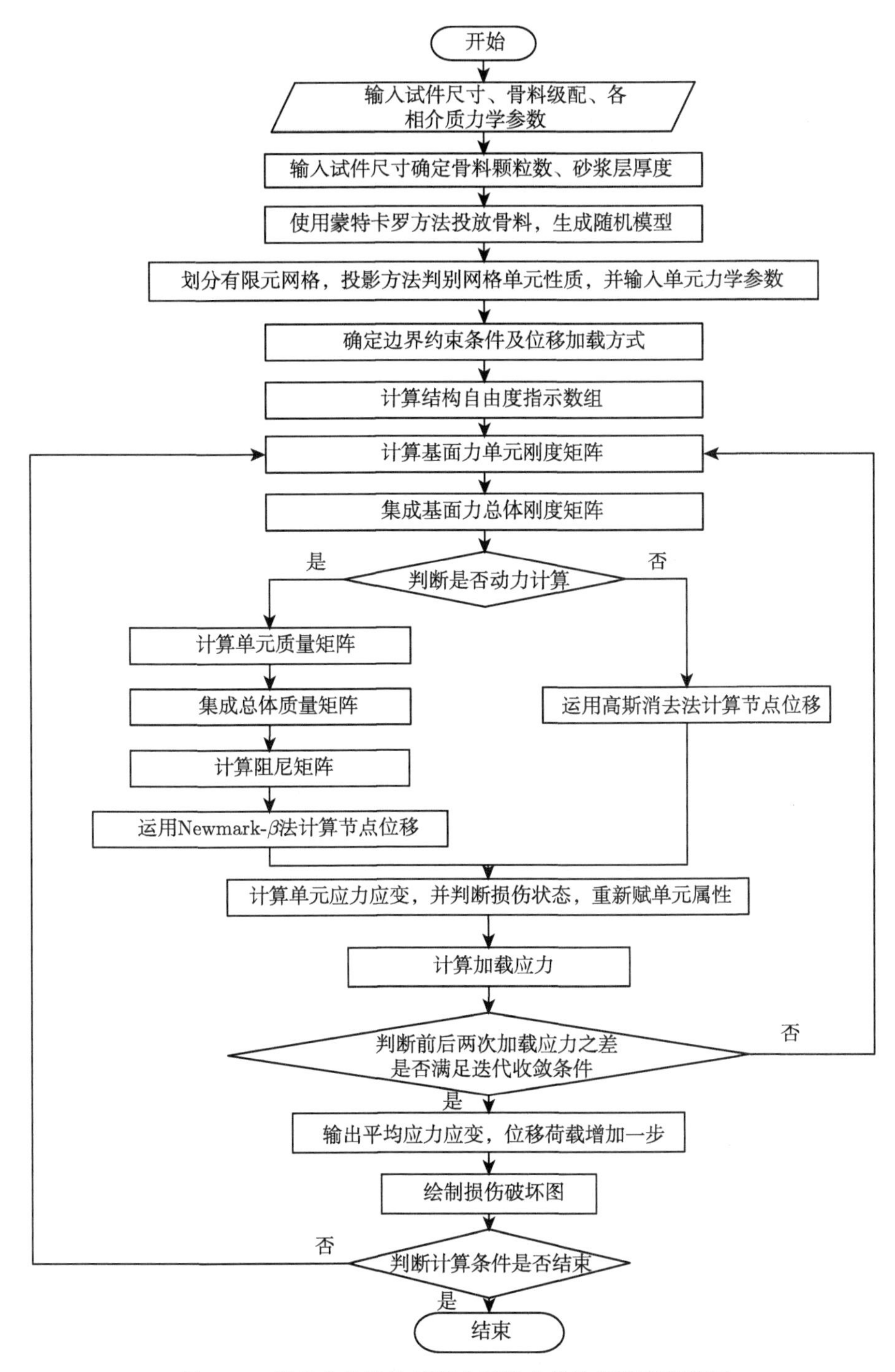

图 11.2 静动力非线性基面力元法全量迭代程序流程图

11.4　非线性基面力元法程序验证

为了验证非线性基面力元法程序算法的正确性，本节以一个立方体试块受压为例，单轴位移加载，已知立方体试块尺寸为 100mm×100mm×100mm，材料应力–应变关系分别为双折线和双曲线应力–应变关系，如下：

(1) 双折线应力–应变关系

$$\sigma=\begin{cases} E_0\varepsilon, & \varepsilon<\varepsilon_0 \\ 1.3\dfrac{\varepsilon_0}{\varepsilon}-0.3, & \varepsilon_0<\varepsilon<\varepsilon_r \\ 0.1\dfrac{\varepsilon_0}{\varepsilon}, & \varepsilon_r<\varepsilon \end{cases}$$

其中，$E_0=30\text{GPa}$，$\varepsilon_0=0.001$，$\varepsilon_r=0.004$。

(2) 双曲线应力–应变关系

$$\sigma=\begin{cases} \left(1-A_1\left(\dfrac{\varepsilon}{\varepsilon_f}\right)^{B_1}\right)\varepsilon, & 0\leqslant\varepsilon<\varepsilon_f \\ \dfrac{A_2\varepsilon}{0.003\sigma_f^2\left(\varepsilon/\varepsilon_f-1\right)^2+\varepsilon/\varepsilon_f}, & \varepsilon\geqslant\varepsilon_f \end{cases}$$

其中，$A_1=1-\dfrac{\sigma_f}{E_0\varepsilon_f}$，$B_1=\dfrac{\sigma_f}{E_0\varepsilon_f-\sigma_f}$，$A_2=\dfrac{\sigma_f}{E_0\varepsilon_f}$，$E_0=30\text{GPa}$，$\sigma_f=30\text{MPa}$，$\varepsilon_f=0.002$。

将试块有限元网格剖分为 1，位移加载步长为 0.01mm，用以上非线性基面力元法程序求解试块应力–应变关系。

应力–应变曲线散点与材料应力–应变关系函数曲线如下：

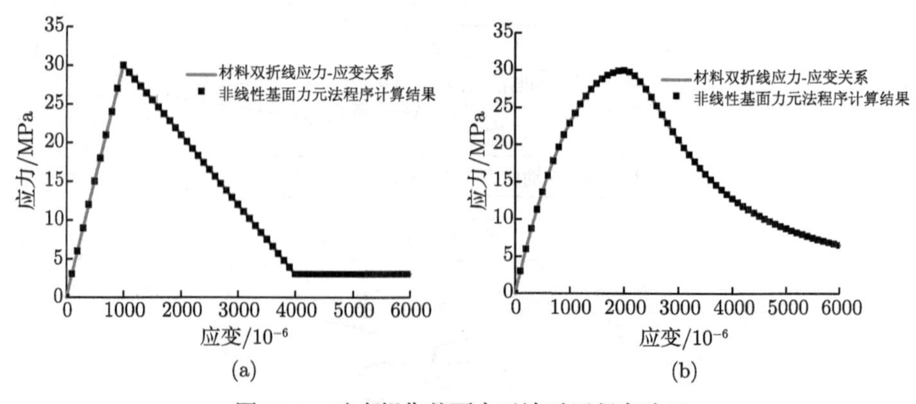

图 11.3　动力损伤基面力元法受压程序验证

图 11.3 显示，非线性基面力元法程序计算的宏观应力-应变曲线与材料的应力-应变函数曲线完全吻合，说明非线性基面力元法程序的计算准确性，为后续章节再生混凝土试件的数值试验提供了可靠的理论基础和试验条件。

11.5 本章小结

再生混凝土材料具有较强的非线性，针对此问题，本章主要介绍了损伤问题非线性基面力元求解模型的基本过程，并开发出相应 FORTRAN 程序，通过算例证明了本模型方法的可行性。

第三部分

数值仿真模拟再生混凝土材料细观结构与破坏机理

第 12 章　二维随机圆骨料试件单轴拉压破坏机理静态模拟

再生混凝土细观数值模拟研究是借助于计算机强大的运算能力，并与可视化技术相结合，对再生混凝土复杂的力学行为进行数值模拟。它能够避开试验条件限制对于试验结果的影响，可直观再现试件的损伤演化直至破坏的过程。本章将运用第 6 章建立的再生混凝土二维随机圆骨料模型及第 9 章中双折线损伤本构模型初步模拟再生混凝土静力轴心受压、受拉试验。

12.1　再生混凝土随机圆骨料试件单轴压缩数值模拟

采用 150mm×150mm×150mm 的再生混凝土立方体数值试件模拟单轴静力压缩试验，并建立 100mm×100mm×100mm、300mm×300mm×300mm 的数值试件，分析试件尺寸对计算结果的影响。不考虑试件端与加载端的摩擦等因素对混凝土强度等力学性能造成的影响，加载模型如图 12.1 所示。采用双折线本构模型，综合文献 [172−176]，各相材料参数如表 12.1。

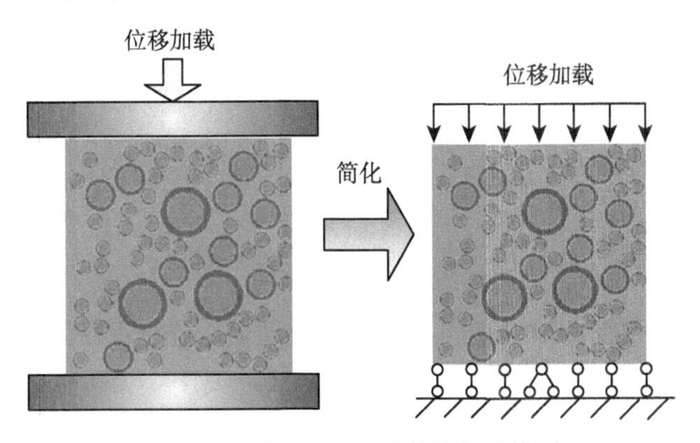

图 12.1　轴心受压试验数值加载模型

表 12.1 材料参数

材料	弹性模量/GPa	泊松比	强度 (抗拉/抗压)/MPa	λ	η	ξ
天然骨料	80	0.16	10/80	0.1	5	10
老粘结带	15	0.2	2/16	0.1	3	10
老水泥砂浆	20	0.22	2.8/22.5	0.1	4	10
新粘结带	18	0.2	2.5/20	0.1	3	10
新水泥砂浆	23	0.22	3.2/25	0.1	4	10

12.1.1 150mm×150mm×150mm 试件单轴压缩数值试验

利用第 6 章随机骨料的生成方法，可求得尺寸为 150mm×150mm×150mm 的立方体试件的平面 150mm×150mm 的二维随机骨料模型，其最大再生粗骨料粒径为 40mm，最小粒径为 5mm，骨料含量为 75%，其中大于 5mm 的粗骨料含量为 46.6%。骨料附着砂浆含量选取 42%。选取三种骨料代表粒径，粒径 D=40~25mm 的骨料取代表粒径为 32.5mm，经计算骨料颗粒数为 3，砂浆层厚度为 4.59mm；粒径 D=25~15mm 的骨料取代表粒径为 20mm，骨料颗粒数为 10，砂浆层厚度为 2.82mm；粒径 D=15~5mm 的骨料取代表粒径为 10mm，骨料颗粒数为 59，砂浆层厚度为 1.41mm。采用三角形有限元网格剖分，剖分尺寸为 0.75mm。

通过选取不同的随机数，生成不同的二维数值模型，三组试件模型如图 12.2 所示。采用逐级静力位移加载，每一步加载应变均为 3×10^{-5}。

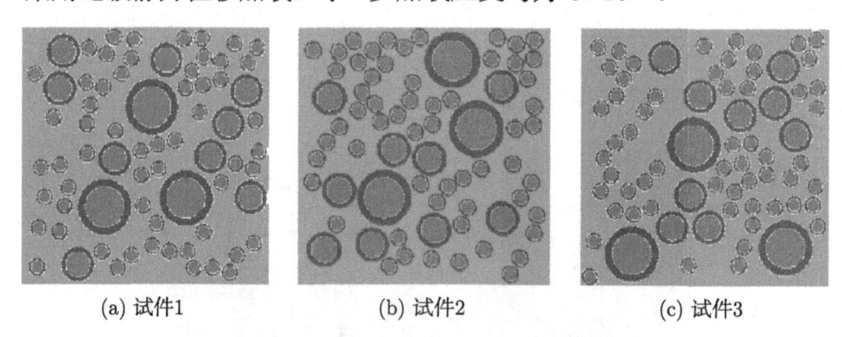

(a) 试件1 (b) 试件2 (c) 试件3

图 12.2 再生混凝土随机圆骨料模型

运用自编基于基面力概念的再生混凝土细观损伤分析程序，对上面三个试件进行平面分析，得到其峰值强度为 19.55MPa、19.80MPa、19.38MPa，取其平均值为 19.58MPa，以 σ/f_c 和 $\varepsilon/\varepsilon_c$ 为坐标量纲一得到应力–应变曲线如图 12.3 所示。数值计算与试验成果 [175] 进行对比，二者基本吻合，验证了该方法的正确性。

运用 FORTRAN 中 QuickWin 图形显示模块，显示试件单轴受压的损伤破坏过程，模拟试件的裂纹扩展规律。以试件 1 为例，如图 12.4 ~ 图 12.6 分析试件加载破坏过程。随着加载的进行，应力主要集中在骨料左右两侧，最先发生损伤以及微裂纹主要相对均匀分布于骨料两侧新老粘结带中。接着越来越多的单元发生损伤，并形成损伤相对集中的局部裂纹，局部裂纹扩展、桥接贯通，最终形成若干条纵向宏观裂纹，直至试件完全破坏，且宏观裂缝方向沿加载方向，裂纹延展方向符合实际规律。图 12.7 为三个数值试件的破坏形态。

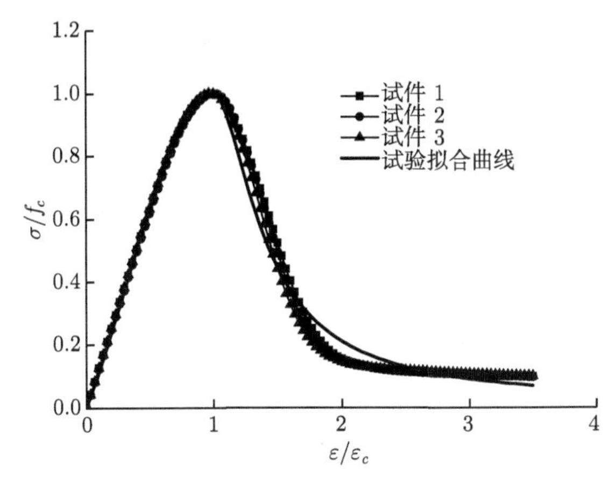

图 12.3 单轴压缩的应力–应变曲线

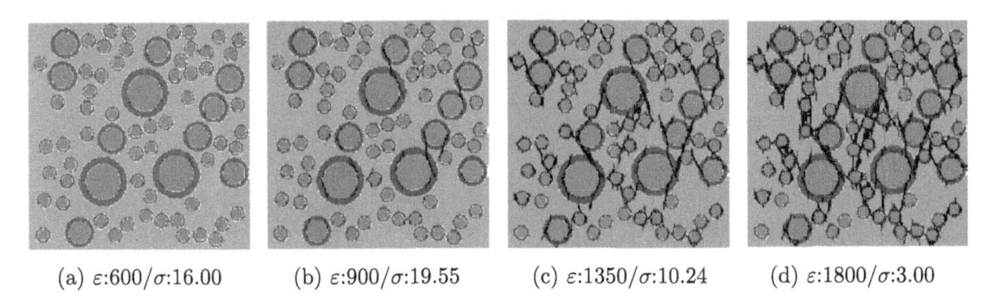

(a) ε:600/σ:16.00 (b) ε:900/σ:19.55 (c) ε:1350/σ:10.24 (d) ε:1800/σ:3.00

图 12.4 150mm×150mm×150mm 试件 1 破坏过程图

应变 $\varepsilon(10^{-6})$– 应力 σ(MPa)

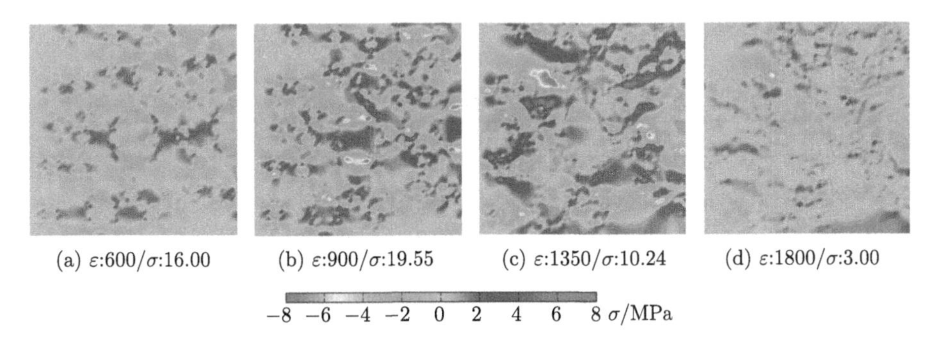

(a) ε:600/σ:16.00 (b) ε:900/σ:19.55 (c) ε:1350/σ:10.24 (d) ε:1800/σ:3.00

图 12.5 150mm×150mm×150mm 试件 1 最大主应力云图 (详见书后彩图)

应变 $\varepsilon(10^{-6})$– 应力 σ(MPa)

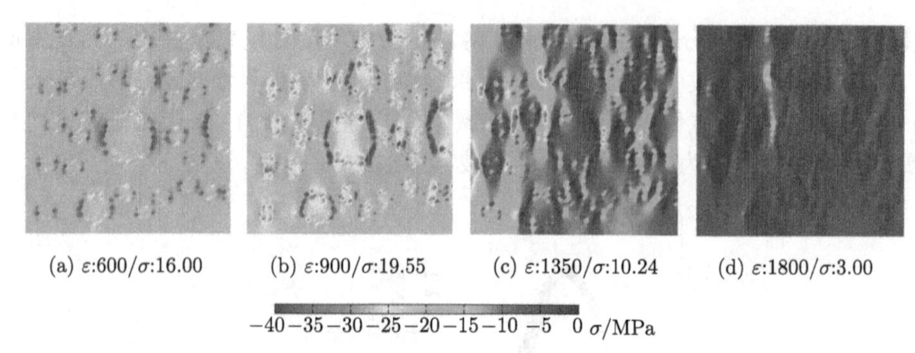

(a) ε:600/σ:16.00　(b) ε:900/σ:19.55　(c) ε:1350/σ:10.24　(d) ε:1800/σ:3.00

图 12.6　150mm×150mm×150mm 试件 1 最小主应力云图 (详见书后彩图)

应变 $\varepsilon(10^{-6})$– 应力 σ(MPa)

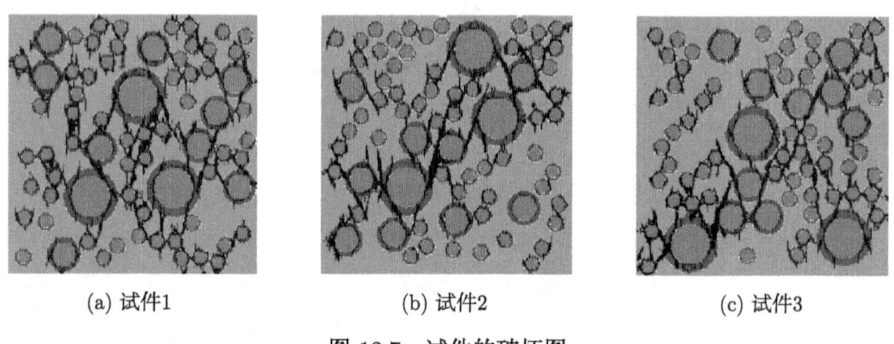

(a) 试件1　(b) 试件2　(c) 试件3

图 12.7　试件的破坏图

12.1.2　其他试件单轴压缩数值试验

选取 100mm×100mm×100mm 及 300mm×300mm×300mm 的立方体试件进行单轴压缩数值试验。采用富勒颗粒级配计算骨料颗粒数，骨料含量为 75%，大于 5mm 的粗骨料含量均为 46.6%。骨料附着砂浆含量选取 42%。试件颗粒数及老砂浆厚度如表 12.2 所示。

表 12.2　试件颗粒数及老砂浆厚度

试件	粒径范围/mm	代表粒径/mm	颗粒数/个	附着砂浆厚度/mm
100mm×100mm×100mm	20～15	17.5	2	2.47
	15～10	12.5	9	1.76
	10～5	7.5	36	1.06
300mm×300mm×300mm	80～40	60	5	8.47
	40～20	30	20	4.23
	20～5	12	158	1.69

通过选取不同的随机数，不同试件尺寸分别生成三组数值模型，如图 12.8 和

图 12.9 所示。各相材料参数详见表 12.1。采用位移逐级静力加载，三种尺寸试件的每一步加载应变均为 3×10^{-5}。

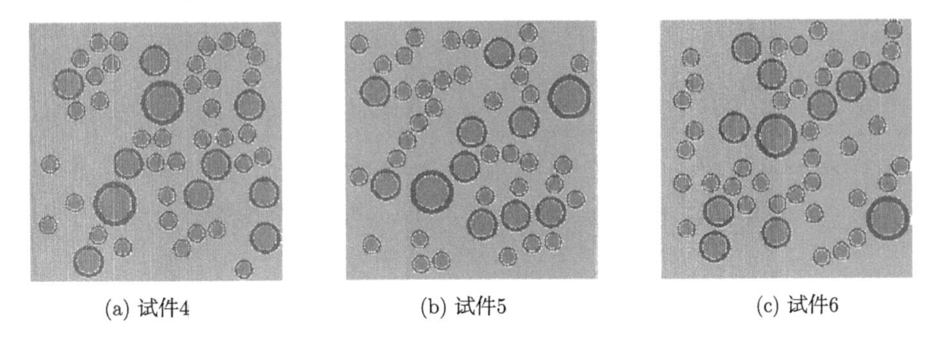

(a) 试件4 (b) 试件5 (c) 试件6

图 12.8 100mm×100mm×100mm 再生混凝土随机圆骨料模型

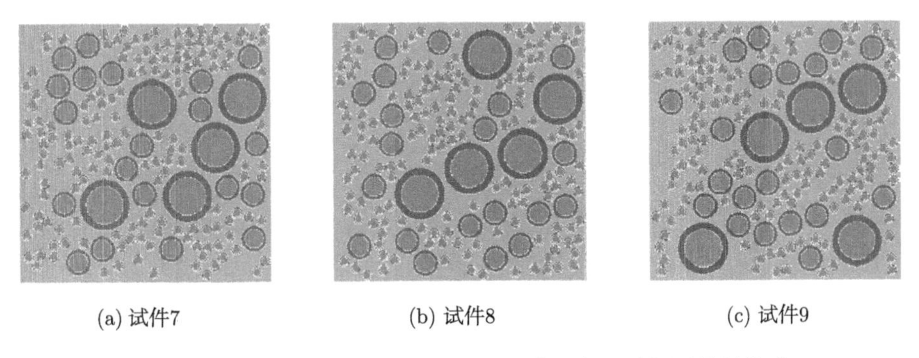

(a) 试件7 (b) 试件8 (c) 试件9

图 12.9 300mm×300mm×300mm 再生混凝土随机圆骨料模型

运用自编基于基面力概念的再生混凝土细观损伤分析程序，对各个试件进行单轴压缩数值模拟，不同尺寸再生混凝土试件破坏形态均呈现劈裂现象，其中列举了试件 4 和试件 7 的单元破坏过程图，如图 12.10 和图 12.11 所示。对比不同尺寸的单元破坏形态图，如图 12.12 所示。

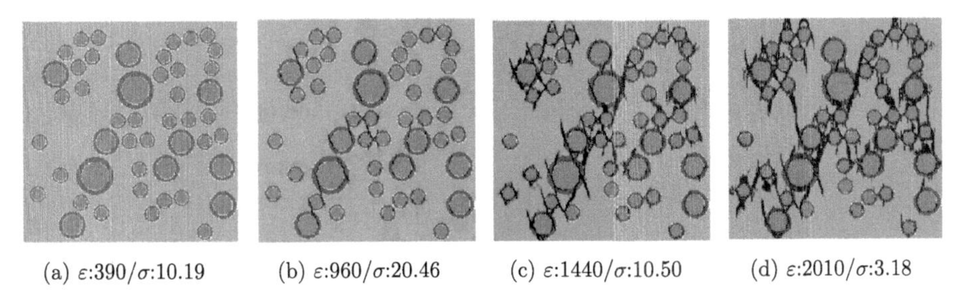

(a) ε:390/σ:10.19 (b) ε:960/σ:20.46 (c) ε:1440/σ:10.50 (d) ε:2010/σ:3.18

图 12.10 100mm×100mm×100mm 试件 4 破坏过程图

应变 $\varepsilon(10^{-6})$– 应力 σ(MPa)

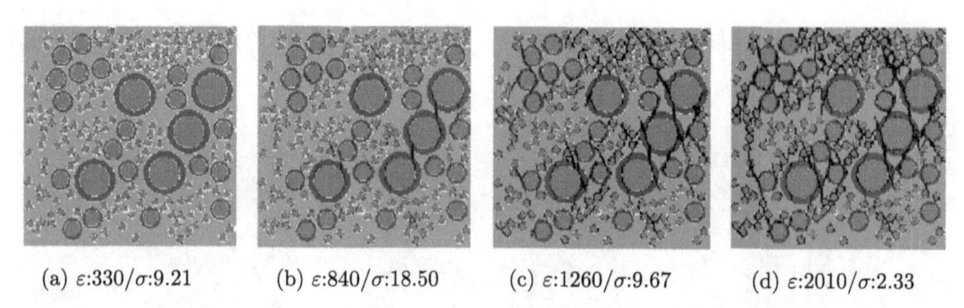

(a) ε:330/σ:9.21 (b) ε:840/σ:18.50 (c) ε:1260/σ:9.67 (d) ε:2010/σ:2.33

图 12.11 300mm×300mm×300mm 试件 7 破坏过程图

应变 $\varepsilon(10^{-6})$- 应力 σ(MPa)

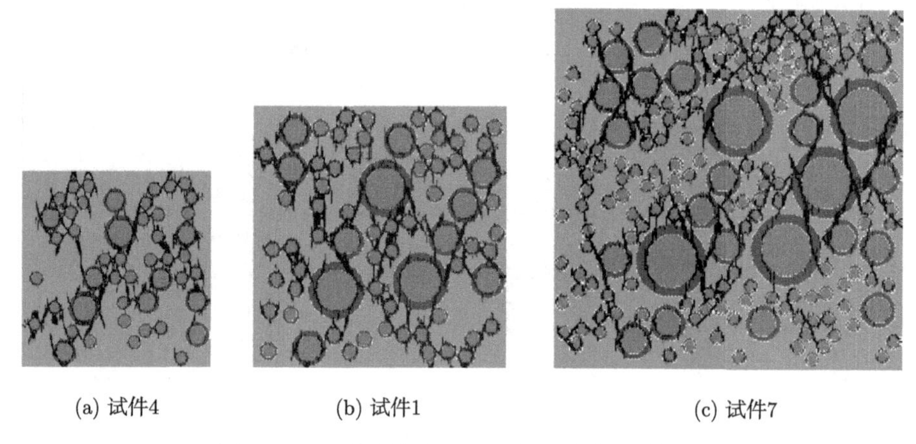

(a) 试件4 (b) 试件1 (c) 试件7

图 12.12 再生混凝土试件单轴压缩单元破坏图

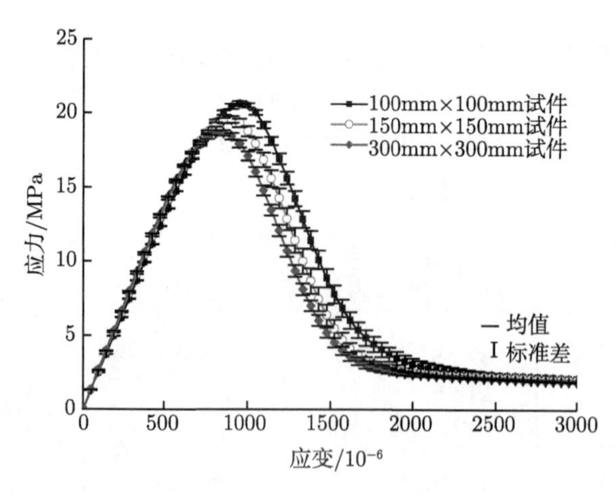

图 12.13 不同尺寸再生混凝土试件应力-应变曲线

各组试验的应力-应变曲线如图 12.13 所示。100mm×100mm×100mm 的三组试件的抗压强度分别为 20.47MPa、20.76MPa、20.77MPa，取其平均值 20.67MPa 为该组试件的抗压强度。相比 150mm×150mm×150mm 试件的抗压强度 19.58MPa 提高了 5.57%。300mm×300mm×300mm 的三组试件的抗压强度分别为 18.50MPa、18.83MPa、18.77MPa，取其平均值 18.70MPa 为该组试件的抗压强度。相比 150mm×150mm×150mm 试件的抗压强度 19.58MPa 降低了 4.49%。计算所得的折减系数符合 GB50204《混凝土结构工程施工质量验收规范》。可见在单轴压缩下有明显的尺寸效应，即随着试件尺寸的增大，强度降低。这是由于混凝土材料的非均质性引起的，试件内部包含有大量的薄弱区域，随着试件尺寸的不断增大，薄弱区域连接成片，导致严重缺陷的概率会增加。作为脆性材料，再生混凝土材料的破坏往往由这些严重的局部化缺陷导致，因而使得试件的强度降低。

12.2 再生混凝土随机圆骨料单轴拉伸数值模拟

采用 150mm×150mm×150mm 的标准试件模拟单轴静力拉伸试验。并建立了 100mm×100mm×100mm、300mm×300mm×300mm 的再生混凝土立方体试件，分析试件尺寸对计算结果的影响。不考虑试件端与加载端的摩擦等因素对混凝土强度等力学性能造成的影响，加载模型如图 12.14 所示。采用双折线本构模型，各相材料参数如表 12.1。

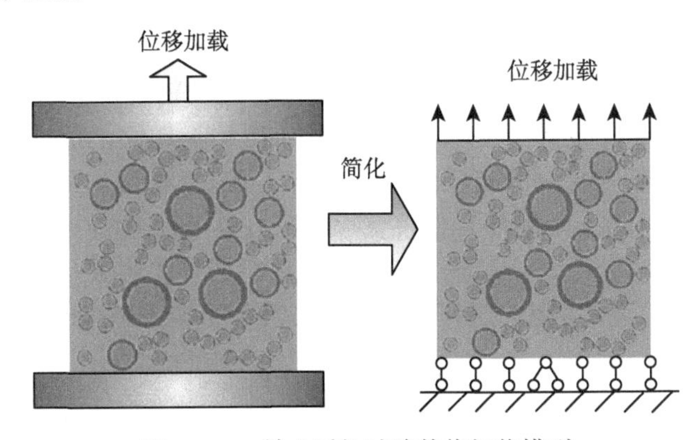

图 12.14 轴心受拉试验数值加载模型

12.2.1 150mm×150mm×150mm 试件单轴拉伸数值试验

选取 150mm×150mm×150mm 的立方体试件进行单轴拉伸数值试验，三组试件模型如图 12.2。采用逐级静力位移加载，每一步加载应变均为 3×10^{-6}。

运用自编基于基面力概念的再生混凝土细观损伤分析程序，对上面三个试件进行平面应力分析，得到其峰值强度为 2.80MPa、2.79MPa、2.81MPa，取其平均值为 2.80MPa，以 σ/f_c 和 $\varepsilon/\varepsilon_c$ 为坐标量纲——得到应力-应变曲线如图 12.15 所示。数值计算曲线与试验拟合曲线 [177] 进行对比，二者基本吻合，验证了该方法的正确性。

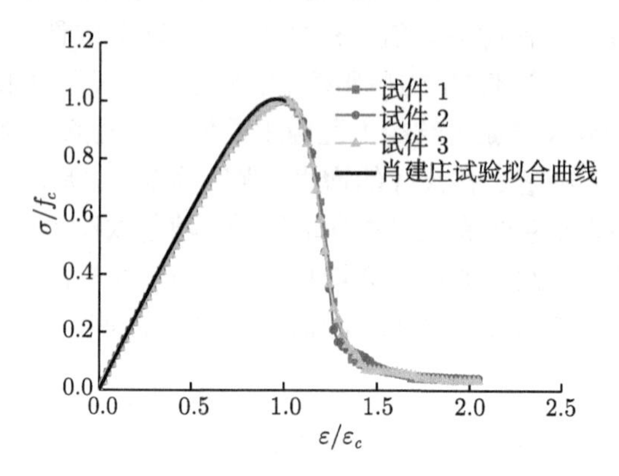

图 12.15　单轴拉伸量纲——应力-应变曲线

运用 FORTRAN 中 QuickWin 图形显示模块，显示试件单轴拉伸的损伤破坏过程，模拟试件的裂纹扩展规律。图 12.16、图 12.17 显示了试件 1 裂纹扩展过程及主应力变化过程，试件开始受力后，直到最大应力的 80%左右，试件的损伤发展比较慢，应力和应变约按比例增长，此为弹性阶段，此时，由于新老粘结带及老砂浆包裹于骨料，使骨料强度无法发挥，最大主应力在新砂浆中最大。此后，由于新老粘结带强度低，损伤首先在粘结带上发生，从而使粘结带应力集中较为严重，导致裂缝的产生。随着进一步加载，试件损伤发展逐步加快，应力-应变曲线呈微凸状，损伤主要集中在骨料分布较集中的地方，直到峰值应力后，试件整个界面几乎全部进入损伤阶段，在若干局部位置形成应力集中，导致局部化破坏，在多处形成局部裂纹。位移荷载进一步增加，在试件的局部位置形成几条局部化裂纹的主裂带。由图中可以看出，在主裂带上最大主应力分布复杂，应力集中严重，致使随

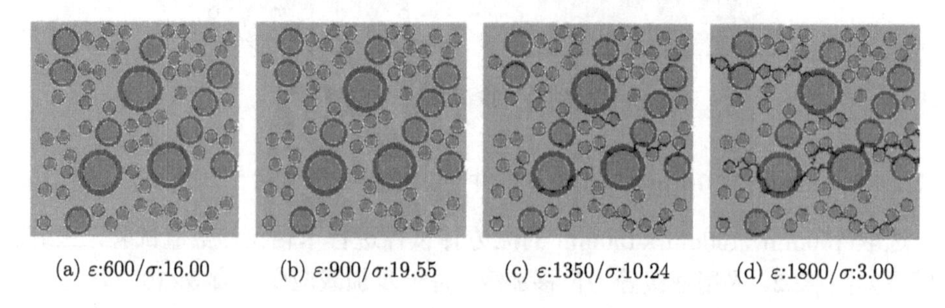

(a) ε:600/σ:16.00　(b) ε:900/σ:19.55　(c) ε:1350/σ:10.24　(d) ε:1800/σ:3.00

图 12.16　150mm×150mm×150mm 试件 1 破坏过程图

应变 $\varepsilon(10^{-6})$– 应力 σ(MPa)

着宏观应变的增加，发生脆性损伤的单元急剧增多，试件的承载力急剧下降，在主裂带内，多条局部化裂纹绕过骨料逐步扩展、桥接，最终形成一条宏观裂缝，直至试件完全破坏，且宏观裂缝方向垂直于拉伸方向，裂纹延展方向符合实际规律。

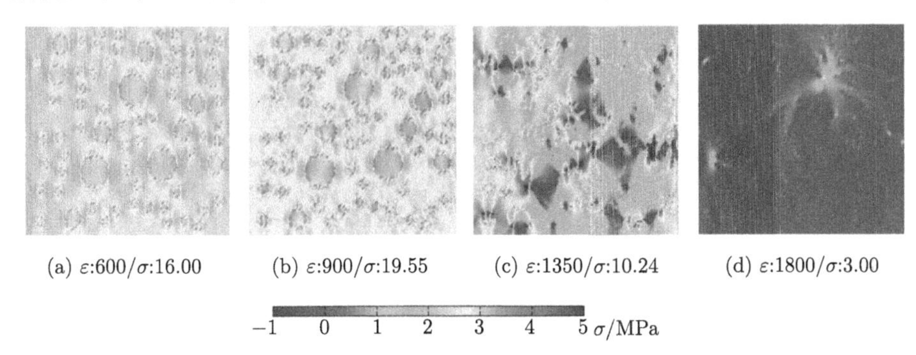

图 12.17 150mm×150mm×150mm 试件 1 最大主应力云图 (详见书后彩图)

应变 $\varepsilon(10^{-6})$– 应力 σ(MPa)

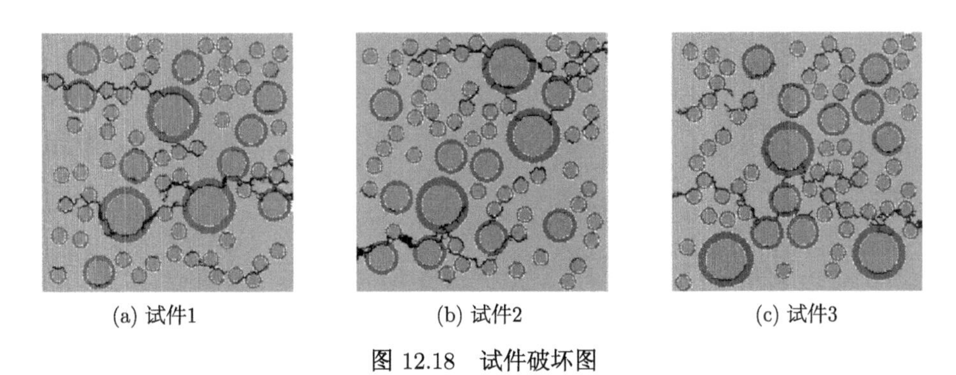

图 12.18 试件破坏图

12.2.2 其他试件单轴拉伸数值试验

选取 100mm×100mm×100mm 及 300mm×300mm×300mm 的立方体试件进行单轴拉伸数值试验，不同尺寸试件分别用三组模型，如图 12.8 和图 12.9 所示。采用位移逐级静力加载，三种尺寸试件的每一步加载应变均为 3×10^{-6}。

运用自编基于基面力概念的再生混凝土细观损伤分析程序，对试件进行平面分析，得到应力-应变曲线如图 12.19 所示，其中 100mm×100mm×100mm 的立方体试件 4 和 300mm×300mm×300mm 的立方体试件 7 破坏过程图如图 12.20 和图 12.21 所示。

100mm×100mm×100mm 的三组试件的抗拉强度分别为 2.86MPa、2.88MPa、2.89MPa，取其平均值 2.88MPa 为该组试件的抗压强度。相比 150mm×150mm×150mm 试件的抗压强度 2.80MPa 提高了 2.86%。300mm×300mm×300mm 的三组

试件的抗压强度分别为 2.67MPa、2.68MPa、2.68MPa，取其平均值 2.68MPa 为该组试件的抗压强度。相比 150mm×150mm×150mm 试件的抗压强度 2.80MPa 降低了 4.29%。计算所得的折减系数符合 GB50204[178]《混凝土结构工程施工质量验收

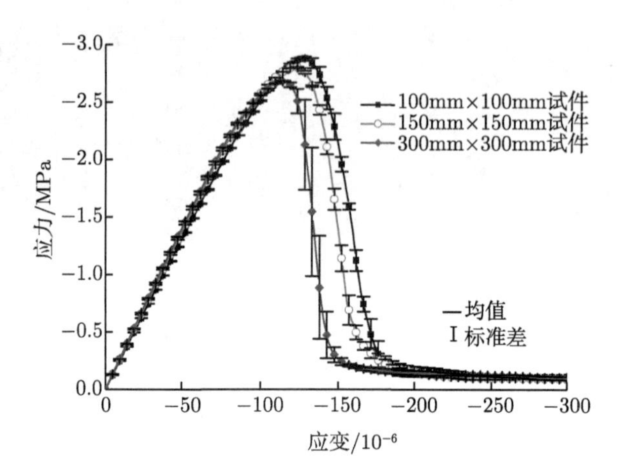

图 12.19 不同尺寸再生混凝土试件的应力–应变曲线

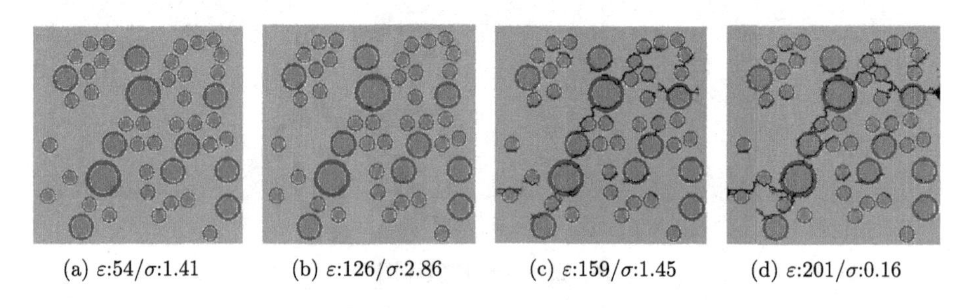

(a) ε:54/σ:1.41 (b) ε:126/σ:2.86 (c) ε:159/σ:1.45 (d) ε:201/σ:0.16

图 12.20 100mm×100mm×100mm 试件 4 破坏过程图

应变 $\varepsilon(10^{-6})$– 应力 σ(MPa)

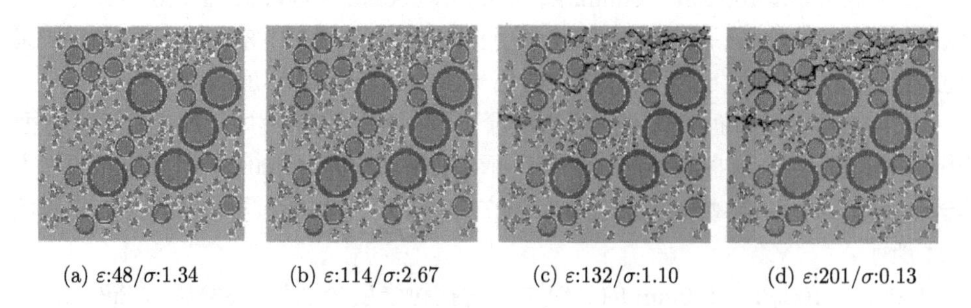

(a) ε:48/σ:1.34 (b) ε:114/σ:2.67 (c) ε:132/σ:1.10 (d) ε:201/σ:0.13

图 12.21 300mm×300mm×300mm 试件 7 破坏过程图

应变 $\varepsilon(10^{-6})$– 应力 σ(MPa)

规范》。可见在单轴拉伸荷载作用下有明显的尺寸效应。图 12.22 为其中三种试块模型的受压破坏形态，不同尺寸的试块宏观裂纹方向均垂直于拉伸方向，裂纹延展方向符合实际规律。

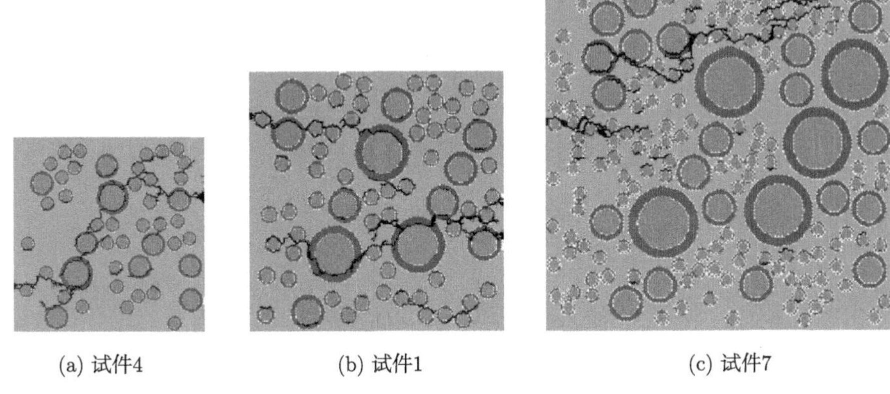

(a) 试件4　　(b) 试件1　　(c) 试件7

图 12.22　再生混凝土试件单轴压缩单元破坏图

12.2.3　多轴损伤本构关系的探讨

以单轴受拉为例，采用多轴双折线本构关系，模拟 150mm×150mm×150mm 的二级配再生混凝土立方体试件，各相材料参数按表 12.1 赋值。图 12.23 为数值模拟得到的应力-应变全曲线，并在各相材料含量和材料属性相同的情况下，与按单轴双折线本构关系数值模拟得到的应力-应变全曲线对比，使用多轴双折线本构关系下降段缓与单轴双折线本构关系。图 12.24 为其试件的破坏形态。

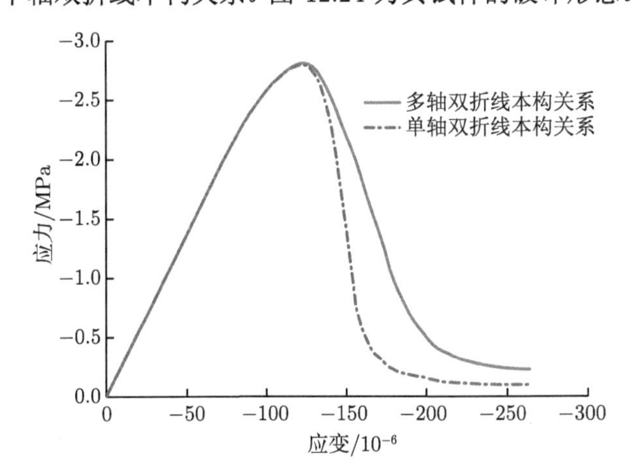

图 12.23　单轴压缩应力-应变曲线

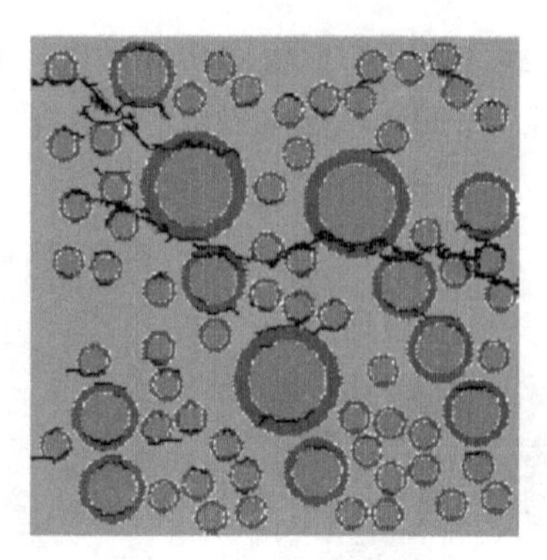

图 12.24　150mm×150mm×150mm 试件 1 单轴压缩破坏图

12.3　本 章 小 结

本章基于随机圆骨料模型进行再生混凝土试件的单轴压缩和单轴拉伸数值模拟，分析再生混凝土的拉压强度、裂缝扩展规律及试件尺寸对抗压强度计算结果的影响。

(1) 运用基面力元法数值模拟再生混凝土的单轴拉压试验，所得到的宏观应力-应变全曲线与实验结果基本吻合，因此说明随机圆骨料模型能够较好的反映再生混凝土单轴受拉、受压的力学性能。

(2) 再生混凝土是一种非均质材料，内部存在许多细观损伤和缺陷，在静力载荷作用下，微裂纹首先从这些缺陷处产生，如新老粘结带，然后缓慢沿着混凝土内最薄弱的环节扩展，当这些微裂纹逐渐扩展连通形成宏观裂纹时，试块被破坏。因此，再生混凝土的静力破坏模式单一，呈现出几条宏观裂纹。单轴压缩条件下再生混凝土的细观裂纹最早从粘结带单元开始，裂纹由新老粘结带单元绕过骨料沿竖向向新老砂浆单元延伸，直至裂纹贯通试件破坏；单轴拉伸条件下再生混凝土的细观裂纹最早从粘结带单元开始，裂纹由新老粘结带单元绕过骨料沿垂直受力方向向新老砂浆单元延伸，直至裂纹贯通试件破坏。

(3) 通过对三组试件进行模拟，得出试件的抗拉、抗压强度随着试件的增大而减小。这是由于混凝土材料的非均质性引起的，试件内部包含有大量的薄弱区域，随着试件尺寸的不断增大，薄弱区域连接成片，导致严重缺陷的概率会增加。

第 13 章　二维随机凸骨料试件破坏机理静态模拟

对于卵石骨料混凝土，假定骨料为圆形是合适的，而且算法简单。然而对于一般的碎石骨料混凝土，则需要建立不规则的凸多边形来模拟骨料。本章运用第 6 章建立的再生混凝土的二维随机凸多边形骨料模型及第 9 章中双折现损伤本构关系，模拟再生混凝土的静力单轴拉压试验。

13.1　再生混凝土随机凸多边形骨料试件单轴压缩数值模拟

本章在圆骨料模型的基础上发展出凸骨料模型，试验中采用人工捣碎的再生骨料，因此，采用凸骨料模型更加符合实际情况，本章同样采用 150mm×150mm×150mm 的再生混凝土立方体数值试件模拟单轴静力压缩试验。另外，建立了 150mm ×150mm×150mm、300mm×300mm×300mm 的再生混凝土立方体试件，分析试件尺寸对计算结果的影响。不考虑试件端与加载端的摩擦等因素对混凝土强度等力学性能造成的影响，加载模型如图 13.1 所示。各相材料参数按表 12.1 赋值。

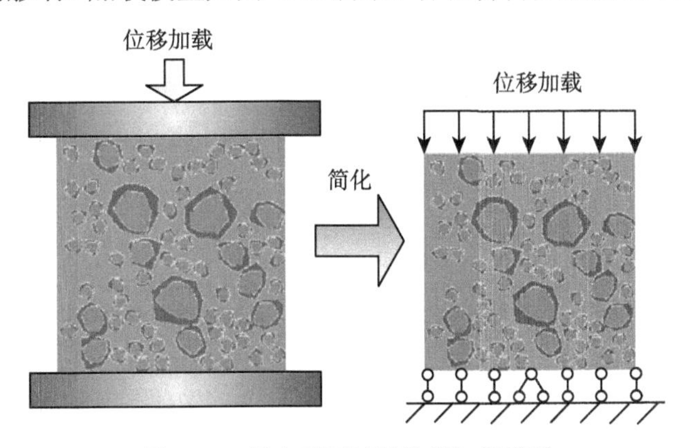

图 13.1　轴心受压试验数值加载模型

13.1.1　150mm×150mm×150mm 试件单轴压缩数值试验

通过随机骨料的生成方法，可求得尺寸为 150mm×150mm×150mm 的立方体试件的平面 150mm×150mm 的二维随机骨料模型，其最大再生粗骨料粒径为 40mm，最小粒径为 5mm，骨料含量为 75%，其中大于 5mm 的粗骨料含量为 46.6%。骨料附着砂浆含量选取 42%。三组试件骨料投放位置同圆骨料模型，根据截面面积相等原则，在圆骨料基础上生成凸多边形骨料，排除了骨料位置不同对计算分析结果的影响，如图 13.2。采用三角形有限元网格剖分，剖分尺寸为 0.75mm。逐级静力位移加载，每一步加载应变均为 3×10^{-5}。

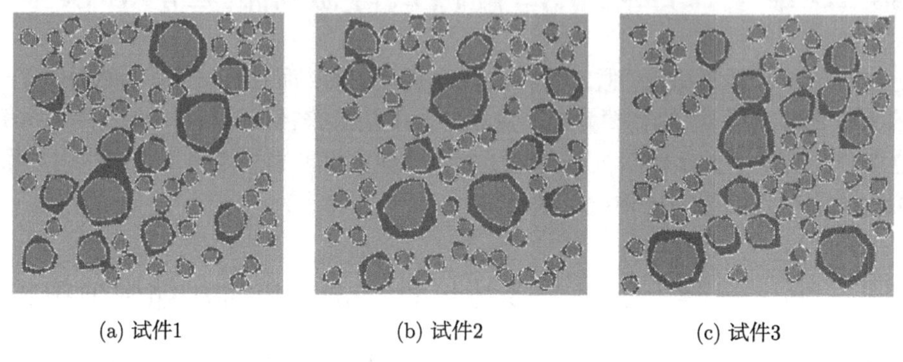

(a) 试件1　(b) 试件2　(c) 试件3

图 13.2　再生混凝土随机凸骨料模型

运用自编基于基面力概念的再生混凝土细观损伤分析程序，对上面三个试件进行平面应力分析，得到应力–应变曲线如图 13.3 所示。经计算三种模型的抗压强度分别为 19.58MPa、19.44MPa、19.33MPa，取其平均值 19.45MPa 为该组试件的抗压强度。

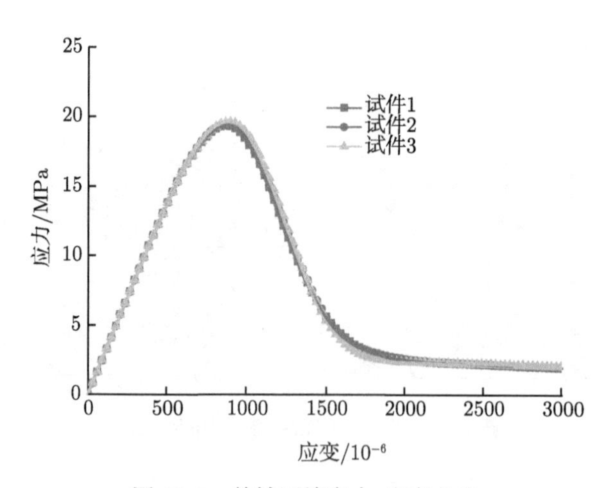

图 13.3　单轴压缩应力–应变曲线

图 13.4～图 13.6 所示为试件 1 单轴受压损伤破坏过程及对应的最大应力云图和最小应力云图。再生混凝土的细观裂纹最早从粘结带单元开始，裂纹由新老粘结带单元绕过骨料沿平行于加载力方向向新老砂浆单元延伸，直至裂纹贯通试件破坏。图 13.7 为三个试块破坏形态，试件均发生劈裂破坏，裂纹延展方向符合实际

规律。

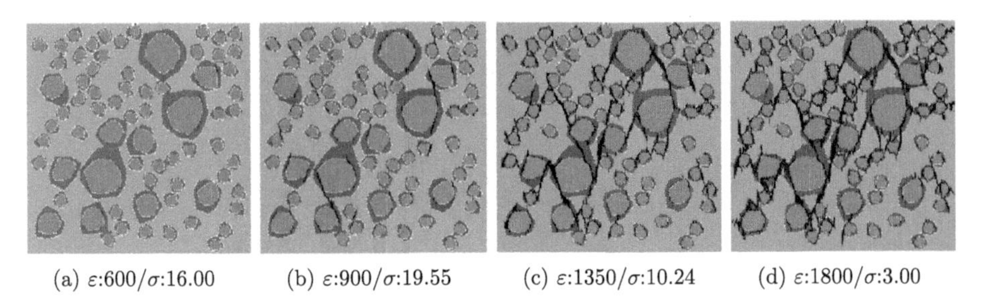

(a) ε:600/σ:16.00　(b) ε:900/σ:19.55　(c) ε:1350/σ:10.24　(d) ε:1800/σ:3.00

图 13.4　150mm×150mm×150mm 试件 1 破坏过程图

应变 $\varepsilon(10^{-6})$– 应力 σ(MPa)

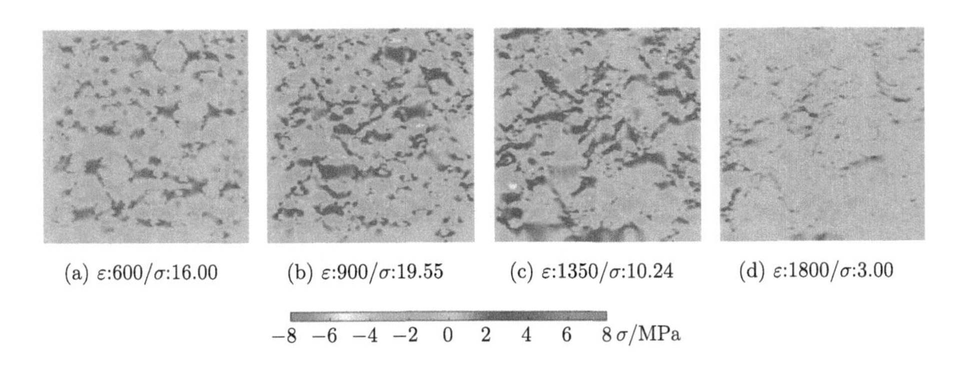

(a) ε:600/σ:16.00　(b) ε:900/σ:19.55　(c) ε:1350/σ:10.24　(d) ε:1800/σ:3.00

图 13.5　150mm×150mm×150mm 试件 1 最大主应力云图 (详见书后彩图)

应变 $\varepsilon(10^{-6})$–应力 σ(MPa)

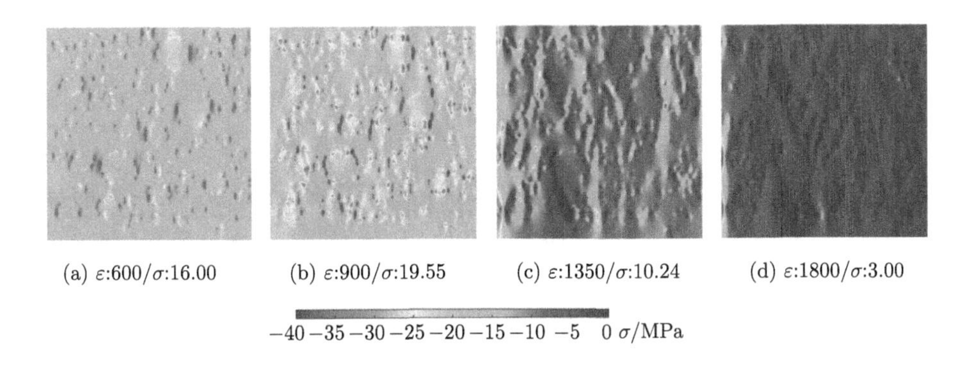

(a) ε:600/σ:16.00　(b) ε:900/σ:19.55　(c) ε:1350/σ:10.24　(d) ε:1800/σ:3.00

图 13.6　150mm×150mm×150mm 试件 1 最小主应力云图 (详见书后彩图)

应变 $\varepsilon(10^{-6})$–应力 σ(MPa)

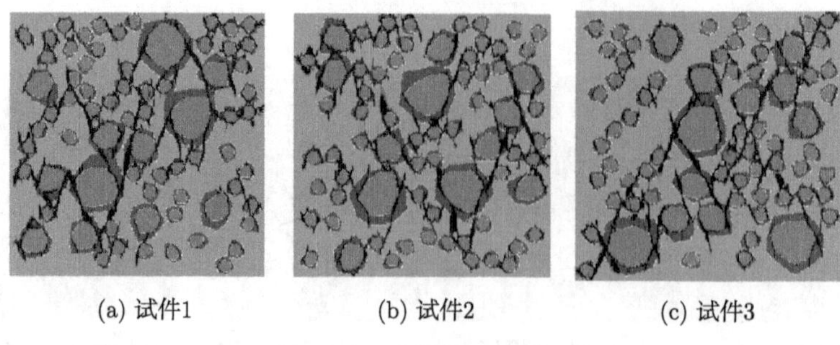

(a) 试件1　　(b) 试件2　　(c) 试件3

图 13.7　试件单元破坏图

13.1.2　其他试件单轴压缩数值试验

选取 100mm×100mm×100mm 及 300mm×300mm×300mm 的立方体试件进行单轴压缩数值试验。采用富勒颗粒级配计算骨料颗粒数，骨料含量为 75%，其中大于 5mm 的粗骨料含量为 46.6%。骨料附着砂浆含量选取 42%。试件颗粒数及老砂浆厚度如表 12.2 所示。不同试件尺寸分别生成三组数值模型试件，骨料投放位置同圆骨料模型，根据所占截面面积相等原则，在圆骨料基础上生成凸多边形骨料，排除了骨料位置不同对计算分析结果的影响，试件模型图如图 13.8 和图 13.9 所示。各相材料参数详见表 12.1。采用位移逐级静力加载，三种尺寸试件的每一步加载应变均为 3×10^{-5}。

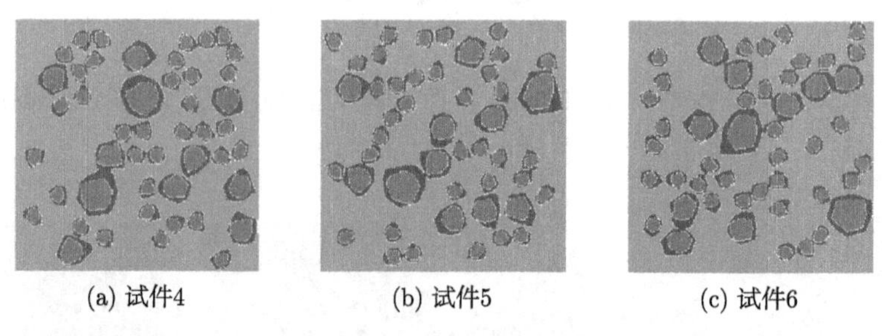

(a) 试件4　　(b) 试件5　　(c) 试件6

图 13.8　100mm×100mm×100mm 再生混凝土随机凸骨料模型

运用自编基于基面力概念的再生混凝土细观损伤分析程序，对试件进行平面分析，得到应力–应变曲线如图 13.10 所示。其中一组的受压损伤破坏过程如图 13.11 和图 13.12 所示。

100mm×100mm×100mm 的三组试件的抗压强度分别为 20.46MPa、20.58MPa、20.75MPa，取其平均值 20.60MPa 为该组试件的抗压强度。相比 150mm×150mm×150mm 试件的抗压强度 19.45MPa 提高了 5.91%。300mm×300mm×300mm 的三组试件的抗压强度分别为 18.42MPa、18.70MPa、18.75MPa，取其平均值 18.62MPa 为该组试件的抗压强度。相比 150mm×150mm×150mm 试件的抗压强度 19.45MPa

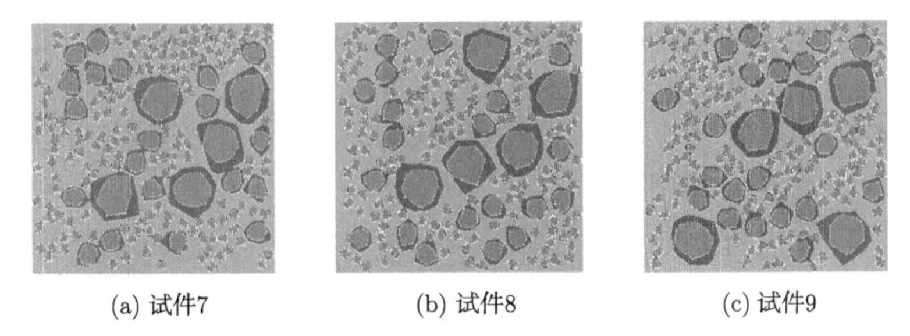

(a) 试件7　　(b) 试件8　　(c) 试件9

图 13.9　300mm×300mm×300mm 再生混凝土随机凸骨料模型

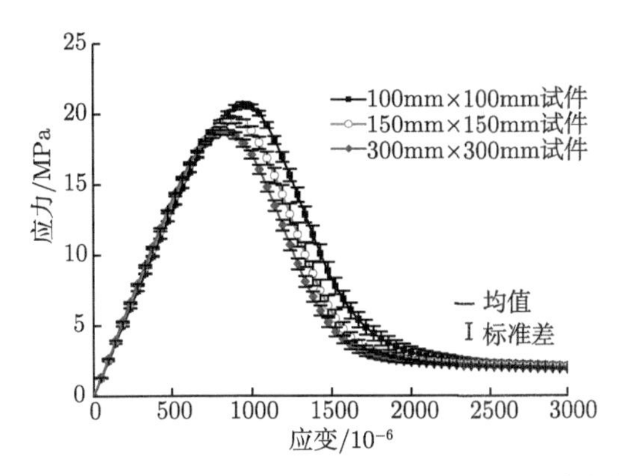

图 13.10　随机凸骨料再生混凝土试件应力-应变曲线

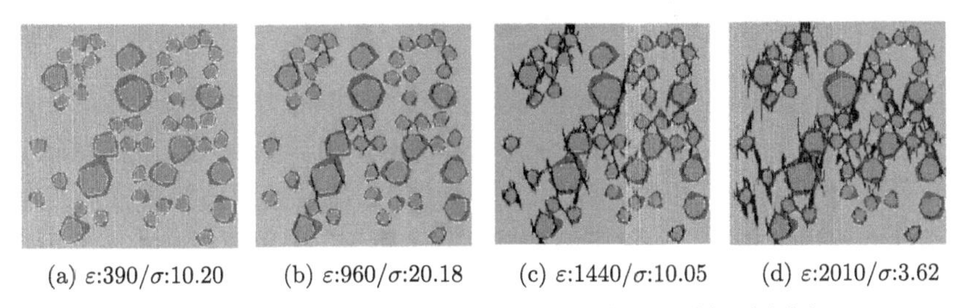

(a) ε:390/σ:10.20　　(b) ε:960/σ:20.18　　(c) ε:1440/σ:10.05　　(d) ε:2010/σ:3.62

图 13.11　100mm×100mm×100mm 试件 4 破坏过程图

应变 $\varepsilon(10^{-6})$–应力 σ(MPa)

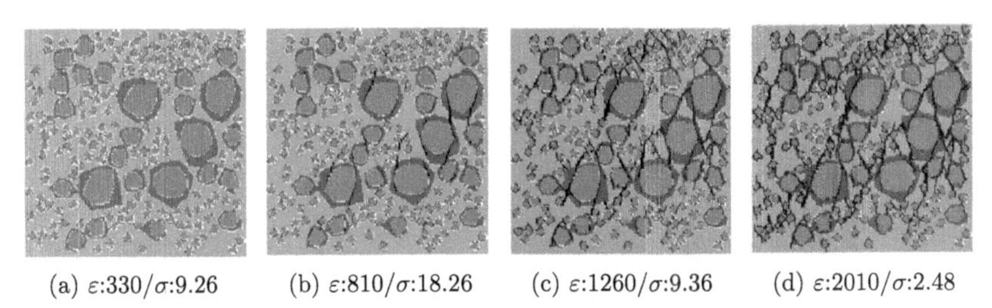

(a) ε:330/σ:9.26　　(b) ε:810/σ:18.26　　(c) ε:1260/σ:9.36　　(d) ε:2010/σ:2.48

图 13.12　300mm×300mm×300mm 试件 7 破坏过程图

应变 $\varepsilon(10^{-6})$–应力 σ(MPa)

降低了 4.27%。计算所得的折减系数符合 GB50204《混凝土结构工程施工质量验收规范》。可见在单轴压缩下有明显的尺寸效应。图 13.13 为其中三种试块模型的受压破坏形态，不同尺寸的试块均发生劈裂破坏，宏观裂纹方向平行于压缩方向，裂纹延展方向符合实际规律。

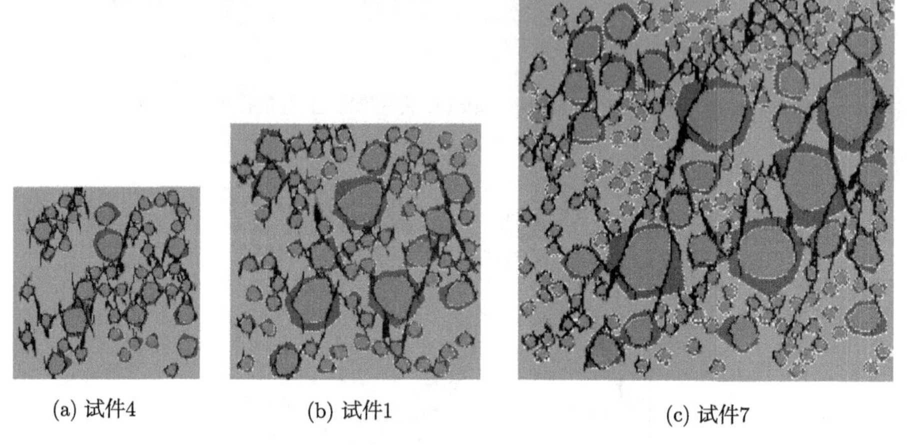

图 13.13 再生混凝土试件单轴压缩单元破坏图

13.2 再生混凝土随机凸多边形骨料试件单轴拉伸数值模拟

采用 150mm×150mm×150mm 的试块模拟单轴拟静力拉伸试验。此外建立了 100mm×100mm×100mm、300mm×300mm×300mm 的再生混凝土立方体试件，分析试件尺寸对计算结果的影响。不考虑试件端与加载端的摩擦等因素对混凝土强度等力学性能造成的影响，加载模型如图 13.14 所示。采用双折线本构模型，各相材料参数如表 12.1。

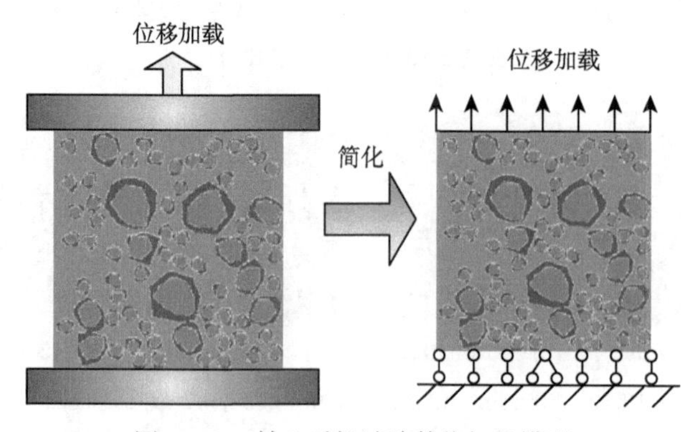

图 13.14 轴心受拉试验数值加载模型

13.2.1 150mm×150mm×150mm 试件单轴拉伸数值试验

选取 150mm×150mm×150mm 的立方体拉伸试件与对应平面 150mm×150mm 的二维随机凸骨料模型压缩试件相同，三组试件模型如图 13.2。采用位移逐级静力加载，每一步加载应变均为 3×10^{-6}。

运用自编基于基面力概念的再生混凝土细观损伤分析程序，对上面三个试件进行平面应力分析，得到应力–应变曲线如图 13.15 所示。

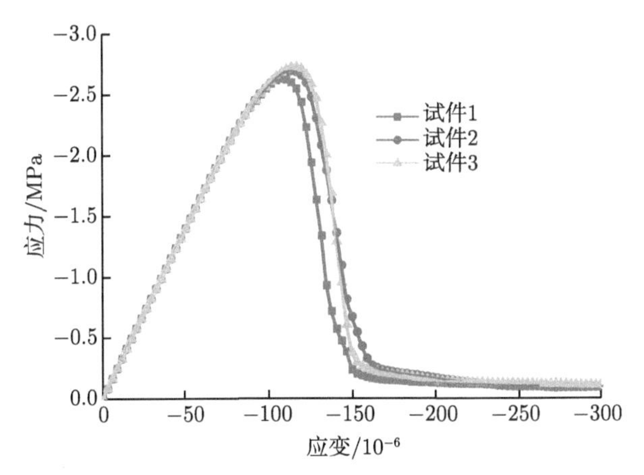

图 13.15 单轴拉伸应力–应变曲线

经计算三种模型的抗拉强度分别为 2.63MPa、2.69MPa、2.72MPa，取其平均值 2.68MPa 为该组试件的抗拉强度。

图 13.16 和图 13.17 为试件裂纹扩展过程及主应力变化过程图。再生混凝土的细观破坏最早从粘结带单元开始，由于变形不协调导致应力集中，在最大主应力作用下，裂纹由新老粘结带单元开始，绕过骨料沿垂直于受力方向向新老砂浆单元延伸，直至裂纹贯通试件破坏。图 13.18 为三个数值试件的破坏形态，宏观裂缝方向垂直于加载方向，裂纹延展方向符合实际规律。

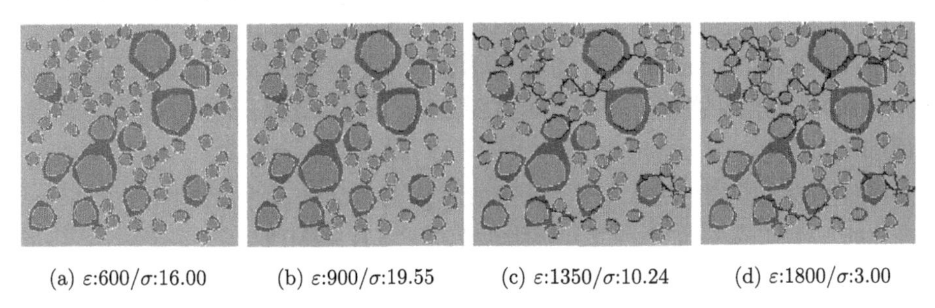

(a) ε:600/σ:16.00 (b) ε:900/σ:19.55 (c) ε:1350/σ:10.24 (d) ε:1800/σ:3.00

图 13.16 150mm×150mm×150mm 试件 1 破坏过程图

应变 $\varepsilon(10^{-6})$–应力 σ(MPa)

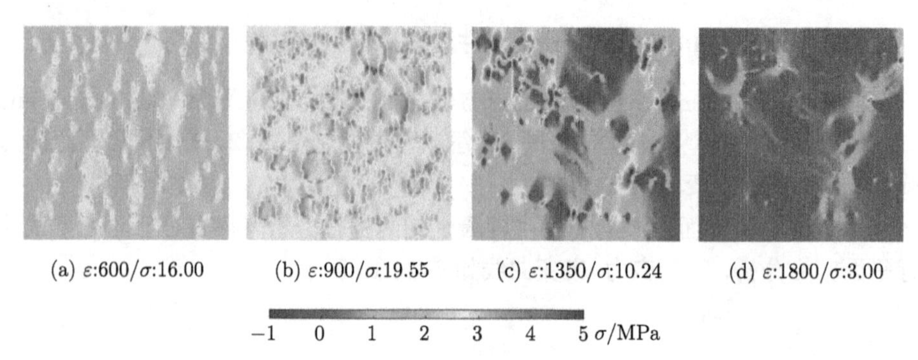

(a) ε:600/σ:16.00　(b) ε:900/σ:19.55　(c) ε:1350/σ:10.24　(d) ε:1800/σ:3.00

图 13.17　150mm×150mm×150mm 试件 1 最大主应力云图 (详见书后彩图)

应变 $\varepsilon(10^{-6})$–应力 σ(MPa)

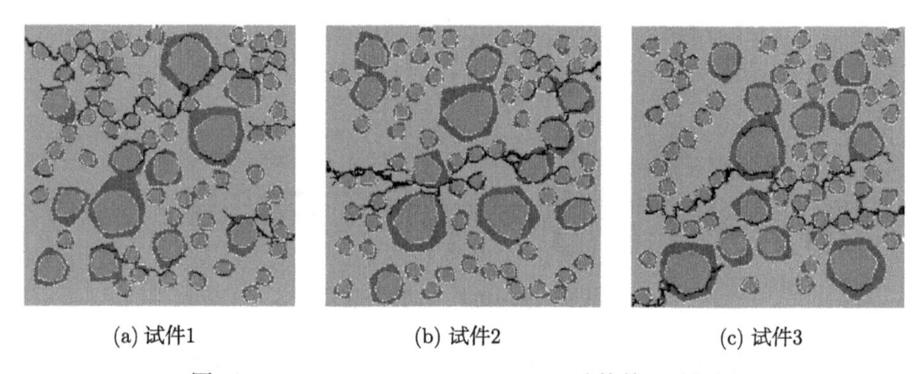

(a) 试件1　(b) 试件2　(c) 试件3

图 13.18　150mm×150mm×150mm 试件单元破坏图

13.2.2　其他试件单轴拉伸数值试验

选取 100mm×100mm×100mm 及 300mm×300mm×300mm 的立方体试件进行单轴拉伸数值试验，不同尺寸试件分别用三组模型，如图 12.8 和图 12.9 所示。采用位移逐级静力加载，三种尺寸试件的每一步加载应变均为 3×10^{-6}。

运用自编基于基面力概念的再生混凝土细观损伤分析程序，对各个试件进行单轴拉伸试验，图 13.19 和图 13.20 分别为试件 4 和试件 7 的单元破坏过程图，不同尺寸的试块宏观裂纹方向均垂直于拉伸方向，其中三个试块模型的受拉破坏形态如图 13.22 所示。

模拟得到不同试件尺寸应力–应变曲线如图 13.21 所示。100mm×100mm×100mm 的三组试件的抗拉强度分别为 2.72MPa、2.79MPa、2.74MPa，取其平均值 2.75MPa 为该组试件的抗压强度。相比 150mm×150mm×150mm 试件的抗压强度 2.68MPa 提高了 2.81%。300mm×300mm×300mm 的三组试件的抗压强度分别为 2.49MPa、2.69MPa、2.67MPa，取其平均值 2.61MPa 为该组试件的抗压强度。相比 150mm×150mm×150mm 试件的抗压强度 2.68MPa 降低了 2.61%。计算所得的折减系数符合 GB50204《混凝土结构工程施工质量验收规范》。可见在单轴拉伸荷载作用下有明显的尺寸效应。

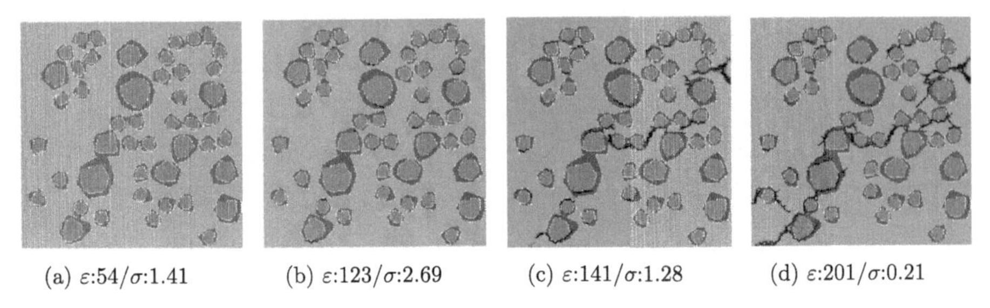

图 13.19　100mm×100mm×100mm 试件 4 破坏过程图

应变 $\varepsilon(10^{-6})$–应力 σ(MPa)

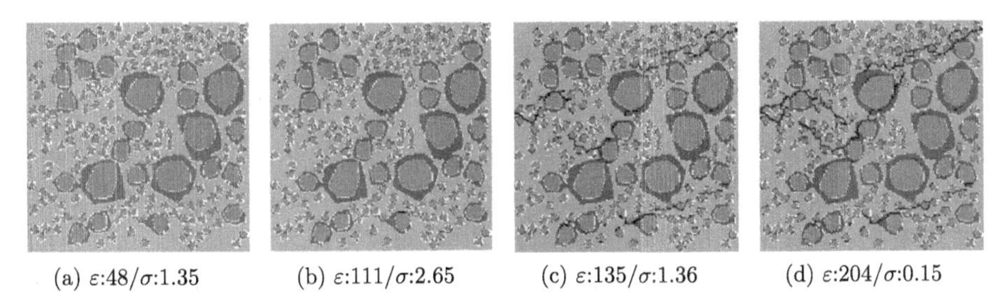

图 13.20　300mm×300mm×300mm 试件 7 破坏过程图

应变 $\varepsilon(10^{-6})$–应力 σ(MPa)

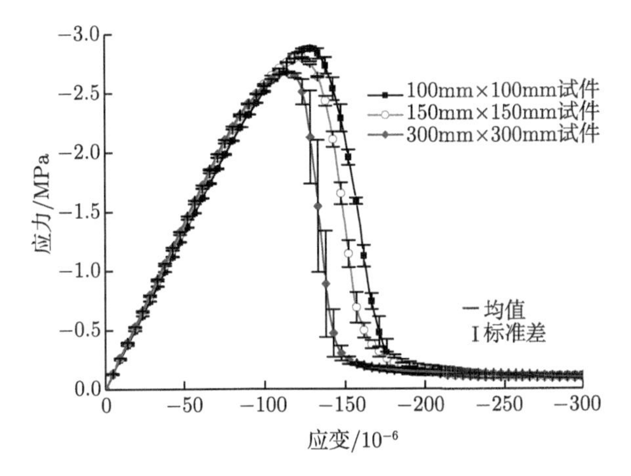

图 13.21　随机凸骨料再生混凝土试件应力–应变曲线

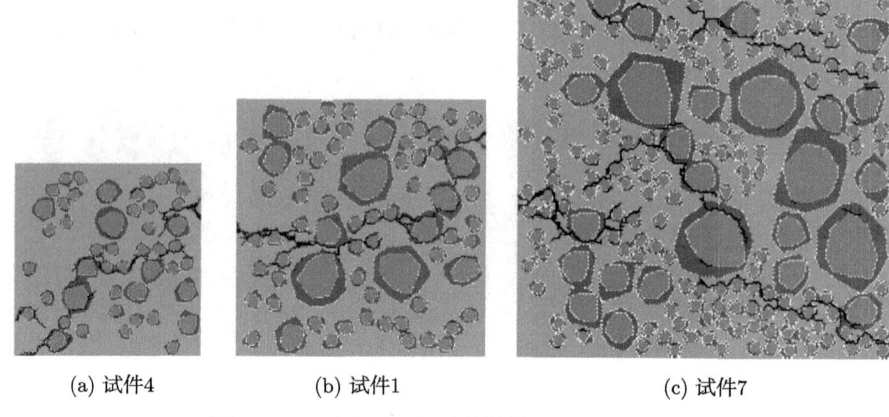

(a) 试件4　　(b) 试件1　　(c) 试件7

图 13.22　再生混凝土试件单轴拉伸情况破坏图

13.3　再生混凝土棱柱体抗压试验数值模拟

本节模拟肖建庄再生混凝土棱柱体试件受压试验 [175]，试件尺寸为 100mm×100mm×300mm，采用随机圆骨料模型和随机凸骨料模型计算模拟，骨料颗粒数及老砂浆厚度见表 13.1。采用位移加载，每一步加载应变均为 3×10^{-6}。为了反演再生混凝土的细观参数，本节在平面应力状态下，首先按上述试验骨料级配情况，随机生成 6 组凸骨料模型进行单轴拉伸和单轴压缩数值反演，由此获得的各相细观参数见表 13.2。

表 13.1　试件颗粒数及老砂浆厚度

粒径范围/mm	代表粒径/mm	颗粒数/个	附着砂浆厚度/mm
31.5～19	25.25	6	3.56
19～9.5	14.25	24	2.01
9.5～5	7.25	65	1.02

表 13.2　材料参数

材料	强度 (抗拉/抗压)/MPa	峰值应变 (抗拉/抗压)/$\times10^{-6}$	泊松比	λ	η	ξ
天然骨料	10/70	100/1000	0.16	0.1	5	10
老粘结带	2.8/22	220/2400	0.2	0.1	3	10
老水泥砂浆	3.2/25	250/2800	0.22	0.1	4	10
新粘结带	2.5/20	220/2400	0.2	0.1	3	10
新水泥砂浆	3.6/30	250/2600	0.22	0.1	4	10

对各个试件进行单轴压缩数值模拟，其典型破坏过程图及应力–应变全曲线图

如图 13.23～ 图 13.26 所示。通过对比可知，采用这组细观参数所获得的宏观材料特性与试验有良好的一致性。

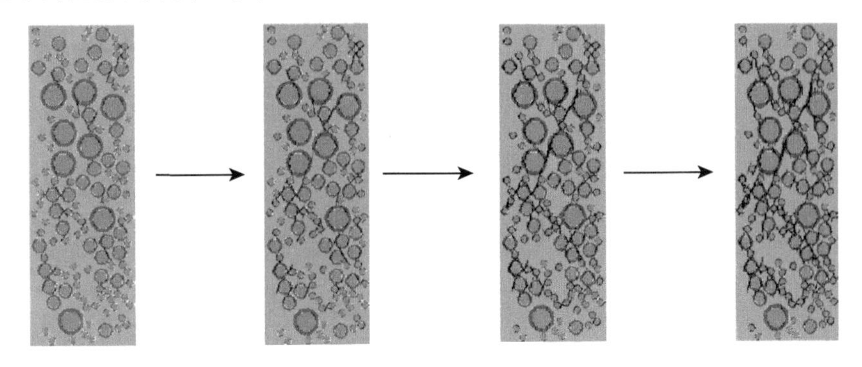

图 13.23 单轴压缩圆骨料柱的数值模拟破坏过程

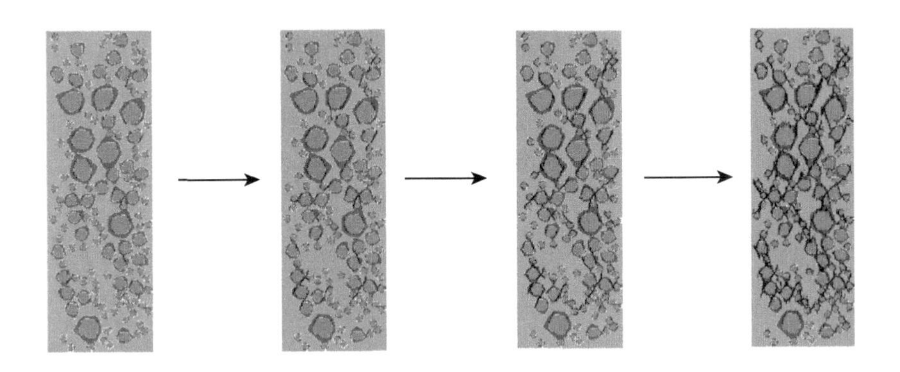

图 13.24 单轴压缩凸骨料柱的数值模拟破坏过程

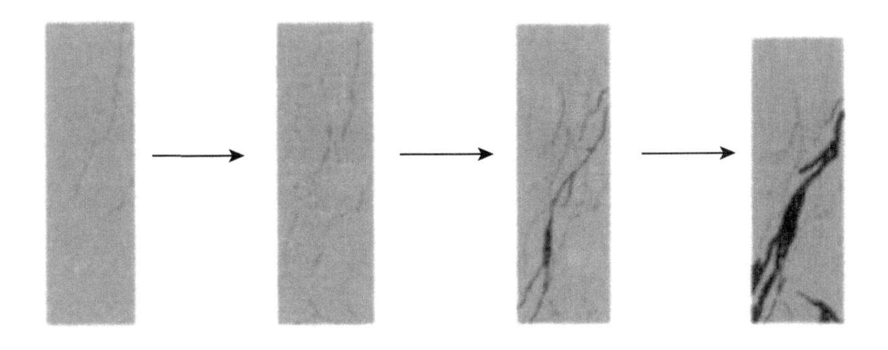

图 13.25 单轴压缩试验典型破坏过程 [175]

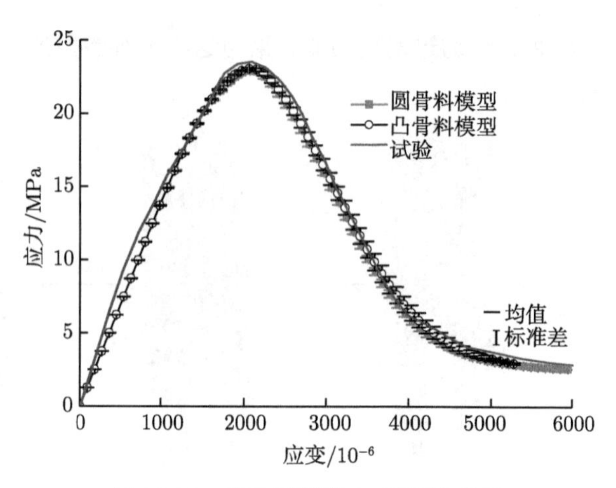

图 13.26　单轴压缩应力–应变全曲线

13.4　再生混凝土梁抗弯试验数值模拟

简支梁三分点加荷法抗弯试验如图 13.27 所示。试件尺寸为 150mm×150mm×550mm；随机骨料模型生成的再生混凝土骨料分布及单元剖分如图 13.28 所示，跨中细观部分骨料颗粒数及老砂浆厚度见表 13.1。各相细观参数见表 13.2。采用拟静力位移加载，加载速率为 0.25mm/s。

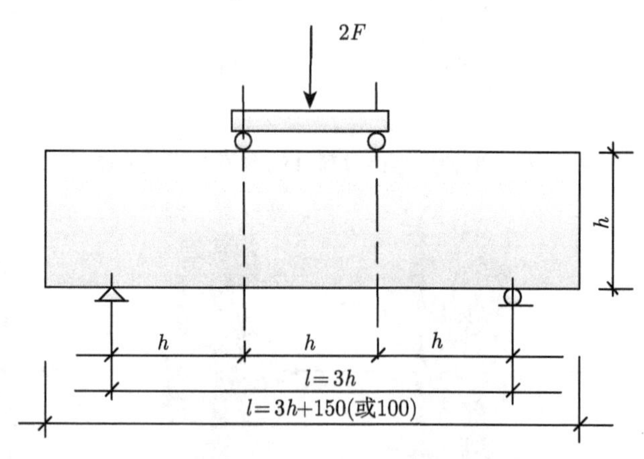

图 13.27　抗弯试验示意图 (mm)

数值模拟结果如图 13.29～ 图 13.31 所示。模拟结果显示，加载到 85kN 左右时，距下边缘较近的内部开始有单元破坏，且凸骨料梁先于圆骨料梁破坏；继续加载界面破坏单元增多，并相对缓慢地向下边缘延伸，裂缝荷载加至大约 90kN 裂缝扩展到下边缘，此时裂缝向上扩展，试件开始失稳，加载到极限荷载，试件丧失承载能力。

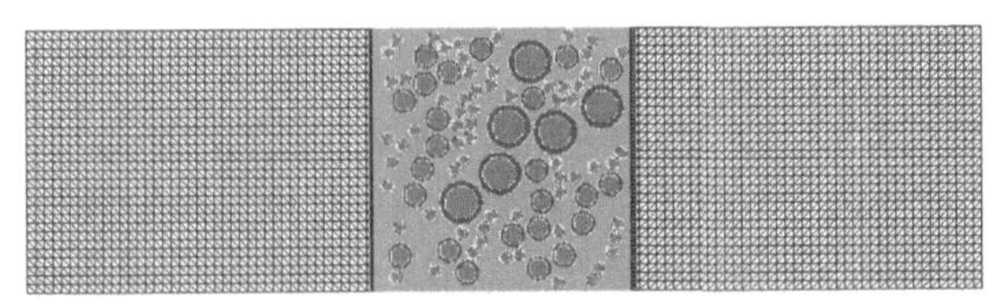

图 13.28 再生混凝土骨料颗粒分布及有限元网格剖分图

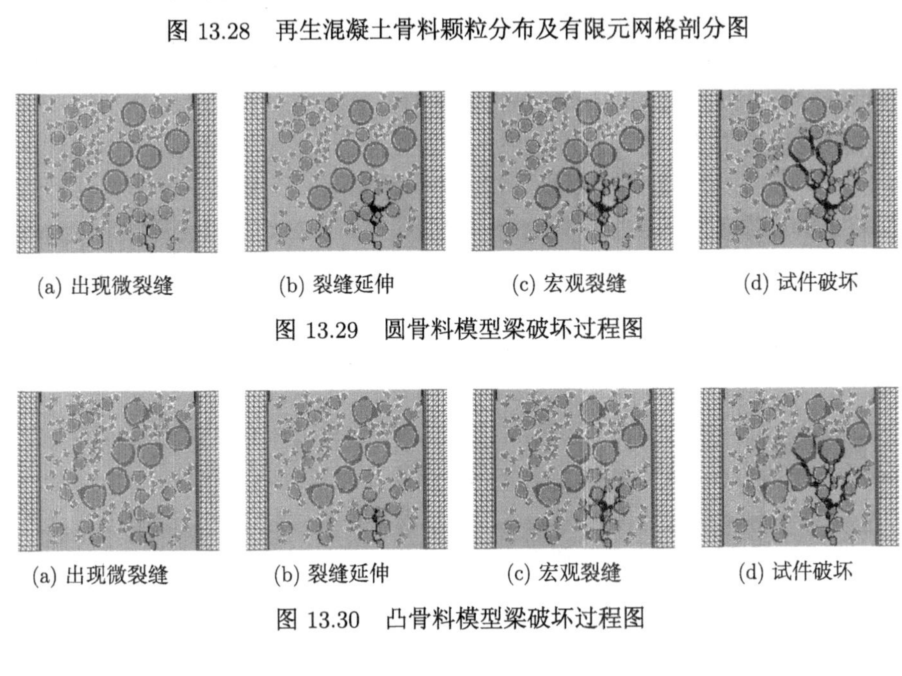

(a) 出现微裂缝 (b) 裂缝延伸 (c) 宏观裂缝 (d) 试件破坏

图 13.29 圆骨料模型梁破坏过程图

(a) 出现微裂缝 (b) 裂缝延伸 (c) 宏观裂缝 (d) 试件破坏

图 13.30 凸骨料模型梁破坏过程图

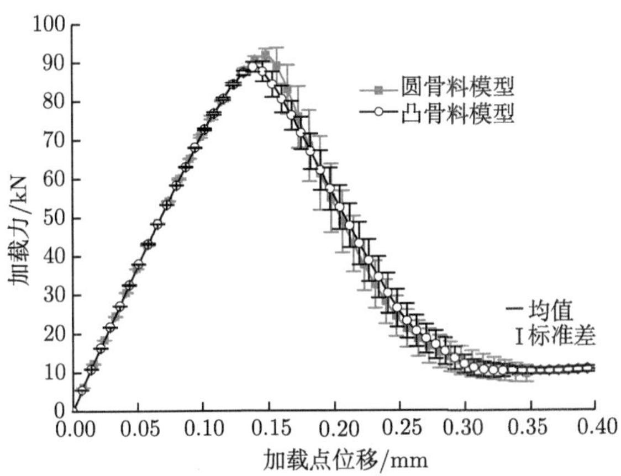

图 13.31 再生混凝土梁应力–应变全曲线

13.5 本章小结

本章基于随机凸骨料模型进行再生混凝土立方体试件的单轴压缩和单轴拉伸数值试验，并对比随机圆骨料模型，模拟棱柱体的抗压试验和梁弯拉试验，分析再生混凝土的强度、裂缝扩展规律及试件尺寸对抗压强度计算结果的影响。

(1) 运用基面力元法数值模拟再生混泥土立方体试件的单轴拉压试验，所得到的抗拉强度和抗压强度在试验结果的统计范围内，因此说明随机凸多边形骨料模型能够较好的反映再生混凝土单轴受拉受压的力学性能。

(2) 单轴压缩条件下再生混凝土的细观裂纹最早从粘结带单元开始，裂纹由新老粘结带单元绕过骨料沿平行于受力方向向新老砂浆单元延伸，直至裂纹贯通试件破坏；单轴拉伸条件下再生混凝土的细观裂纹最早从粘结带单元开始，裂纹由新老粘结带单元绕过骨料沿垂直受力方向向新老砂浆单元延伸，直至裂纹贯通试件破坏。

(3) 通过对三组立方体试件进行模拟，得出试件的抗拉抗压强度随着试件的增大而减小。

(4) 从棱柱体抗压数值模拟结果可以看出，再生混凝土棱柱体的破坏面与荷载垂直线的夹角为 63°～79°，数值结果与试验结果具有良好的一致性。

(5) 从梁弯拉试验数值模拟结果可以看出，试件弯拉数值模拟结果主要受界面强度及界面单元峰值后的软化特性影响。从梁弯拉裂缝扩展分析看出，再生混凝土细观裂缝从界面开始，然后延伸到砂浆单元，裂缝绕过天然骨料沿其界面扩展，再一次证明强度较高的骨料颗粒对微裂缝的扩展有阻碍作用。

第 14 章　基于数字图像技术的再生混凝土破坏机理静态模拟

采用圆骨料模型或者凸多边形骨料模型，与真实骨料形状有一定差别，从而导致数值模拟的力学性能与真实结果有一定差距，本章采用图像处理的方法获得实际再生混凝土试件的骨料和砂浆分布，能够很好表征再生混凝土细观非均质性，基于基面力有限元及第 8 章建立的数字图像模型，模拟再生混凝土试件在位移荷载作用下的单轴拉伸压缩试验，并研究不同骨料形式对结果的影响。

14.1　加载模型及参数的确定

根据实际的再生混凝土试件断面图 [181]，利用数字图像技术获取真实再生骨料分布图，建立数值分析模型，模拟再生混凝土的单轴拉压试验。试件底边所有结点的竖向位移均被约束，而中间结点的水平位移及竖向位移都被约束住，简化后的加载模型如图 14.1 所示。再生混凝土细观尺度下各相物理力学性能详见表 12.1。

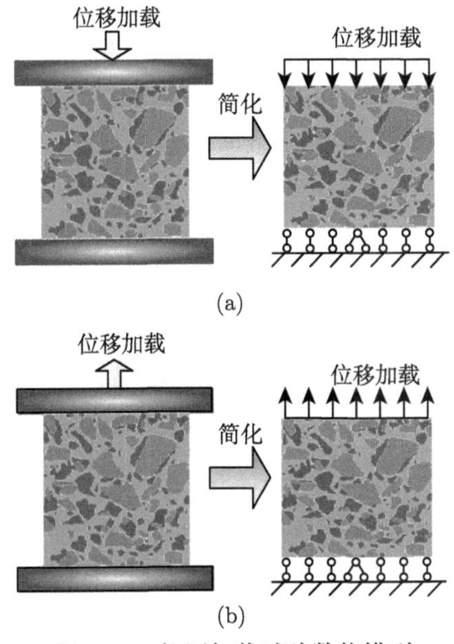

图 14.1　拉压加载试验数值模型

14.2　真实细观模型力学分析

采用上述再生混凝土真实细观模型，对静态单轴荷载作用下再生混凝土的应力–应变关系和裂缝开展过程进行研究。图 14.2 为试件单轴受压和受拉作用的应力–应变关系曲线。

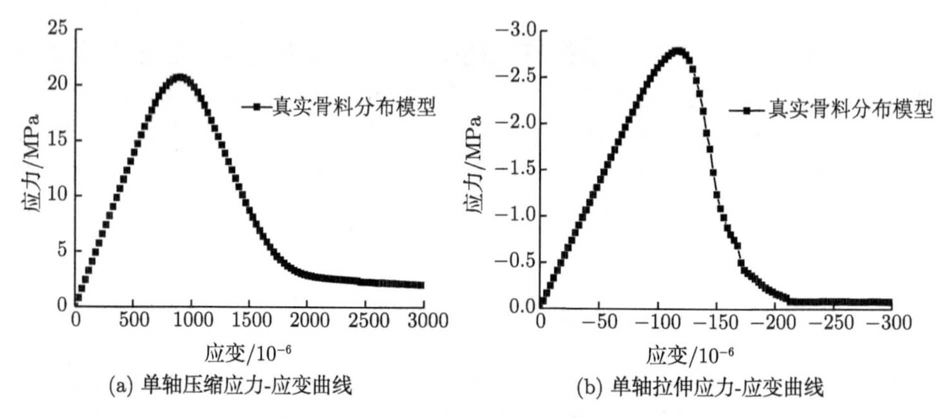

(a) 单轴压缩应力-应变曲线　　(b) 单轴拉伸应力-应变曲线

图 14.2　真实细观骨料分布模型应力–应变全曲线

单轴压缩作用下再生混凝土模型破坏过程图及对应过程的应力云图如图 14.3 ~ 图 14.5 所示，云图应力符号受拉为正，受压为负。从图中可以看出，裂缝开展处的应力分布明显不均匀，而远离裂缝处的应力分布则相对稳定，裂缝的开展是由于界面过渡区应力集中引起的。再生混凝土宏观极限抗压强度为 20.70MPa，接近新砂浆和老砂浆的抗压强度，大于界面的抗压强度，远小于天然骨料的抗压强度。

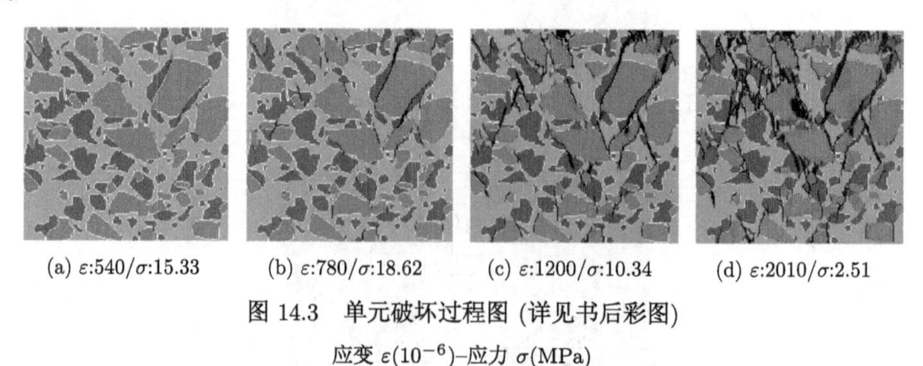

(a) ε:540/σ:15.33　　(b) ε:780/σ:18.62　　(c) ε:1200/σ:10.34　　(d) ε:2010/σ:2.51

图 14.3　单元破坏过程图 (详见书后彩图)

应变 $\varepsilon(10^{-6})$–应力 σ(MPa)

值得注意的是，模拟得到的破坏图和实际试验中的破坏图 [181] 都是试件的右上角和左边部分先破坏，但又有所差距，如图 14.6。主要原因有宏观和微观两方面。从宏观层面上说，在试验中，由于受压不均匀，第一条裂缝出现的较早，在试件的右上角，而且之后发生脱落，发生局部破坏，从而与模拟条件存在了差距；从微观层面上说，对于混凝土类材料，已有的研究证明界面过渡区是影响其力学性能的主要因素。对于再生混凝土，其界面过渡区更加复杂。界面过渡区一般表现为孔隙率较高，但是也会有部分界面过渡区是比较密实的，也有界面过渡区孔隙率非常高，甚至有较大空洞存在，另外，在硬化水泥石内部也有微裂纹和空洞的存在。这些位于界面过渡区的微孔洞和微裂纹，以及位于水泥石内部的微孔洞和微裂纹，都是混凝土内部的薄弱点，在试件受外力时，这些部位容易出现应力集中，而且强度较低，所以破坏总是从这些部位首先开始，然后进一步扩展，扩展过程也将尽量沿着这些微孔洞和微裂纹发展。在实际数值模拟中，将砂浆看作均质材料，界面过渡区简单分为三相，即，天然骨料和老砂浆之间的老界面过渡区、老砂浆和新砂浆之间的新界面过渡区及天然骨料和新砂浆之间的新界面过渡区，每一相用相应的材料属性进行数值模拟，而未考虑其材料性质的离散型。

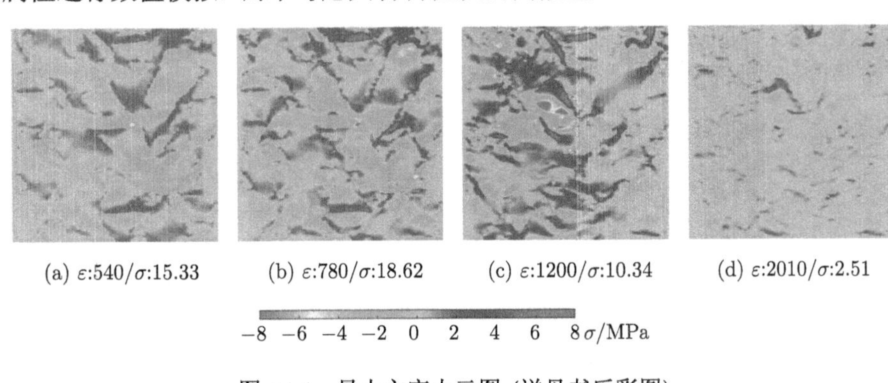

(a) ε:540/σ:15.33 (b) ε:780/σ:18.62 (c) ε:1200/σ:10.34 (d) ε:2010/σ:2.51

图 14.4 最大主应力云图 (详见书后彩图)

应变 $\varepsilon(10^{-6})$–应力 σ(MPa)

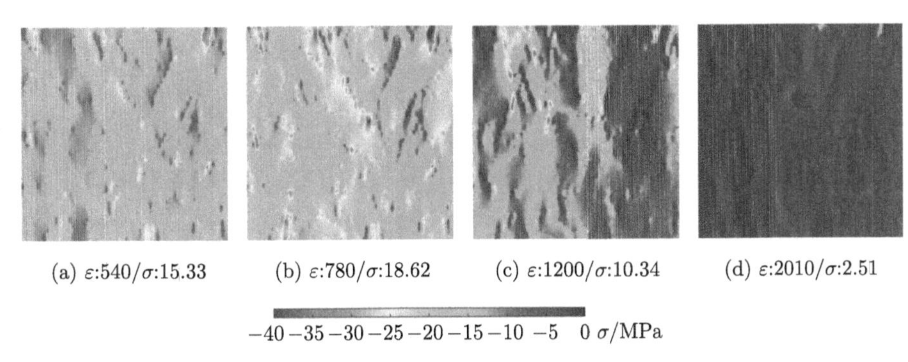

(a) ε:540/σ:15.33 (b) ε:780/σ:18.62 (c) ε:1200/σ:10.34 (d) ε:2010/σ:2.51

图 14.5 最小主应力云图 (详见书后彩图)

应变 $\varepsilon(10^{-6})$–应力 σ(MPa)

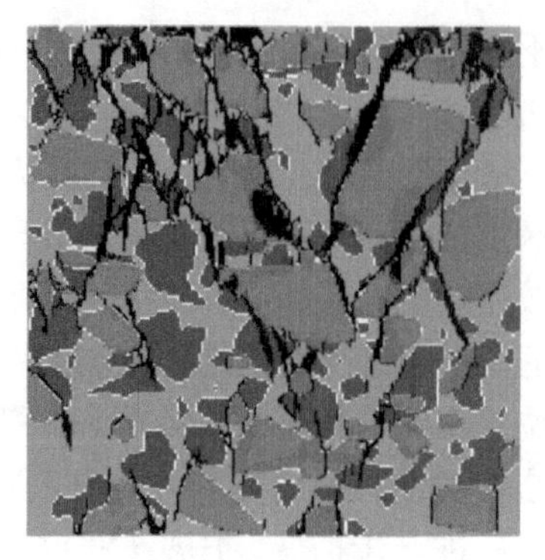
(a) 数值计算破坏形态

(b) 试验破坏形态

图 14.6 单轴压缩破坏形态对比 [181]

图 14.7 和图 14.8 为轴拉作用下再生混凝土模型破坏过程图及对应过程的应力云图。可见，再生混凝土各相的应力分布较轴压作用下更为不均匀；再生混凝土模型宏观极限抗拉强度为 1.95MPa，接近新砂浆的抗拉强度，大于老砂浆和界面区的抗拉强度，远小于天然骨料的抗拉强度。

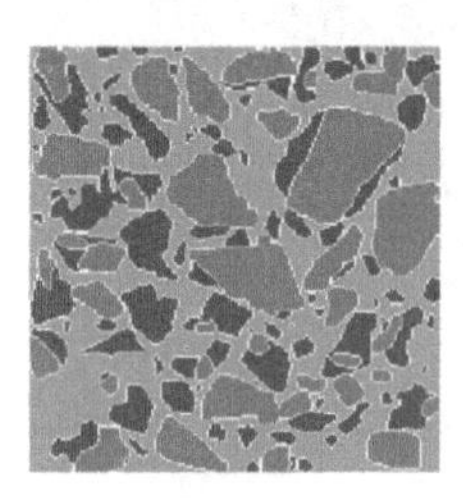
(a) ε:75/σ:2.0

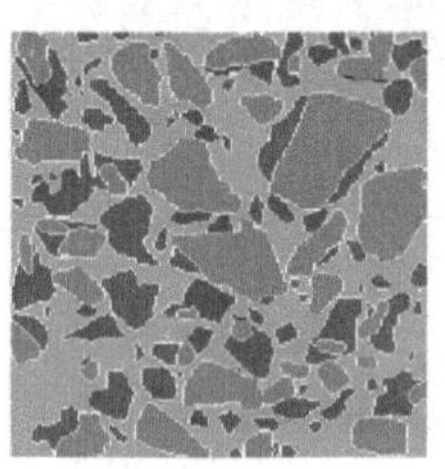
(b) ε:117/σ:2.80

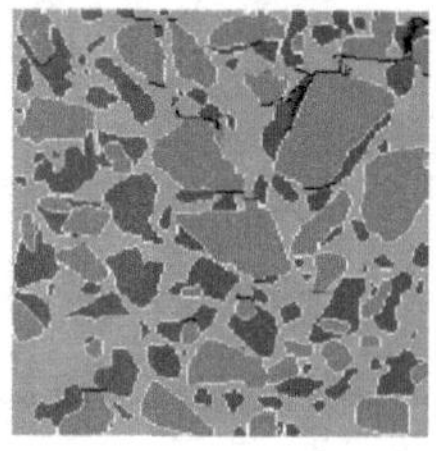
(c) ε:150/σ:1.23

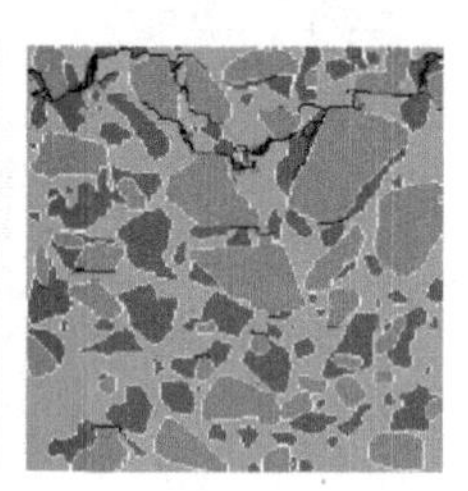
(d) ε:201/σ:0.17

图 14.7 试件破坏过程图

应变 $\varepsilon(10^{-6})$–应力 σ(MPa)

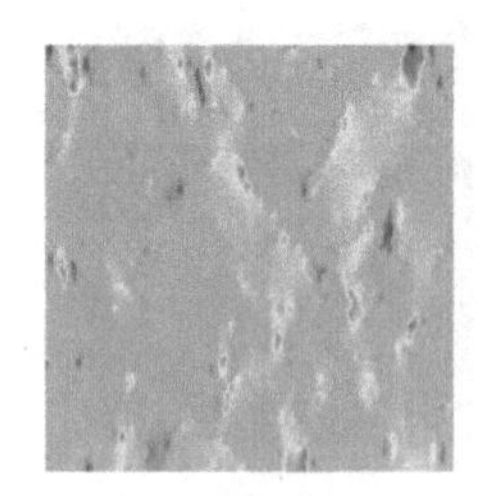
(a) ε:75/σ:2.0

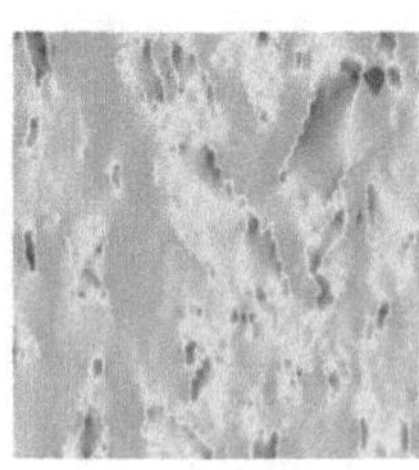
(b) ε:117/σ:2.80

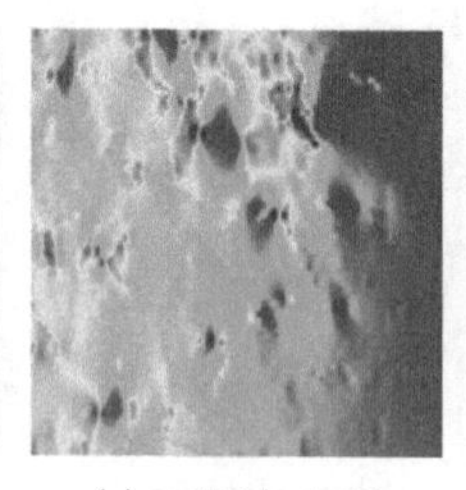
(c) ε:150/σ:1.23

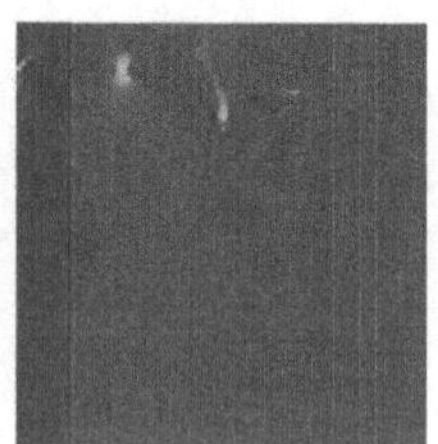
(d) ε:201/σ:0.17

0 1 2 3 4 5 σ/MPa

图 14.8 最大主应力云图

应变 $\varepsilon(10^{-6})$–应力 σ(MPa)

在初始加载阶段，由于各相材料力学性能的差异，在 y 向出现相对错动，强度薄弱的界面过渡区最先出现裂缝，之后界面过渡区发生破坏；随着荷载的增大裂缝逐渐向新老砂浆扩展延伸，裂缝扩展伊始具有绕过天然骨料的倾斜度，而后逐渐扩展至天然骨料，直至裂缝贯通，试件破坏；老砂浆和天然骨料界面区最先出现裂缝，随着荷载的增大，在新老砂浆界面区、新砂浆和天然骨料界面区也开始出现裂缝，裂缝依次扩展到老砂浆、新砂浆；破坏过程为微裂缝萌生、扩展、贯通直至产生宏观裂缝，最终导致试件破坏的过程，数值结果分析获得的最终裂缝路径与文献 [181] 中试验结果吻合。

14.3 不同骨料形式的影响

以真实再生骨料面积级配为参考，分别生成三组面积级配相同的再生混凝土随机圆骨料和随机凸骨料试件，其中一组如图所示。在相同数值参数条件下，分别进行轴心拉伸和轴心压缩数值试验，研究不同骨料形式对再生混凝土力学性能的影响。图 14.9 为不同骨料形式下再生混凝土试件单轴受压和受拉作用的应力-应变关系曲线。

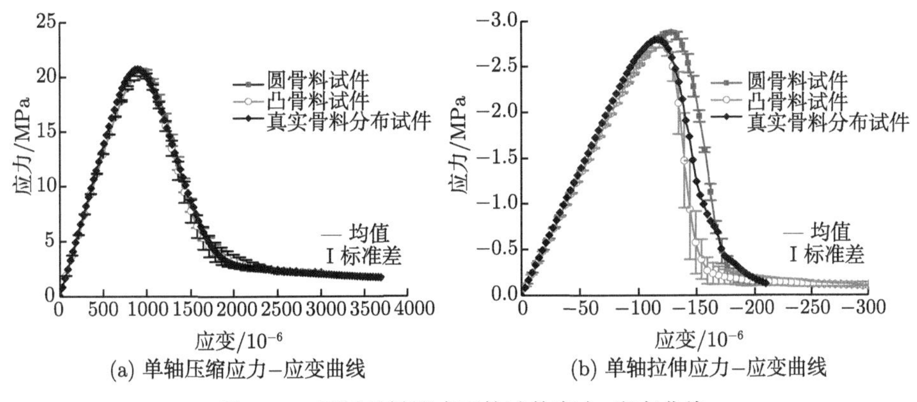

(a) 单轴压缩应力–应变曲线　(b) 单轴拉伸应力–应变曲线

图 14.9 不同骨料形式下的试件应力-应变曲线

从图 14.9 可以看出，三种骨料的数值模型计算结果相近，弹性阶段结果基本一致，且软化段曲线相似。随机圆骨料模型和随机凸骨料模型相对于真实骨料模型的轴压和轴拉峰值荷载偏大；随机凸骨料模型的轴拉曲线的软化段离散性大；在试件加载破坏阶段，随机凸骨料模型相比随机圆骨料模型与真实骨料模型有更好的相似性。

上述计算结果存在差异的主要原因有：①三种骨料模型的面积级配具有一定的差异；②随机骨料模型相对于真实骨料模型分布较均匀，承载时试件截面的应力分布则更加均匀，所以随机骨料的承载能力较大；③凸骨料为各相异性，所以骨料位置分布不同时离散性较大；④真实骨料的形状曲直不一，与凸骨料具有较好的相似性，因此应力-应变曲线随机凸骨料模型更像真实骨料模型；⑤计算网格的疏密对模型的加载结果有一定的影响。

14.4 本章小结

本章基于真实骨料分布模型，成功模拟了单轴载荷作用下再生混凝土的破坏过程，并和试验对比分析试件破坏形态，并研究了不同骨料类型对再生混凝土宏观力学性能的影响。数值模拟能够反映再生混凝土破坏过程的变形非线性、应力重分布等破裂现象和复杂应力状态下再生混凝土的裂缝扩展过程。

(1) 试件破坏过程为微裂缝萌生、扩展、贯通直至产生宏观裂缝，最终导致试件破坏的过程，数值结果与试验基本相似。

(2) 在各组不同曲线中，不同再生骨料形式基本不影响试件的初始宏观弹性模量，但到非线性软化段后，则影响较大，且试件的裂纹扩展形态也有所不同。

此外，随着 CT 技术的成熟，基于 CT 图像，建立能够反映骨料、老砂浆和新砂浆空间分布的三维数值模型，通过实验标定各相介质的基本力学参数，研究再生混凝土的宏观力学性能，将是下一步的研究工作。

第 15 章　三维随机球骨料试件单轴拉压破坏机理静态模拟

二维模型难以反映三维空间复杂的破坏路径，故而将二维模型扩展到三维模型来研究再生混凝土的破坏机理。本章将基于三维基面力单元，运用再生混凝土三维球形随机骨料模型及双折线损伤本构关系，模拟空间再生混凝土试件在位移荷载作用下的单轴受压受拉试验。

15.1　三维试件单轴压缩数值模拟

为了模拟再生混凝土试件的抗压强度，并分析试件尺寸对抗压强度的影响，综合考虑计算机计算速度的影响，本章将对 100mm×100mm×100mm 和 150mm×150mm×150mm 两种立方体试件进行抗压、抗拉数值模拟。不考虑试件端与加载端的摩擦等因素对混凝土强度等力学性能造成的影响，数值模拟加载过程中，约束底部所有节点的竖向位移，约束中间节点的水平位移，加载模型简图如图 15.1 所示。引入双折线损伤模型，各相材料参数详见表 12.1。

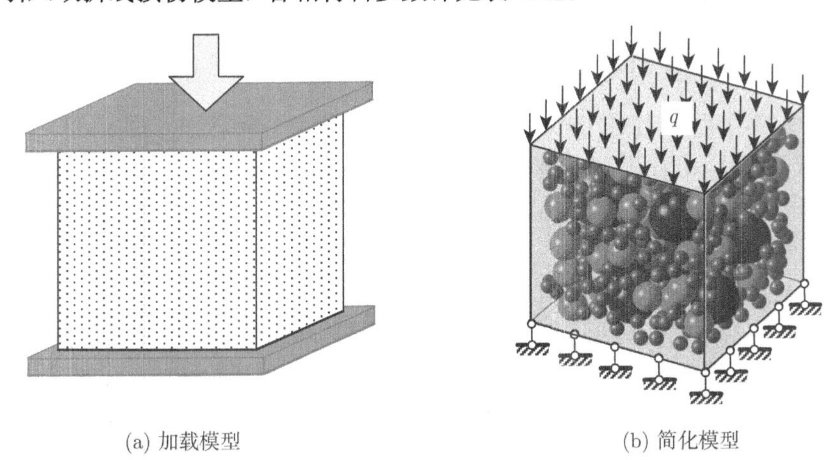

(a) 加载模型　　(b) 简化模型

图 15.1　轴心受压试验数值模型

15.1.1　100mm×100mm×100mm 立方体试件单轴压缩

针对 100mm×100mm×100mm 的再生混凝土立方体试件，进行单轴压缩数值试验。试件粗骨料最大粒径为 20mm，最小粒径为 5mm，骨料含量为 65%，其中大于 5mm 的粗骨料含量为 32.5%，选取三种骨料粒径，采用富勒颗粒级配计算骨料颗粒数，并按照附着老砂浆质量含量为 42%计算老砂浆厚度。试件颗粒数及老砂浆厚度如表 15.1 所示，采用蒙特卡罗方法进行骨料投放，用不同的随机数，生成三组试件模型投放模型如图 15.2 所示。采用四面体有限元网格剖分，剖分尺寸为 3.5mm，采用位移逐级静力加载，每一步加载应变均为 3×10^{-5}。

表 15.1 颗粒数及老砂浆厚度

粒径范围/mm	代表粒径/mm	颗粒数/个	附着砂浆厚度/mm
20 ～ 15	17.5	23	2.48
15 ～ 10	12.5	77	1.76
10 ～ 5	7.5	486	1.06

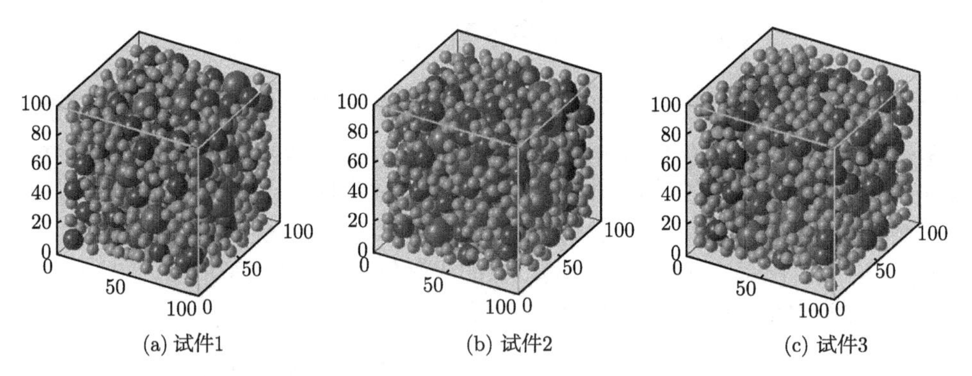

(a) 试件1 (b) 试件2 (c) 试件3

图 15.2 100mm×100mm×100mm 再生混凝土立方体试件

运用自编的再生混凝土细观损伤三维基面力单元分析程序，对上述三个立方体试件进行拟静力单轴压缩试验，得到的应力–应变曲线如图 15.3 所示。经计算三种模型的抗压强度分别为 22.79MPa、22.81MPa、22.85MPa，取其平均值 22.82MPa 为该组试件的抗压强度。

运用 MATLAB 进行后处理，显示试件单轴压缩的破坏损伤过程，以试件 1 为例，图 15.4～ 图 15.6 显示了试件内部在各典型阶段的单元破坏过程图及最大最小主应力云图。试件加载到极限荷载的 50%时，由界面开始破坏，从试件出现破坏单元到 90%极限荷载的加载过程中破坏单元数量增加较慢，大部分破坏单元为界面单元，此时，应力–应变约成比例增长。此后进一步加载，微裂缝扩展到新砂浆单元，逐步绕过骨料扩展、桥接，最终形成宏观主裂缝，试件失稳破坏。从图 15.7 三个试件的破坏形态可以看出，试件的破裂有竖直开裂的现象，也有斜裂缝的特征。

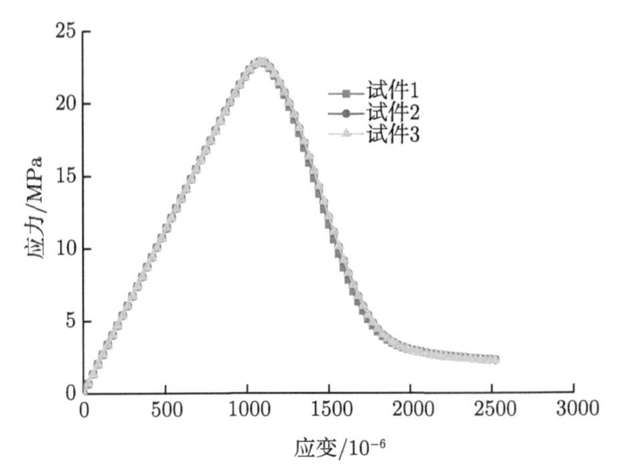

图 15.3 100mm×100mm×100mm 立方体试件单轴压缩应力–应变曲线

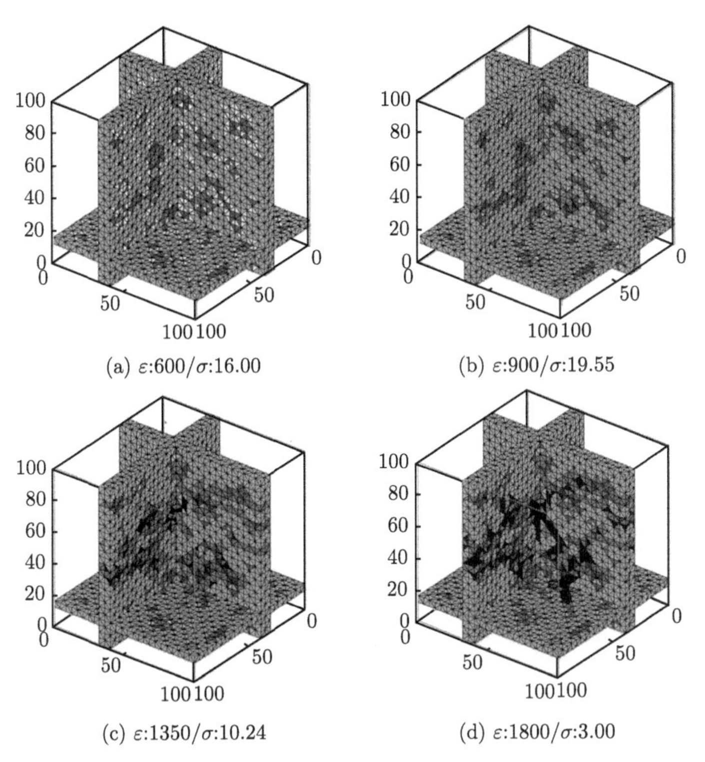

图 15.4 100mm×100mm×100mm 试件 1 破坏过程图

应变 $\varepsilon(10^{-6})$–应力 σ(MPa)

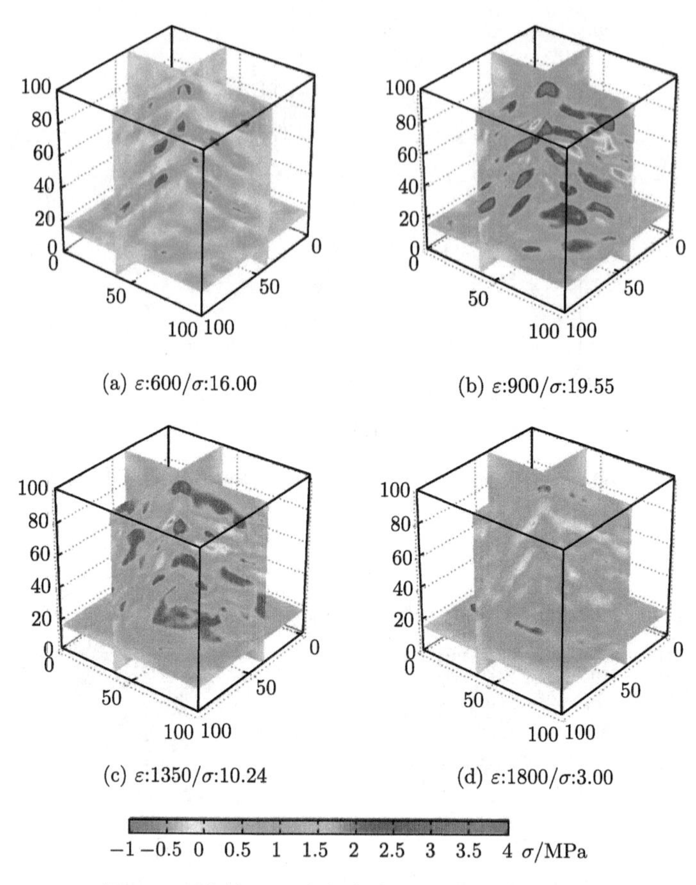

(a) ε:600/σ:16.00　　(b) ε:900/σ:19.55

(c) ε:1350/σ:10.24　　(d) ε:1800/σ:3.00

图 15.5　试件 1 最大主应力云图 (详见书后彩图)

应变 $\varepsilon(10^{-6})$–应力 σ(MPa)

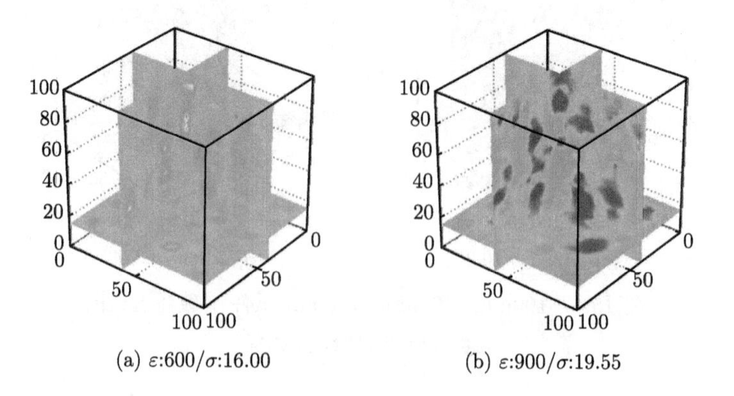

(a) ε:600/σ:16.00　　(b) ε:900/σ:19.55

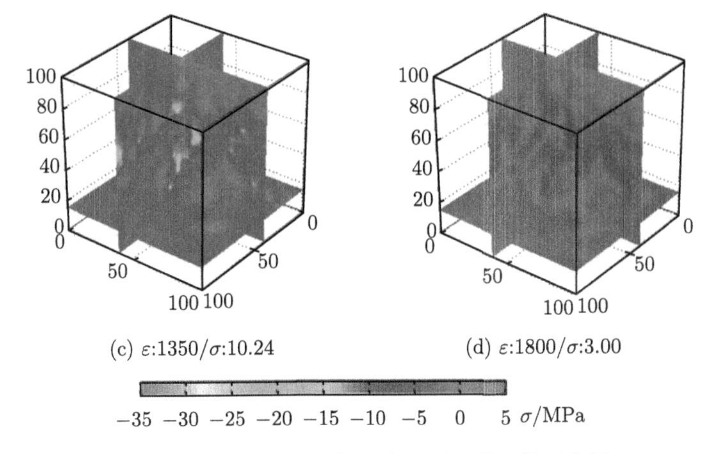

(c) ε:1350/σ:10.24　　(d) ε:1800/σ:3.00

图 15.6　试件 1 最小主应力云图 (详见书后彩图)

应变 $\varepsilon(10^{-6})$–应力 σ(MPa)

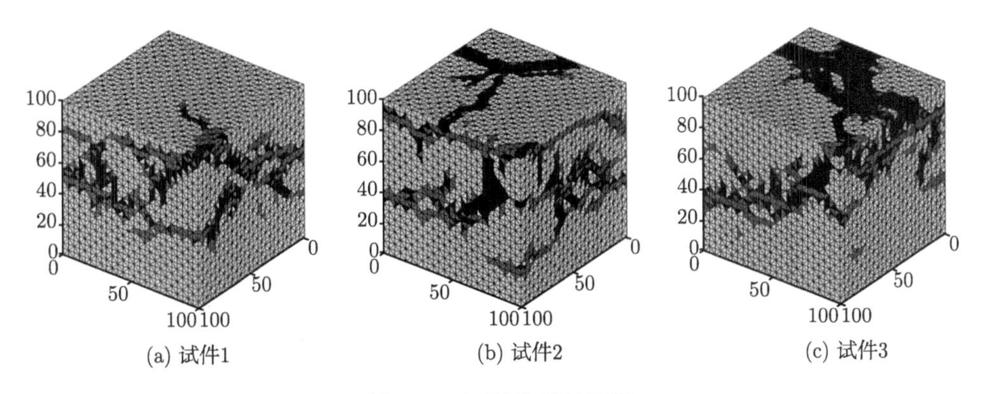

(a) 试件1　　(b) 试件2　　(c) 试件3

图 15.7　试件单元破坏图

15.1.2　150mm×150mm×150mm 立方体试件单轴压缩对比

150mm×150mm×150mm 的再生混凝土立方体单轴压缩试件，最大骨料粒径为 40mm，最小粒径为 5mm，大于 5mm 的粗骨料含量为 32.5%，选取三种骨料粒径。附着老砂浆质量含量为 42%。试件颗粒数及老砂浆厚度如表 15.2 所示，采用蒙特卡罗方法进行骨料投放，用不同的随机数，生成三组试件模型，如图 15.8 所示。

表 15.2　颗粒数及老砂浆厚度

粒径范围/mm	代表粒径/mm	颗粒数/个	附着砂浆厚度/mm
40 ～ 25	32.5	19	4.59
25 ～ 15	20	71	2.83
15 ～ 5	10	834	1.41

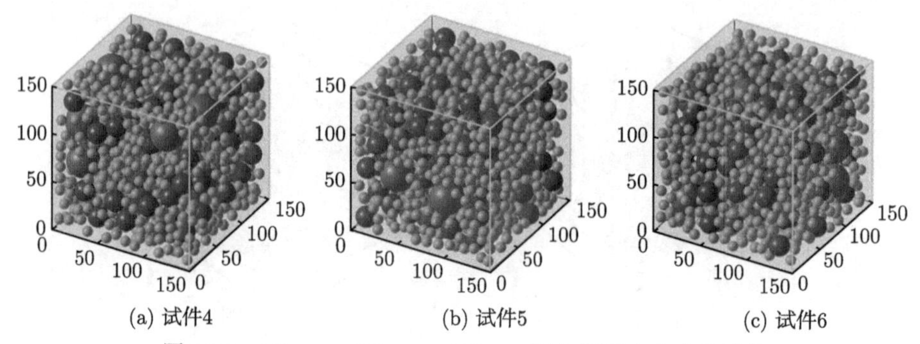

图 15.8 150mm×150mm×150mm 再生混凝土立方体试件

运用自编的再生混凝土三维基面力单元细观损伤分析程序，对上述三个立方体试件进行单轴压缩试验，得到应力–应变曲线图及试件破坏形态图见图 15.9~ 图 15.12。可以看出 150mm 立方体抗压峰值强度低于 100mm 立方体抗压峰值强度，试件呈现明显的尺寸效应。

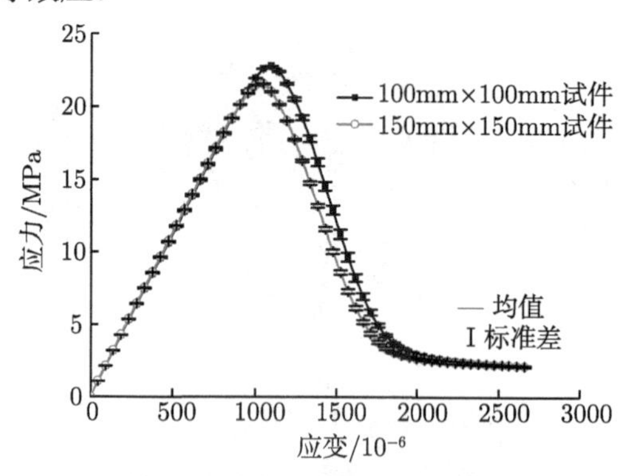

图 15.9 同试件尺寸下再生混凝土单轴压缩应力–应变曲线

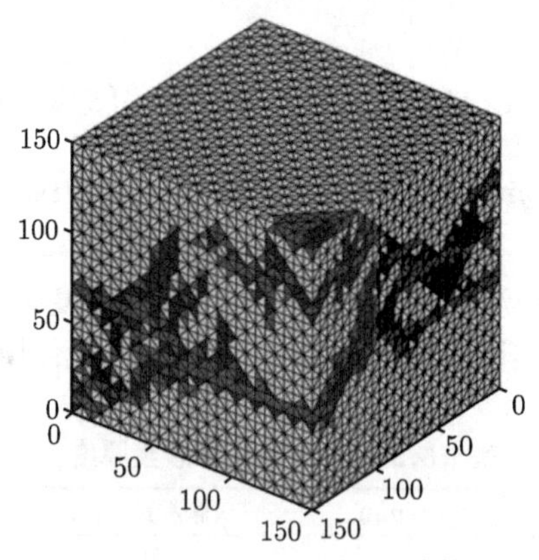

图 15.10 150mm×150mm×150mm 试件 4 损伤破坏图

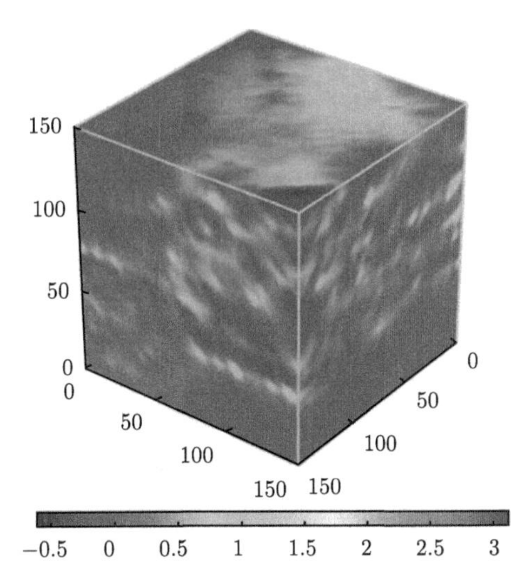

图 15.11 150mm×150mm×150mm 试件 4 最大主应力云图 (详见书后彩图)

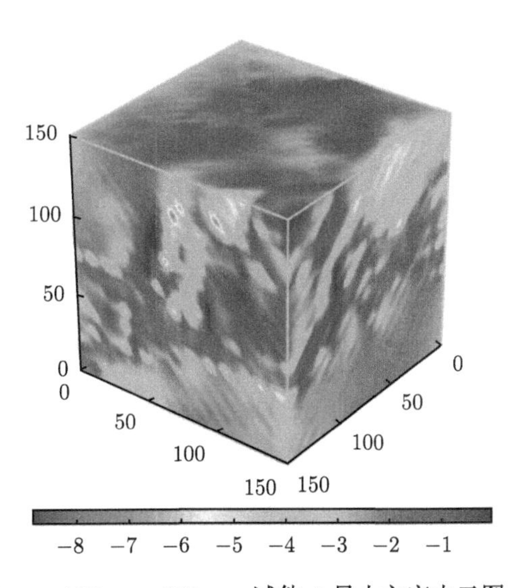

图 15.12 150mm×150mm×150mm 试件 4 最小主应力云图 (详见书后彩图)

15.1.3 立方体试件不同边界条件结果对比

本节以 100mm×100mm×100mm 立方体试件为例，进行了不同边界条件的数值试验，用以研究端头摩擦力对试件强度的影响。在数值模拟中，随机生成三组试件样本，如图 15.2 所示。按照不同的边界条件进行数值模拟，各相材料参数见表 12.1。

数值模拟结果如图 15.13 所示，不考虑端头摩擦力，加载过程中材料主要受劈拉作用，出现不断增多的竖向裂缝，随着荷载的增加，裂缝不断扩展，最后形成贯穿上下的竖向裂缝。考虑端头摩擦力的试件在荷载作用下，由于端部摩擦力限制了两端的变形，沿斜截面出现最大主拉应力导致斜向裂缝产生，并增加了强度。从宏观上看，外观裂缝首先出现在四周侧面上；临近破坏时，出现指向四个角点的斜向裂缝；试件失去承载力破坏后，试件出现明显的由四角向中心延伸的斜裂缝，数值模拟结果与试验相似 [186]。

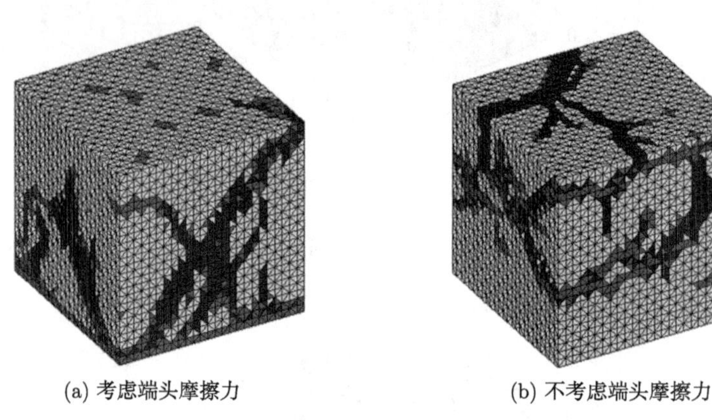

(a) 考虑端头摩擦力　　(b) 不考虑端头摩擦力

图 15.13　100mm×100mm×100mm 立方体试件不同边界条件破坏形态

两种边界条件下，应力–应变全曲线图如图 15.14 所示。对于相同形状的再生混凝土试件，端部的摩擦力可提高试件的承载力，对于 100mm 的试件可提高约 10%，数值计算的值与试验结果有良好的可比性 [186]。

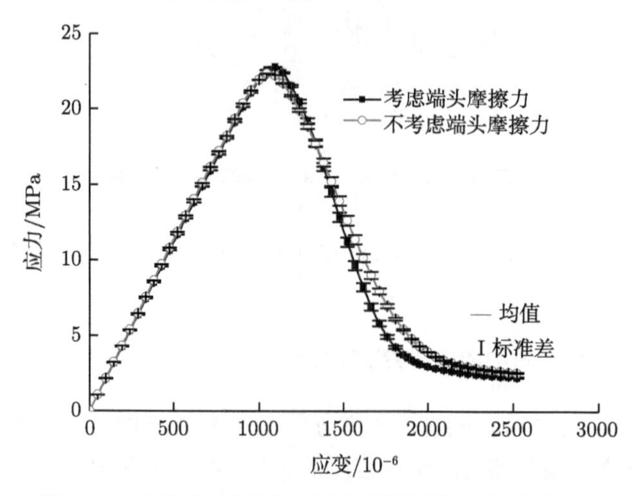

图 15.14　不同边界条件下试件单轴压缩应力–应变曲线

15.2 三维试件单轴拉伸数值模拟

本节对 100mm×100mm×100mm 和 150mm×150mm×150mm 两种立方体试件进行抗拉数值模拟。不考虑试件端与加载端的摩擦等因素对混凝土强度等力学性能造成的影响，加载模型简图如图 15.15 所示。采用双折线损伤模型，各相材料参数如表 12.1。

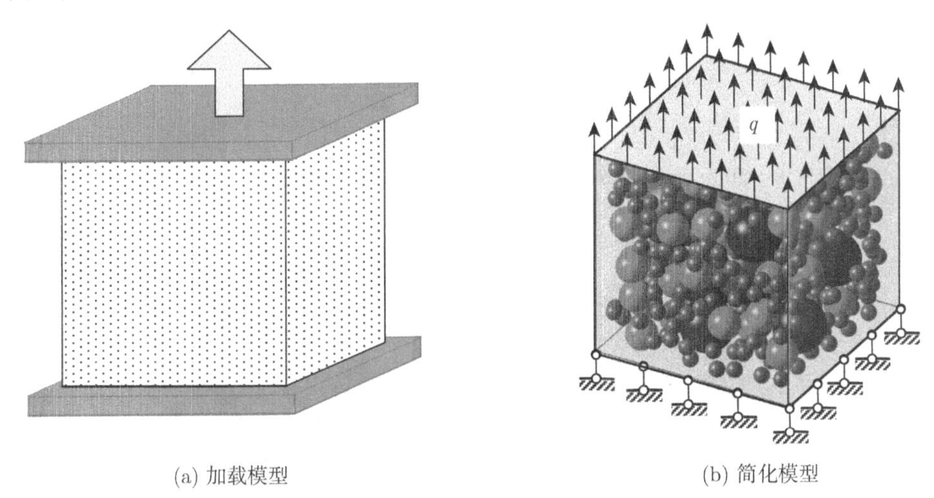

(a) 加载模型　　(b) 简化模型

图 15.15　轴心受拉试验数值模型

15.2.1　100mm×100mm×100mm 立方体试件单轴拉伸

选取 100mm×100mm×100mm 的立方体试件进行单轴拉伸数值试验，三组试件模型如图 15.2。采用逐级静力位移加载，每一步加载应变均为 3×10^{-6}。

运用自编的三维基面力元再生混凝土细观损伤分析程序，对上述三个立方体试件进行单轴拉伸数值试验，三种模型的抗拉强度分别为 2.84MPa、2.85MPa、2.83MPa，取其平均值 2.84MPa 为该组试件的抗拉强度。

试件的破坏过程及破坏形态见图 15.17～ 图 15.19，从破坏过程来看，试件的破坏主要是由于试件在加载力作用下，各相材料不均匀的变形引起应力集中，内部单元在最大主应力作用下损伤破坏，裂纹首先出现在粘结带上，然后向新砂浆内部扩展。从破坏形态来看，破坏面基本呈水平位置，且大部分位于试件竖向的中间位置，另外，从图中不难发现，试件的断裂位置主要在水泥砂浆薄弱部位即水泥砂浆与骨料结合处。

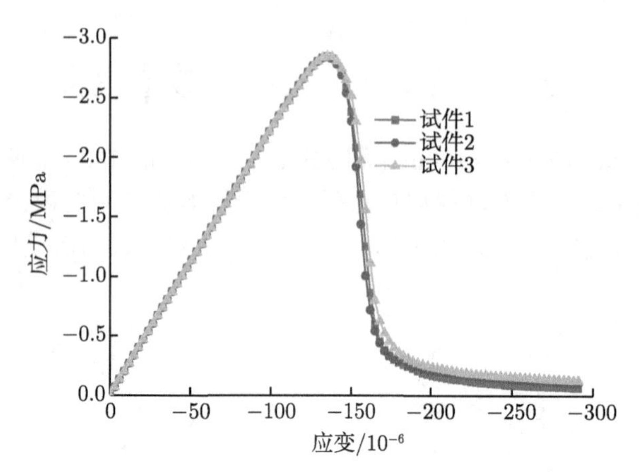

图 15.16　100mm×100mm×100mm 立方体试件单轴拉伸应力–应变曲线

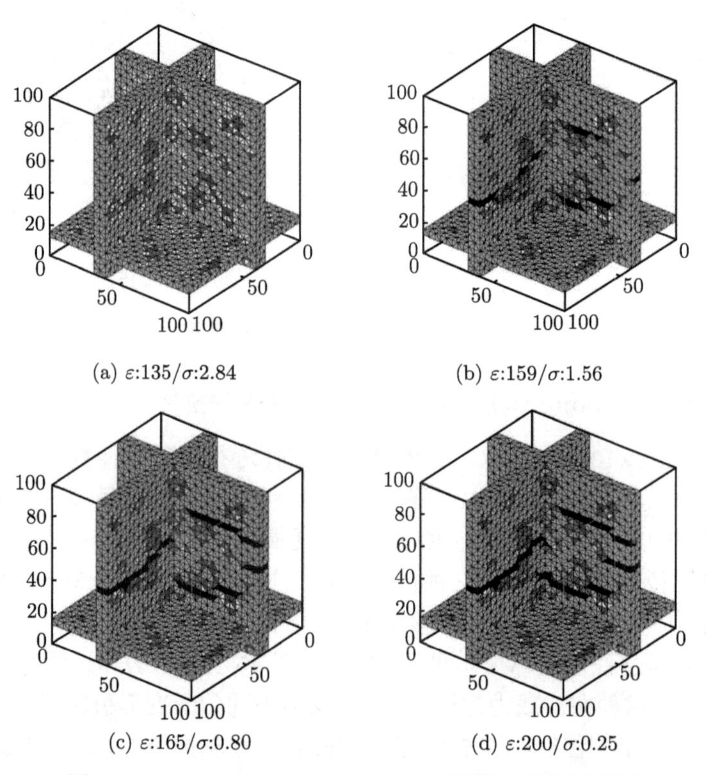

(a) ε:135/σ:2.84

(b) ε:159/σ:1.56

(c) ε:165/σ:0.80

(d) ε:200/σ:0.25

图 15.17　100mm×100mm×100mm 试件 1 破坏过程图

应变 $\varepsilon(10^{-6})$–应力 σ (MPa)

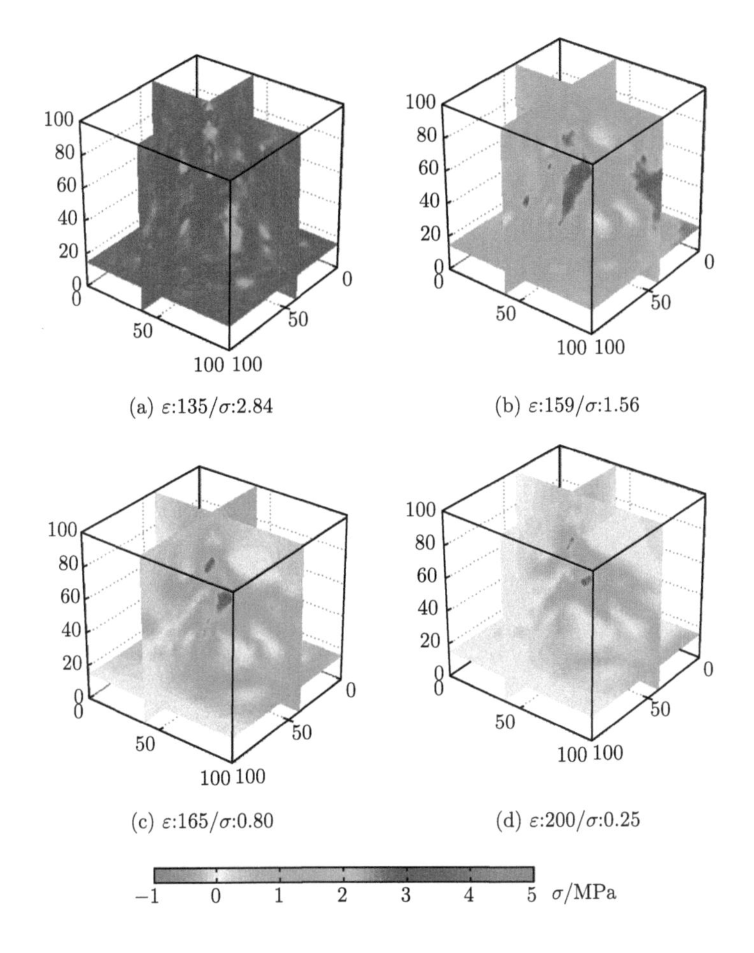

(a) ε:135/σ:2.84 (b) ε:159/σ:1.56

(c) ε:165/σ:0.80 (d) ε:200/σ:0.25

图 15.18 100mm×100mm×100mm 试件 1 最大主应力云图 (详见书后彩图)

应变 $\varepsilon(10^{-6})$–应力 σ (MPa)

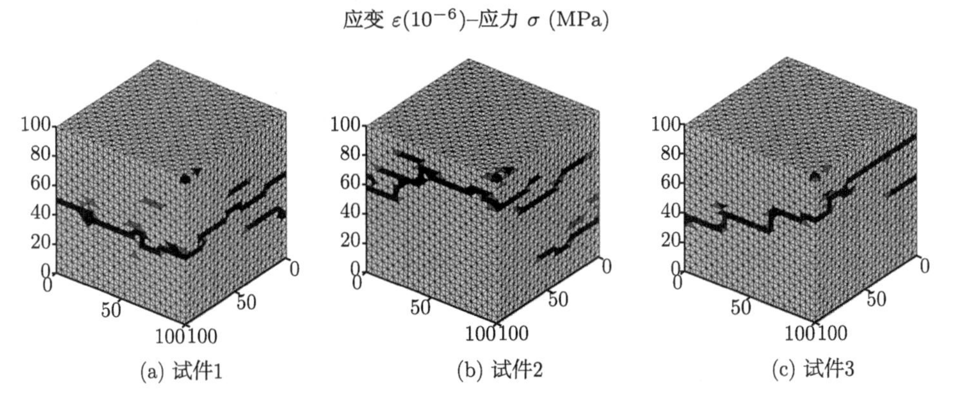

(a) 试件1 (b) 试件2 (c) 试件3

图 15.19 100mm×100mm×100mm 试件单元破坏图

15.2.2 150mm×150mm×150mm 立方体试件单轴拉伸对比

选取 150mm×150mm×150mm 的立方体试件进行单轴拉伸试验，三组试件模型图与 15.1.2 节相同。采用位移逐级静力加载，每一步加载应变均为 3×10^{-6}。

运用自编的三维基面力元再生混凝土细观损伤分析程序，对上述三个立方体试件进行单轴拉伸试验，得到应力-应变曲线及试件破坏形态见图 15.20~ 图 15.22。可以看出边长 150mm 立方体抗压峰值强度低于边长 100mm 立方体抗压峰值强度，试件呈现明显的尺寸效应。

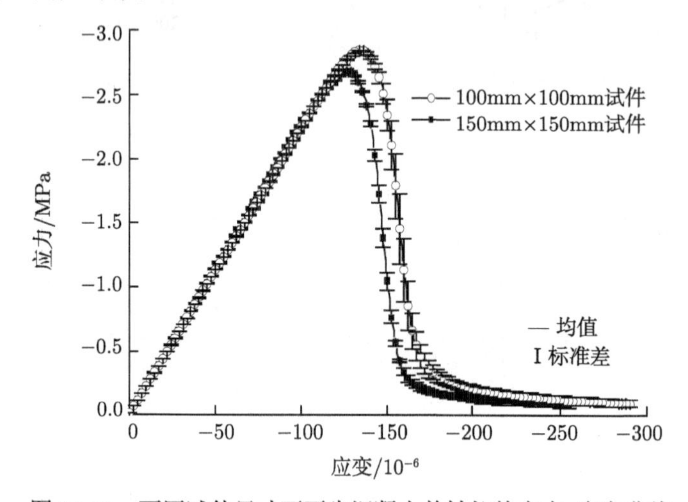

图 15.20 不同试件尺寸下再生混凝土单轴拉伸应力-应变曲线

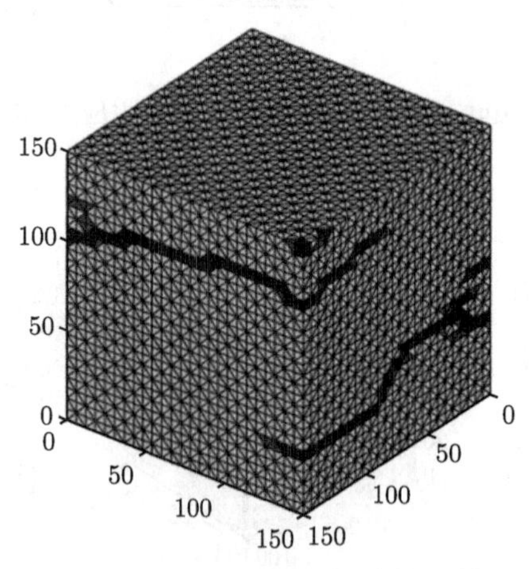

图 15.21 150mm×150mm×150mm 试件 4 单元损伤破坏图

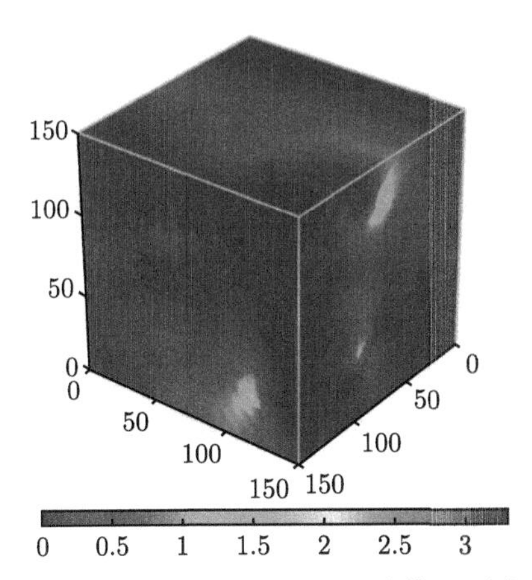

图 15.22 150mm×150mm×150mm 试件 4 最大主应力云图

15.3 本 章 小 结

本章基于空间非线性损伤基面力单元法，运用再生混凝土三维随机球骨料模型，进行再生混凝土试件的单轴压缩和单轴拉伸数值模拟，得到单轴拉压强度及应力-应变全曲线，试验结果显示出明显的尺寸效应现象，此外，研究了端头摩擦力对试件强度和裂缝扩展规律的影响，数值模拟计算再现了再生混凝土破坏过程，得到的破坏形态与试验结果基本相似。

(1) 与平面模型相比，再生混凝土三维细观模型能更真实地展示试件在外荷载作用下损伤破坏的全过程，且能更准确的描述材料的宏观力学性能。

(2) 再生骨料空间分布形式基本不影响试件的宏观弹性模量及强度，但对试件的破坏过程和破损路径有影响。

(3) 再生混凝土在单轴压缩和单轴拉伸荷载作用下，呈现明显的尺寸效应现象，即随着试件尺寸的不断增大，强度不断下降。

(4) 单轴压缩荷载作用下，端部的摩擦力可提高试件的承载力，也会改变试件的破坏形态。

第 16 章　基于细观等效模型的再生混凝土数值模拟

再生骨料与天然骨料相比，其外层比天然骨料多附着一层老水泥砂浆，因此在细观层次上将再生骨料混凝土视为由天然骨料、老水泥砂浆、新水泥砂浆、天然骨料与老水泥砂浆之间的界面、老水泥砂浆与新水泥砂浆之间的界面组成的五相复合材料，为得到较好的力学性能，进行数值模拟时需要划分大量的单元，计算量大、耗时较多。本章基于细观等效模型，将再生混凝土细观单元利用细观串联等效模型和并联等效模型分别均质化等效后，模拟再生混凝土试块单轴拉压试验及 L 型板拉剪破坏试验。

16.1　基于细观等效模型的再生混凝土试件单轴受力的数值模拟

对于串联和并联均质化模型，均质化单元尺寸过大时，所得到的结果不能充分反映试件的力学特征，当均质化单元尺寸过小时，结果趋于细观模型，但会带来数值计算量的增加。因而有必要首先找到合适的均质化单元尺寸。

本节以 150mm×150mm×150mm 的再生混凝土立方块试件为例，利用二维随机圆骨料细观模型以及对应的串联均质化模型和并联均质化模型进行单轴拉伸和压缩数值试验，对比不同模型下，不同均质化单元尺寸对试件计算结果的影响。

试件底边所有结点的竖向位移均被约束，而中间结点的水平位移及竖向位移都被约束住，简化后的加载模型如图 16.1 所示。

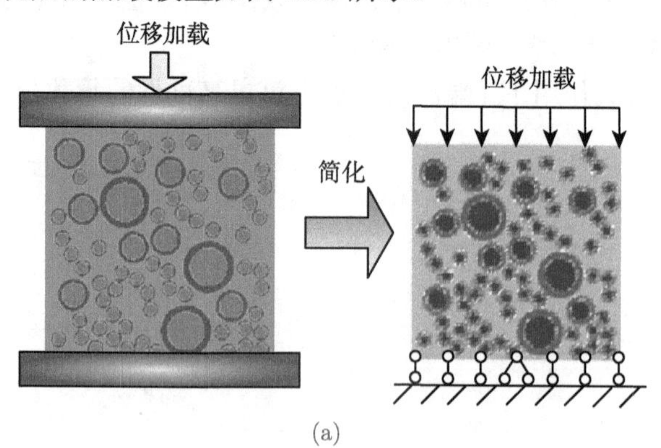

(a)

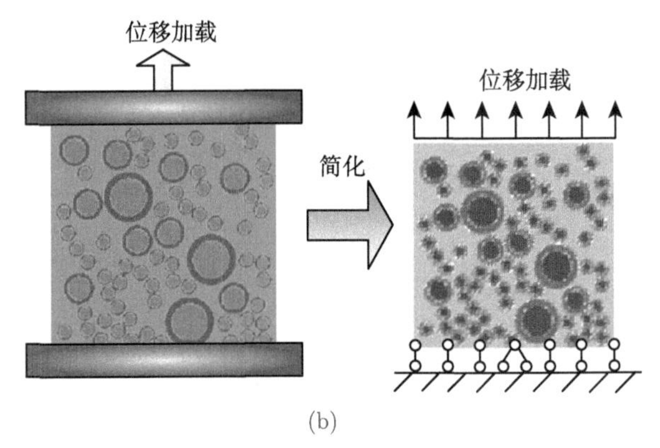

(b)

图 16.1 拉压加载简化模型

利用第 6 章随机骨料的生成方法，可求得尺寸为 150mm×150mm×150mm 的立方体试件的平面 150mm×150mm 的二维随机骨料模型，其最大再生粗骨料粒径为 40mm，最小粒径为 5mm，大于 5mm 的粗骨料含量为 46.6%。骨料附着砂浆含量选取 42%。骨料选取粒径、颗粒数及砂浆层厚度如表 16.1。采用双折线本构模型，各相材料参数如表 12.1。

表 16.1 试件颗粒数及老砂浆厚度

粒径范围/mm	代表粒径/mm	颗粒数/个	附着砂浆厚度/mm
40 ~ 25	32.5	3	4.59
25 ~ 15	20	10	2.82
15 ~ 5	10	59	1.41

通过选取不同的随机数，生成不同的二维数值模型，分别运用串联和并联均质化单元网格划分程序生成串联的均质化模型和并联的均质化模型。采用逐级静力位移加载，每一步加载应变为 3×10^{-5}。

对上述模型进行单轴拉伸和单轴压缩数值模拟，细观小网格尺寸长度为 0.5mm，统计分析，得到再生混凝土试件峰值应力、峰值应变及初始弹模随等效化单元尺寸的变化关系，如图 16.2~ 图 16.7 所示。

从图 16.2~ 图 16.7 可以看出：

(1) 随着粗网格尺寸的变大，并联均质化模型计算出的再生混凝土试件单轴压缩和单轴拉伸峰值应力和初始弹模均偏高，但增长相对缓慢，而峰值应变基本保持不变，串联均质化模型计算出的再生混凝土试件峰值应力、峰值应变及初始弹模均偏低，且下降相对较快。

(2) 当粗网格尺寸和细观小网格尺寸相同时，即为没有用并联和串联均质化模型，使用圆骨料复合球等效模型计算出的界面等效三相模型与细观五相模型相比，单轴压缩和单轴拉伸的峰值应力、峰值应变和初始弹模基本相同，表明圆骨料复合球等效模型的可靠性。

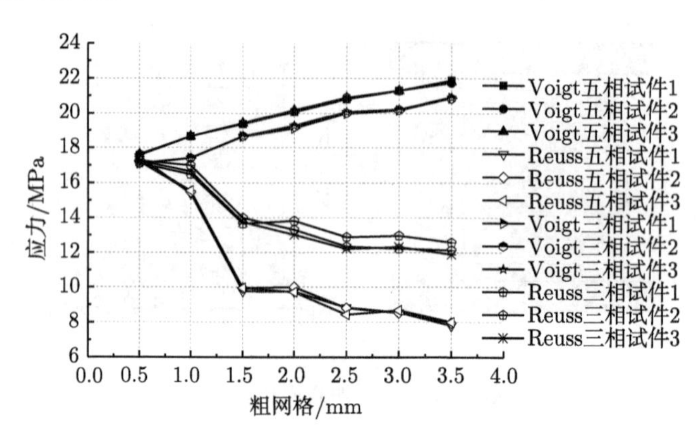

图 16.2　单轴压缩峰值应力随网格变化曲线

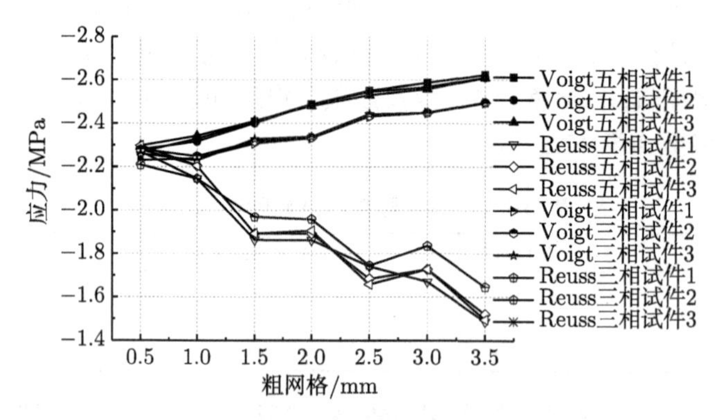

图 16.3　单轴拉伸峰值应力随网格变化曲线

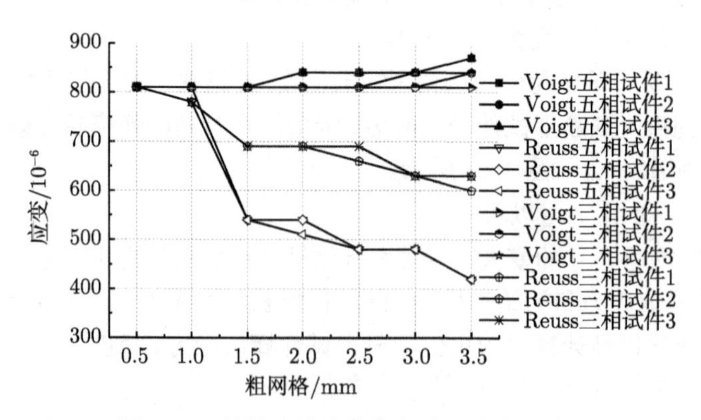

图 16.4　单轴压缩峰值应变随网格变化曲线

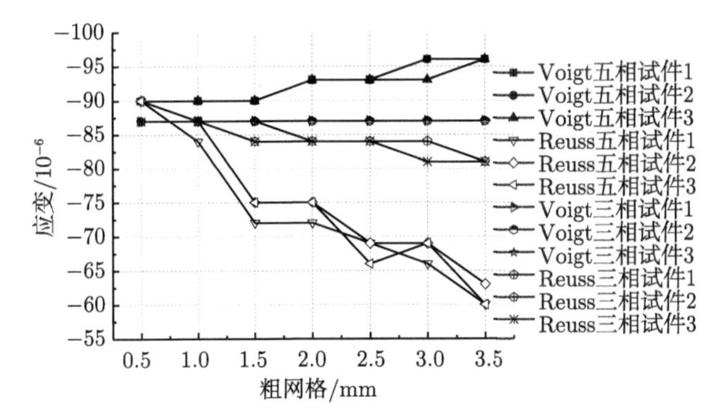

图 16.5 单轴拉伸峰值应变随网格变化曲线

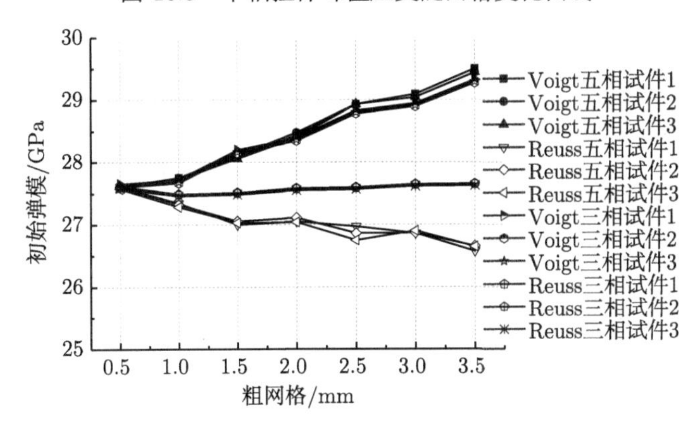

图 16.6 单轴压缩初始弹模随网格变化曲线

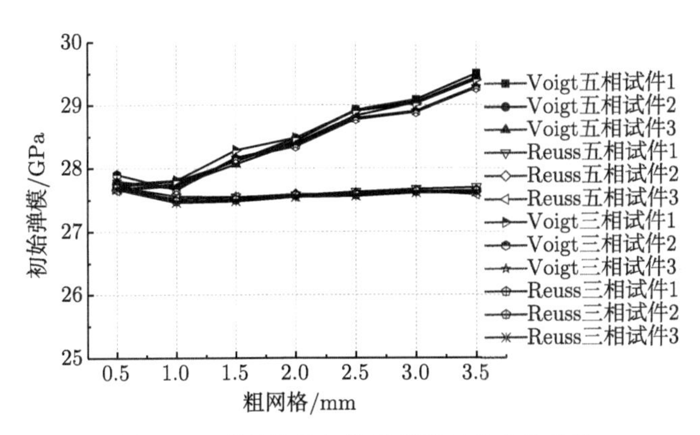

图 16.7 单轴拉伸初始弹模随网格变化曲线

(3) 与细观五相模型相比，界面等效三相模型均质化中随着网格的变化，有更好的稳定性。

综合分析，当串联三相均质化模型的网格划分尺度为 1mm，并联三相均质化模型的网格划分尺度为 1.5mm 时，对试件进行单轴拉伸和压缩模拟，试件的峰值应力、峰值应变和初始弹模的误差均可控制在 10%之内，而串联和并联三相均质化模型计算所用时间分别约为原细观模型的 35%和 16%，计算效率大大提高，其中一个试件的应力-应变曲线对比图如图 16.8 和图 16.9 所示，最大主应变和最大主应力云图如图 16.10~图 16.13 所示。

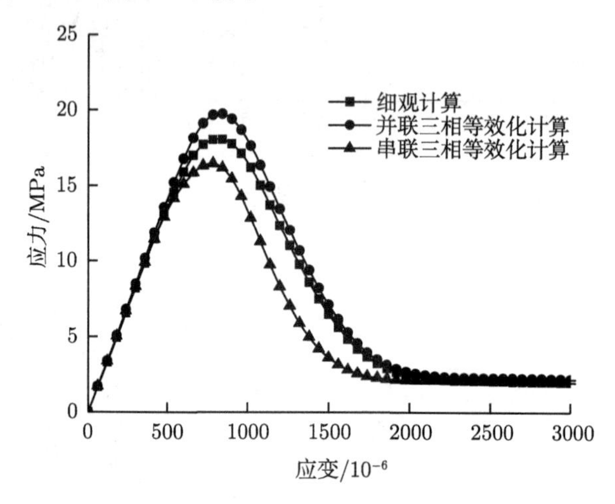

图 16.8　单轴压缩情况下试件应力-应变曲线

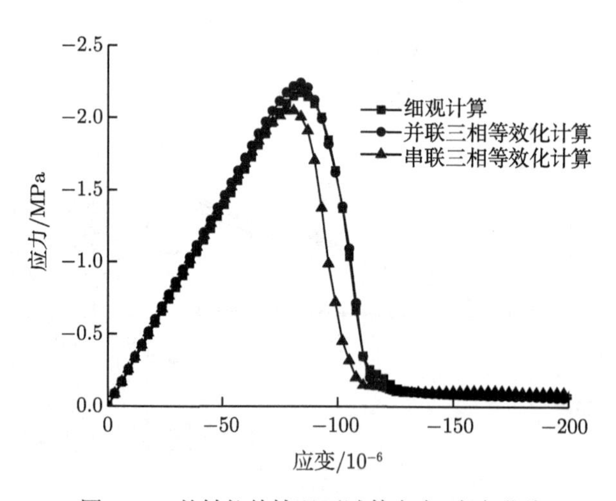

图 16.9　单轴拉伸情况下试件应力-应变曲线

通过对比发现：三者的应力、应变分布情况基本相同，表明采用均质化理论可较好的模拟混凝土材料的等效材料性能，此外，受到材料非均匀性的影响，较细观层次上呈现应力、应变的局部突变性质，并联均质化模型则趋于平滑，应力、应变变化缓慢，而串联均质化模型则趋于更加突变，应力、应变变化剧烈。

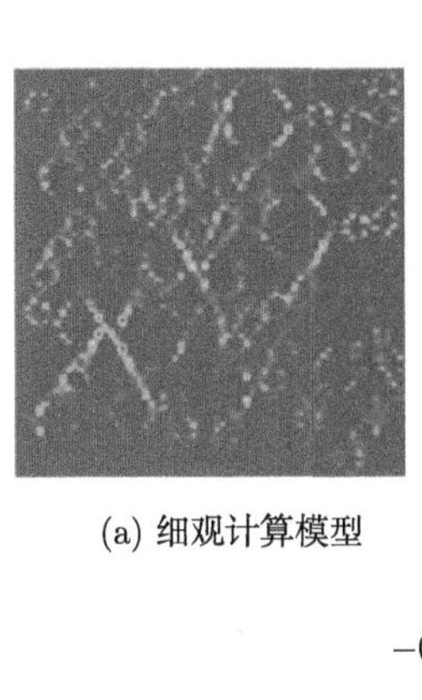

(a) 细观计算模型

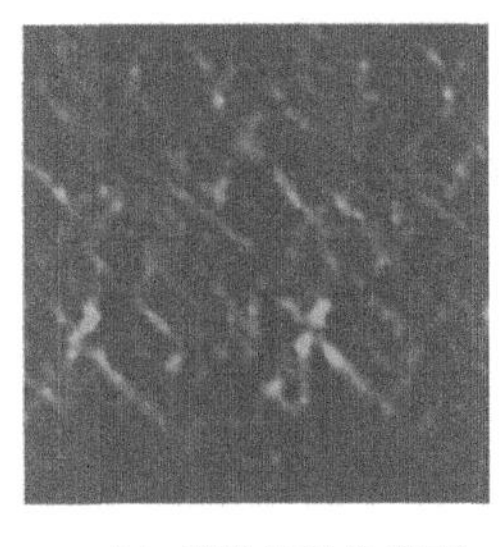

(b) 并联均质化模型

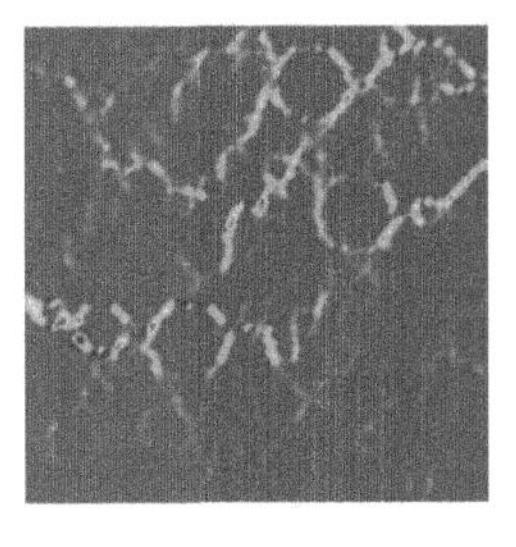

(c) 串联均质化模型

−0.005 0 0.005 0.01 0.015 0.02 0.025

图 16.10 单轴压缩最大主应变云图

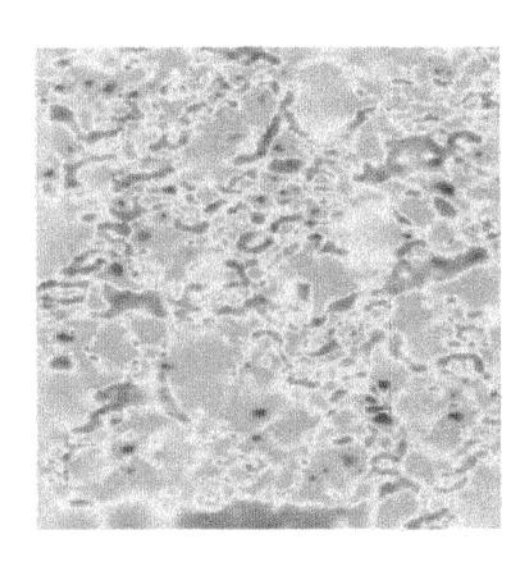

(a) 细观计算模型

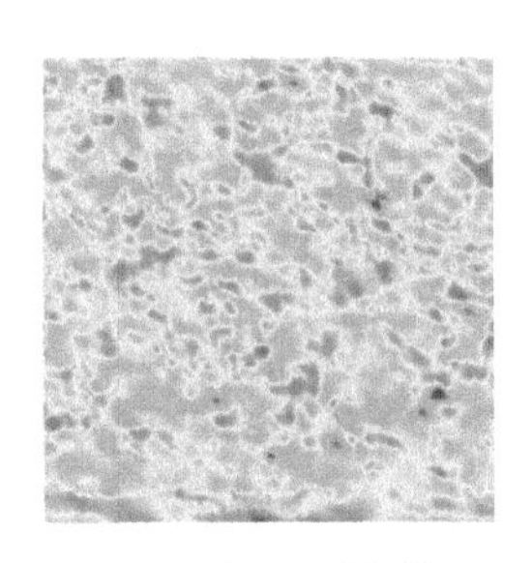

(b) 并联均质化模型

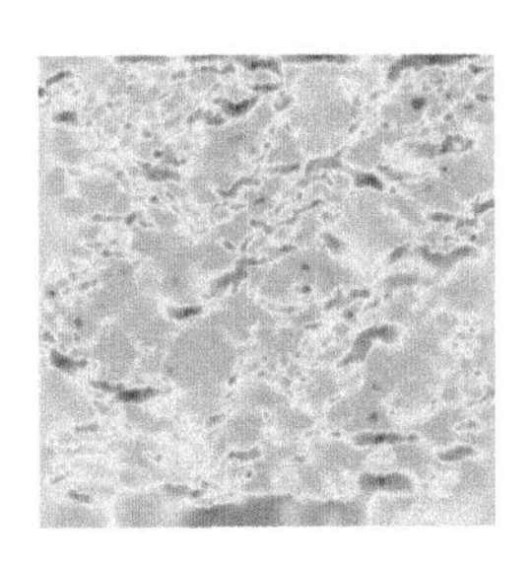

(c) 串联均质化模型

−2.5−2−1.5−1−0.5 0 0.5 1 1.5 2 (MPa)

图 16.11 单轴压缩最大主应力云图

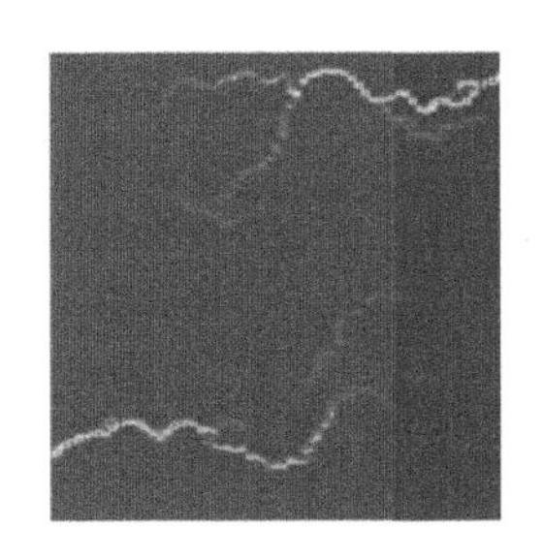

(a) 细观计算模型

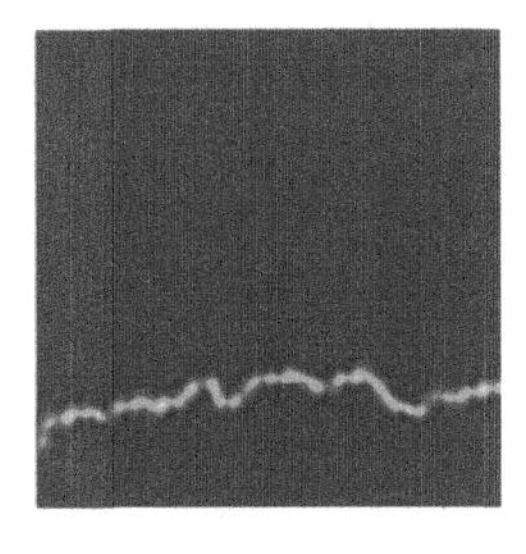

(b) 并联均质化模型

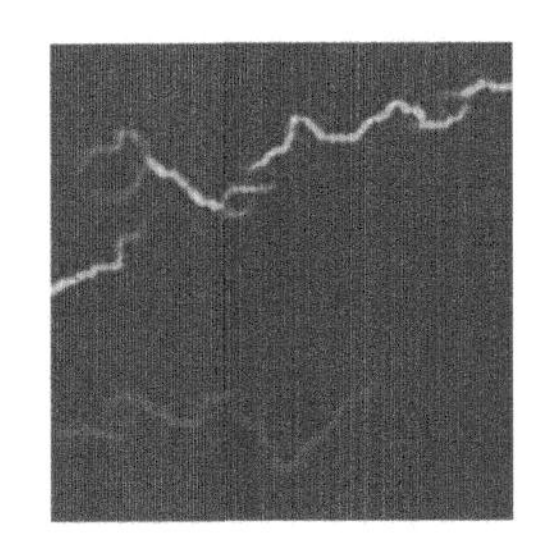

(c) 串联均质化模型

0 0.005 0.01 0.015 0.02 0.025

图 16.12 单轴拉伸最大主应变云图

(a) 细观计算模型 (b) 并联均质化模型 (c) 串联均质化模型

图 16.13 单轴拉伸最大主应力云图

16.2 再生混凝土拉剪混合破坏 L 型板试验数值模拟

选取 L 型板试验，如图 16.14 所示，采用随机圆骨料模型，其最大再生粗骨料粒径为 31.5mm，最小粒径为 5mm，其中大于 5mm 的粗骨料含量为 46.6%。骨料附着砂浆含量选取 42%。试件颗粒数及老砂浆厚度如表 16.2 所示。网格尺寸为 1，建立二维有限元模型图 16.15，另外，采用界面等效化，五相介质转为三相介质，并用串联和并联均质化模型对比计算分析，其中串联均质化模型细网格尺寸为 0.75，粗网格尺寸为 1.5，并联均质化模型细网格尺寸为 0.75，粗网格尺寸为 2.25。计算采用的各相材料参数见表 12.1。采用位移逐级静力加载，加载步长 0.001mm。

数值分析结果如图 16.16 和图 16.17 所示，模拟结果表明：

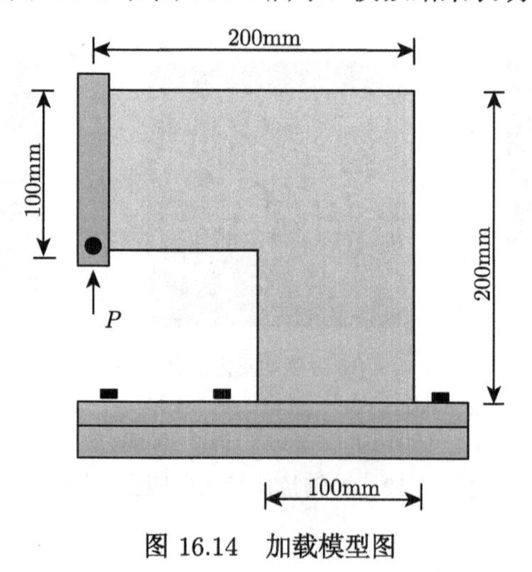

图 16.14 加载模型图

表 16.2 试件颗粒数及老砂浆厚度

粒径范围/mm	代表粒径/mm	颗粒数/个	附着砂浆厚度/mm
31.5 ～ 19	25.25	6	3.56
19 ～ 9.5	14.25	24	2.01
9.5 ～ 5	7.25	65	1.02

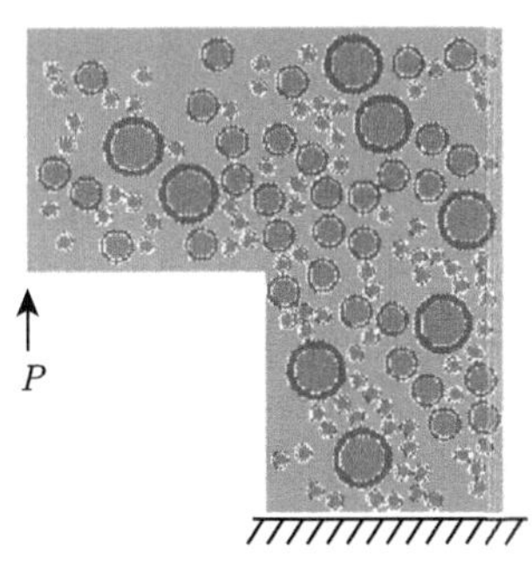

图 16.15 数值计算分析模型图

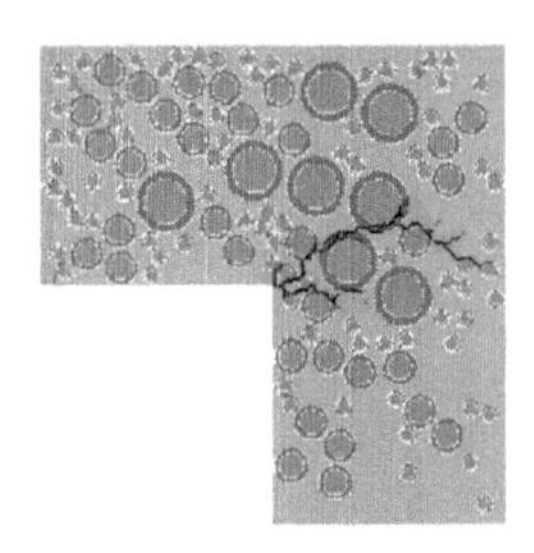

(a) 细观有限元模型

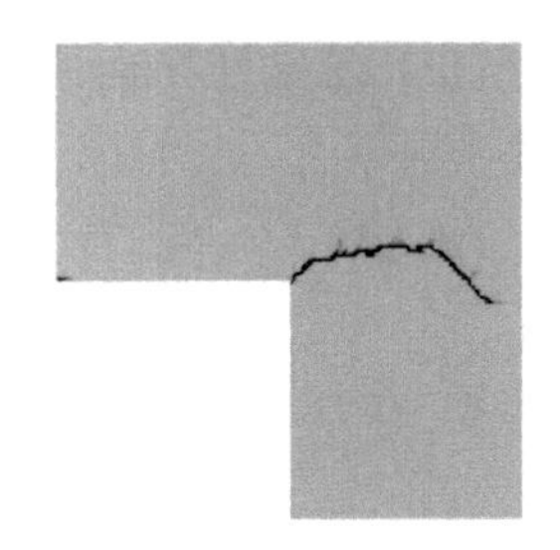

(b) 并联均质化模型

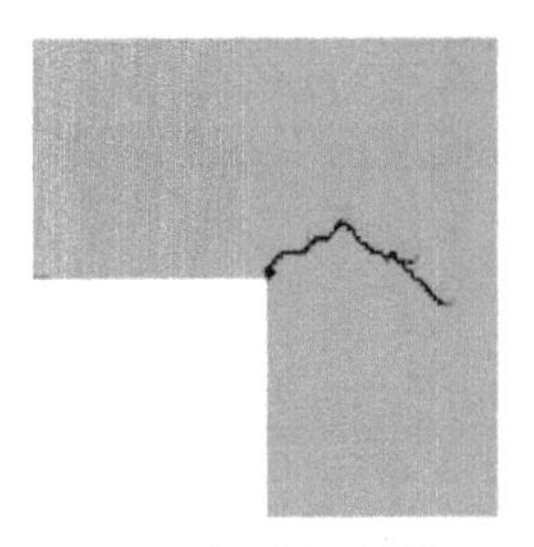

(c) 串联均质化模型

图 16.16 数值计算 L 型板破坏形态

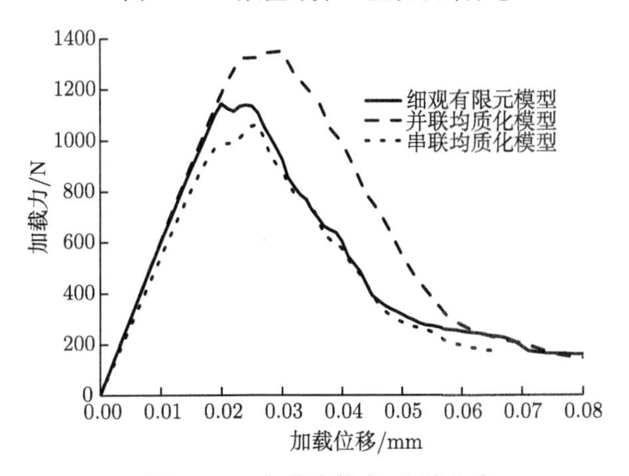

图 16.17 加载点的力–位移曲线

(1) 并联均质化模型和串联均质化模型给出了材料强度和弹性模量的上、下限，这一结果是有意义的，它给出了最大和最小允许值，可使一些工程问题得以解决。

(2) 基于均质化模型的计算结果仅反映了断裂损伤裂缝的大致走向，而基于细观有限元的计算结果可进一步反映微裂纹萌生、扩展直至宏观裂纹的全过程。裂纹均从 L 型板的角缘起裂，在拉剪应力作用下，裂纹的扩展具有一定的倾斜度，与试验典型的破坏结果吻合。

16.3 本章小结

本章从再生混凝土细观尺度入手，采用并联均质化模型和串联均质化模型，计算分析再生混凝土宏观力学特性，并且对比了使用圆骨料复合球等效模型计算出的界面等效三相模型和细观五相模型，证明了圆骨料复合球等效模型的可靠性。另外，算例分析表明，采用细观等效模型的分析方法，由于网格单元数量较细观力学方法大大减少，体系自由度随之减少，在保证一定精度的同时，大大提高了模型的计算效率。此外，在三维计算模型中，细观等效模型将有很好的运用，故拟将细观等效模型由二维扩展到三维问题。

第 17 章　再生混凝土动态性能的细观损伤分析

再生混凝土的单轴动态抗压抗拉强度和变形是其最基本的动态力学性能之一。它既是研究再生混凝土的破坏机理和强度理论的一个重要依据，又直接影响混凝土结构的开裂、变形及耐久性。目前，国内外学者已对混凝土及再生混凝土力学性能进行了大量试验研究，但对再生混凝土的动态试验和数值研究工作较少。

本章利用动态损伤的基面力元法，针对再生混凝土试件的动态力学性能及破坏机理进行研究，分析加载速率的影响规律。

17.1　单轴动态拉伸试验数值模拟

本节将二维势能原理的动力损伤基面力元法及再生混凝土随机骨料模型用于再生混凝土轴心动态拉伸试验的数值模拟。通过控制位移加载速率，换算出等效应变率的范围在 $1\times10^{-2}\sim1\times10^{2}\ \mathrm{s}^{-1}$，研究再生混凝土动态拉伸的损伤破坏全过程以及应变率对再生混凝土应力–应变全曲线等动力性能的影响。

17.1.1　加载模型

单轴动态拉伸试验数值模拟的加载模型，如图 17.1 所示，, 再生混凝土受拉构件试件尺寸为 150mm×150mm×450mm，中间无钢筋部分尺寸为 150mm×150mm×200mm，加载模型由细观随机骨料模型、上下钢筋及施加在钢筋上的固定速率动力荷载三部分组成。对应二维再生混凝土模型，取其中间部分 150mm×150mm 为细剖区域，有限元剖分网格类型为三角形网格，剖分尺寸取 1mm，另外细剖区域颗粒数及老砂浆厚度如表 17.1，网格剖分及模型简图如图 17.2 所示。引入多折线损伤模型，各相材料参数详见表 17.2。采用动位移加载，研究等效应变率的范围在 $1\times10^{-2}\sim1\times10^{2}\ \mathrm{s}^{-1}$ 的应变率效应。

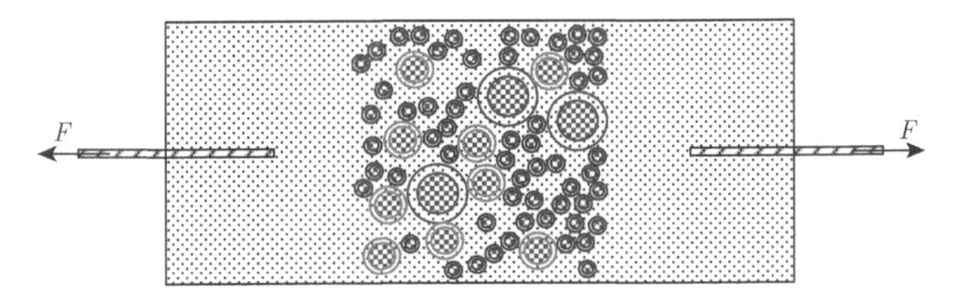

图 17.1　加载模型图

表 17.1　试件颗粒数及老砂浆厚度

粒径范围/mm	代表粒径/mm	颗粒数/个	附着砂浆厚度/mm
40 ～ 25	32.5	3	4.59
25 ～ 15	20	10	2.82
15 ～ 5	10	59	1.41

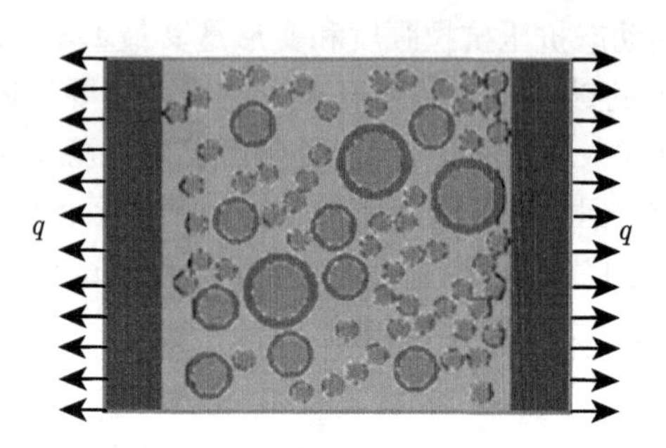

图 17.2　基面力单元网格剖分及模型简图

表 17.2　材料参数

材料	新砂浆	骨料	老粘结带	老砂浆	新粘结带
强度 (抗拉/抗压) σ/MPa	3.2/32	7/70	2.5/25	2.8/28	2.5/25
峰值应变 (抗拉/抗压)	0.00025/0.0047	0.0001/0.0015	0.00022/0.004	0.00025/0.0047	0.00022/0.004
泊松比	0.22	0.16	0.2	0.22	0.2
密度/(kg/m)^3	2100	2700	2100	2100	2100
α	0.1	0.1	0.1	0.1	0.1
β	0.85	0.9	0.65	0.85	0.65
γ	0.2	0.1	0.2	0.2	0.2
λ	0.3	0.9	0.3	0.3	0.3
η_t/ξ_t	4/10	5/10	3/10	4/10	3/10
η_c/ξ_c	4/10	5/10	3/10	4/10	3/10

通过改变上下钢筋的加载速率可以使再生混凝土试件在纵向上达到不同的拉伸应变速率，其计算公式如下：

$$\dot{\varepsilon}_l = \frac{2v}{h} \tag{17.1.1}$$

式中，$\dot{\varepsilon}_l$ 表示纵向拉伸应变率，v 表示承拉板竖向加载速率，h 表示再生混凝土试件高度。不同应变率下的位移加载速率见图 17.3。

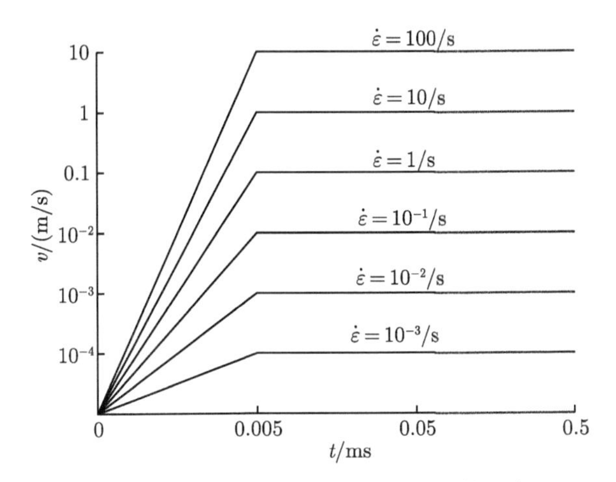

图 17.3 单轴动态拉伸试验位移加载速率

17.1.2 动态拉伸应力–应变曲线

数值试件输出的应力是通过试件上端面的结点应力算术平均得到的，应变是加载过程中整个试件高度范围对应的名义应变。数值模拟得到的动态拉伸应力–应变曲线如图 17.4 所示。

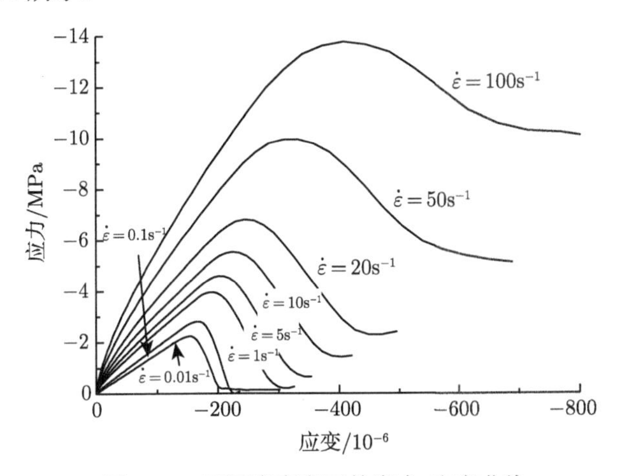

图 17.4 不同应变率下的应力–应变曲线

(1) 随着加载应变率的变化，应力–应变曲线的形状也不一样，而且随着加载应变率的增大，曲线下降越缓慢。

(2) 应力–应变曲线表现的试件峰值应力随着应变率的不同也是变化的，而且其变化规律与应力–应变曲线形状变化规律是一致的，随着加载应变率的增大，峰值应力增加越快。

在本章中，除了试件中介质质点的惯性效应，模型中并没有考虑细观介质与应变率有关的因素，因此，其动态力学性能或许与试件中的应力波传播有关。

17.1.3　抗拉动力增强系数 DIF

多数情况下，再生混凝土的动力强度是工程师最关心的问题，因此，根据动力试验的结果，研究人员将混凝土材料动力强度和静力强度的比值定义为动力增强系数 DIF。混凝土材料的拉伸性能和压缩性能存在较大区别，对于相同的加载应变率，动态拉伸与动态压缩情况下的强度提高幅度也存在差别，因此有必要将动力增强系数区分为抗拉动力增强系数和抗压动力增强系数分别进行讨论。在反复进行大量试验，统计和分析相关试验数据后，动力增强系数的经验公式经过了不断的修正和改善，其中比较著名的是欧洲混凝土委员会 (CEB) 建议的混凝上动力强度计算公式，混凝土动力增强系数与应变率的对数为双折线关系，在应变率高于转折点后，混凝土的动力增强系数随应变率增加得更快。Malvar 和 Ross 在统计了大量的试验数据基础上，修正了 CEB 推荐的混凝土动力抗拉强度计算公式，主要是将应变率的转折点从 30 s^{-1} 前移到 1 s^{-1}，并且降低了低应变率条件下的 DIF，修正后的公式如式所示。

$$\mathrm{DIF}_t = f_{td}/f_t = \begin{cases} [\dot{\varepsilon}/\dot{\varepsilon}_s]^{1.0168\delta}, & \dot{\varepsilon} \leqslant 1\ \mathrm{s}^{-1} \\ \beta\,[\dot{\varepsilon}/\dot{\varepsilon}_s]^{1/3}, & \dot{\varepsilon} > 1\ \mathrm{s}^{-1} \end{cases} \tag{17.1.2}$$

其中，$\delta=1/(10+0.6f_c')$，$\beta=10^{7.11\delta-2.33}$，$\dot{\varepsilon}_s = 3\times10^{-6}\ \mathrm{s}^{-1}$。

本节中，将数值模型计算得到的再生混凝土试件的抗拉动力增强系数与已有的一些实验结果及修正 CEB 抗拉动力增强系数进行对比，研究再生混凝土抗拉动力增强系数的变化规律。

将本研究计算的混凝土抗拉强度动力增强系数，和一些试验结果以及修正 CEB 抗拉强度动力增强系数公式计算结果绘于图 17.5，从图可以看出：

(1) 再生混凝土的动态抗拉强度随着应变率的提高而提高，总的来说，本节数值模拟结果与 CEB 修正公式及相关试验结果吻合较好，表明了随着应变率的不同，再生混凝土与混凝土的抗拉动力增强系数有着相似的变化规律。

(2) CEB 修正公式表明，混凝土动态抗拉强度在应变率 1 s^{-1} 的时候，存在一个转折点，在转折点之后，抗拉强度随应变率的增加而迅速增长，从本节数值模拟结果来看，应变率在达到 1 s^{-1} 之前，试件的抗拉强度变化不大，在 1~10 s^{-1}，强度迅速逐渐变快，在 10 s^{-1} 之后强度迅速增加，数值模拟结果变化规律与 CEB 修正公式所反映的规律基本一致。

(3) 在所研究的应变率范围内 (10^{-2} ~10^{2} s^{-1})，数值结果略低于 CEB 的修正公式。在数值程序中，忽略了材料内部空隙自由水的黏性效应，可能是造成抗拉动力增强系数偏低的主要原因。另外，再生混凝土抗拉动力增强系数是否比混凝土小还需进一步验证。

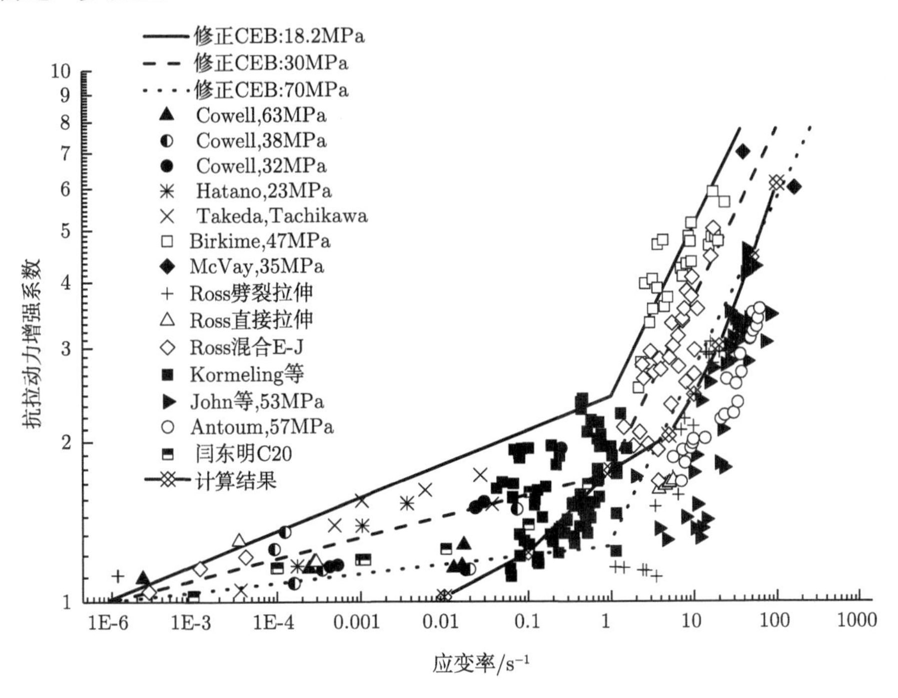

图 17.5 抗拉动力增强系数的数值结果与实验值比较

17.1.4 动态拉伸破坏形态

图 17.6 给出了试件不同应变率下的动态加载拉伸破坏形态，图中黑色部分表示发生了损伤的单元。

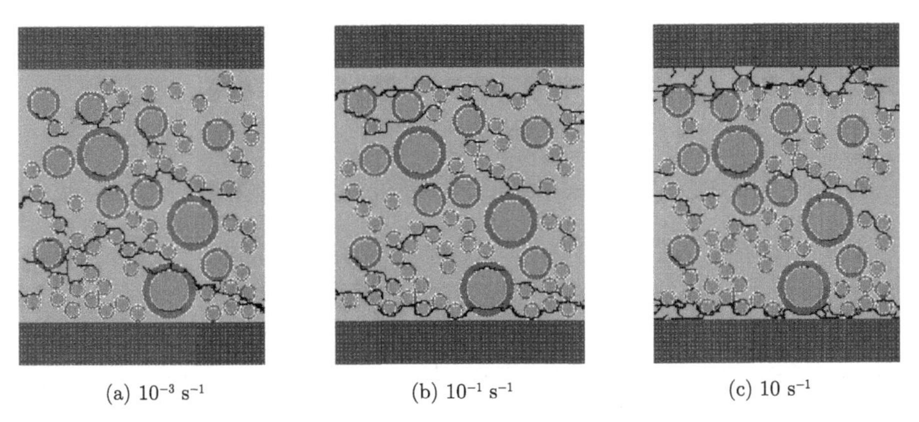

(a) 10^{-3} s^{-1} (b) 10^{-1} s^{-1} (c) 10 s^{-1}

图 17.6 不同应变率条件下试件单轴拉伸破坏形态

从图中可以看出：

(1) 在较低的应变率条件下，其微裂纹主要沿着骨料、砂浆交界面或砂浆内部薄弱环节产生和扩展，最终形成一条垂直于加载方向的主干式贯穿性裂纹。低应变率条件下的这种破坏模式与静力条件下的破坏模式十分相似。

(2) 在高应变率条件下，试件破坏产生的裂纹数大大增加，呈带状分布，较之静力破坏模式，高应变率下的破坏模式发生了很大的变化。

17.1.5　破坏过程

图 17.7 和图 17.8 为试件在应变率 5 s^{-1} 下动态压缩破坏过程图及对应的最大主应力云图。

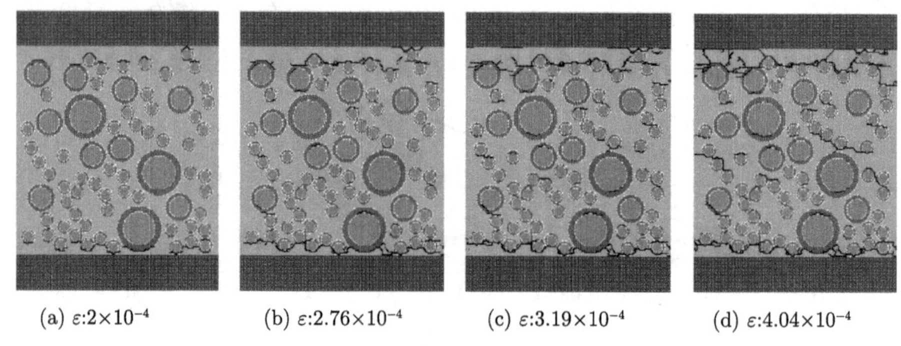

(a) ε:2×10^{-4}　(b) ε:2.76×10^{-4}　(c) ε:3.19×10^{-4}　(d) ε:4.04×10^{-4}

图 17.7　应变率为 5 s^{-1} 动态单轴压缩试件的破坏过程

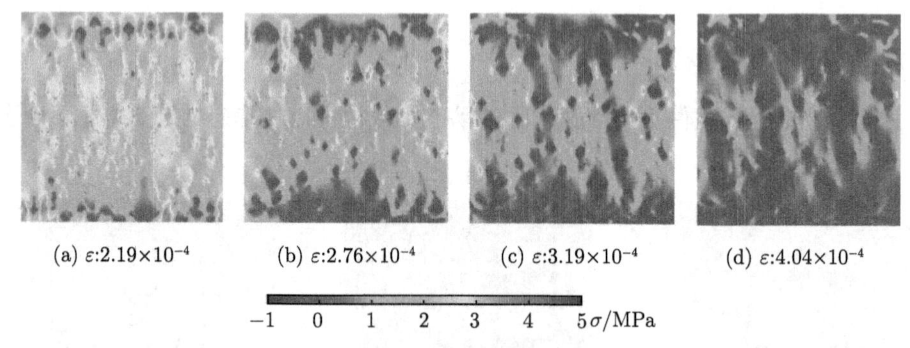

(a) ε:2.19×10^{-4}　(b) ε:2.76×10^{-4}　(c) ε:3.19×10^{-4}　(d) ε:4.04×10^{-4}

图 17.8　应变率为 5 s^{-1} 动态单轴压缩试件的最大主应力云图 (详见书后彩图)

从图中可以看出：在高应变率下，试样加载端很快就有单元发生拉伸损伤，而且在极短的时间内试样整个顶部就几乎完全被破坏了。在此过程中，除了界面过渡区材料和砂浆基质发生破坏，位于试样顶部的骨料单元也因拉伸而损伤。应力波在材料中的传播速度是一定的，因此加载速率越高，初始时在试样加载端累积的应力应变场越强，可使进入运动状态的骨料损伤，甚至破坏。

17.2 单轴动态压缩试验数值模拟

对上述同一试件进行了应变率量级在 $10^{-3}\sim10^{2}\ \mathrm{s}^{-1}$ 之间的多个速率的动态压缩试验模拟，并对动态压缩试验的数值模拟结果进行简要的说明和分析。

17.2.1 加载模型

单轴动态压缩试验数值模拟的加载模型，如图 17.9 所示，由再生混凝土细观随机骨料模型、上下承压板组成，上下两端的承压板以相同的速度向中间挤压导致试件的压缩破坏。不考虑试件端与加载端的摩擦等因素对混凝土强度等力学性能造成的影响，试件单元与承压板的摩擦系数为零。

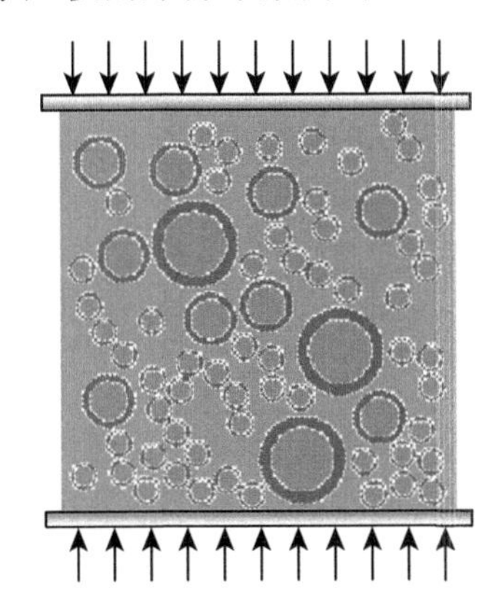

图 17.9 单轴动态压缩试验数值模型

改变上下两端承压板的加载速度可以使试件在竖直方向达到不同的压缩应变率，其计算公式如下：

$$\dot{\varepsilon}_m = \frac{2v}{h} \tag{17.2.1}$$

式中，$\dot{\varepsilon}_m$ 表示竖向压缩应变率，v 表示承拉板竖向加载速率，h 表示再生混凝土试件高度。不同应变率下的位移加载速率见图 17.10。

17.2.2 动态压缩应力–应变曲线

这里的应力仍然是指试件上端面的结点应力算术平均值，应变是指加载过程中整个试件高度范围对应的名义应变。图 17.11 给出了若干典型的动态应力–应变曲线。

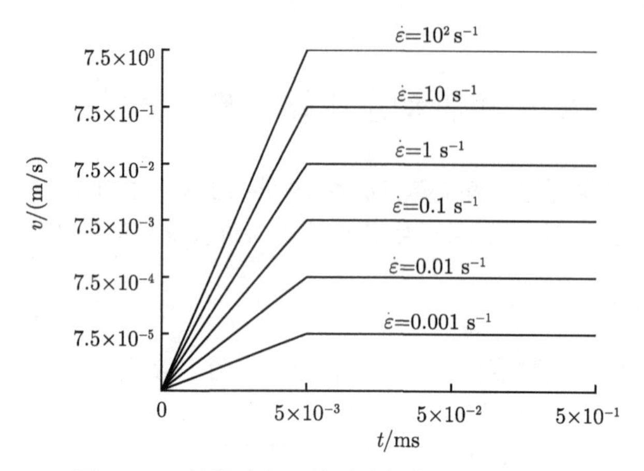

图 17.10　单轴动态压缩试验竖向位移加载速率

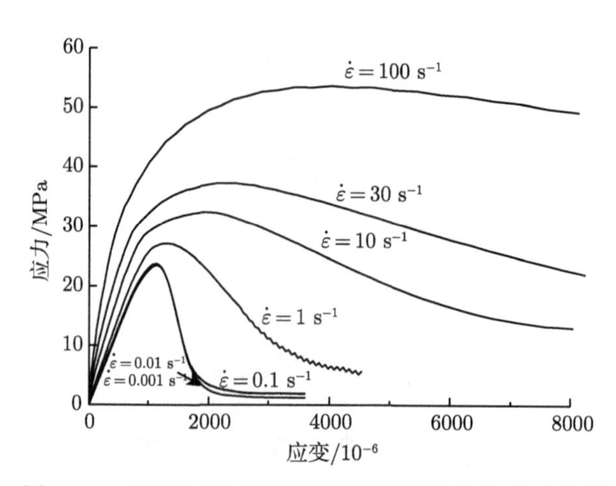

图 17.11　不同加载应变率下的单轴压缩应力–应变曲线

(1) 随着加载应变率的增加，动态压缩应力–应变曲线的形状与静态曲线区别越来越明显。当应变率小于 0.1 s^{-1} 时，动态压缩应力–应变曲线的形状与静态曲线比较相似，具有明显的下降段；当应变率大于 10 s^{-1} 时，动态压缩应力–应变曲线的形状与静态曲线具有较大区别，峰值应力后随着应变的增加应力下降很慢，曲线的下降段趋于平缓，而且应变率越高，这种趋势更加明显；当应变率 $0.1\ s^{-1} < \dot{\varepsilon} < 10\ s^{-1}$ 时，动态压缩应力–应变曲线形状处于上述两种变化之间。

(2) 随着加载应变率的增加，峰值应力也是增加的。峰值应力增加的幅度与应力–应变曲线形状变化的幅度大致是同步的。当应变率小于 0.1 s^{-1} 时，峰值应力增加的幅度较小，当应变率大于 10 s^{-1} 时，峰值应力增加的幅度很大。

17.2.3 动力增强系数 DIF

欧洲混凝土委员会 1988 年建议的混凝土动力抗压强度计算公式为

$$\mathrm{DIF}_c = f_{cd}/f_{cs} = \begin{cases} [\dot{\varepsilon}/\dot{\varepsilon}_s]^{1.026\alpha}, & \dot{\varepsilon} \leqslant 30\mathrm{s}^{-1} \\ \gamma\dot{\varepsilon}^{1/3}, & \dot{\varepsilon} > 30\mathrm{s}^{-1} \end{cases} \tag{17.2.2}$$

式中，f_{cd} 为动态压缩强度，f_{cs} 为准静态压缩强度 (本章数值再生混凝土试件为 23.5MPa)，$\dot{\varepsilon}_s$ 为准静态应变率 $3\times10^{-6}\mathrm{s}^{-1}$。

$$\lg\gamma = 6.156\alpha - 0.492 \tag{17.2.3}$$

$$\alpha = 1/(5 + 3f_{cs}/4) \tag{17.2.4}$$

本节数值模型计算得到的再生混凝土抗压强度的动力增强系数、抗压特性的试验成果及 CEB 抗压动力增强系数公式 (本节最低应变率为 $10^{-3}\ \mathrm{s}^{-1}$，为便于比较，假定 CEB 推荐公式也以相同应变率为基准) 的比较如图 17.12 所示。

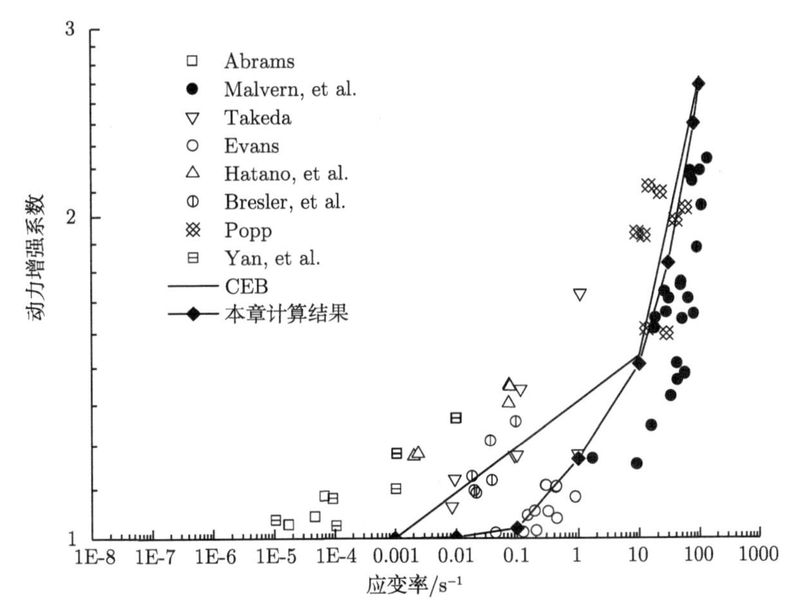

图 17.12 抗压动力增强系数的数值结果与实验值比较

从图中不难看出：

(1) 随着应变率的增加，再生混凝土抗压动力增强系数与混凝土的试验结果及 CEB 双折线公式的变化规律一致。

(2) 与 17.1 节模拟的单轴动态拉伸试验相比，随着应变率的增加，抗压动力增强系数提高的幅度和增长速率都小于抗拉动力增强系数，这与物理试验结果也是相符的。

(3) 数值模拟结果显示，约在应变率 0.1 s^{-1} 附近，再生混凝土动力抗压性能存在一个应变率临界值，应变率大于该临界值，抗压动力增强系数会陡然升高。

(4) 本研究计算得到的抗压动力增强系数在数值上与得到广泛应用的 CEB 公式相比，在 10~100 s^{-1} 的高应变率范围内相差较小，而在 0.01~10 s^{-1} 的中低速应变率范围内，本研究的抗压动力增强系数偏低，这可能也是由于数值模型没有考虑再生混凝土中自由水对抗压强度的影响导致的。有研究表明 [187]，试件中的自由水降低了静力抗压强度，而中低速加载范围内，自由水的粘性作用将提高动力抗压强度，以上原因可能造成本章的抗压动力强度系数相对较低。另外，再生混凝土抗压动力增强系数是否比混凝土小还需进一步验证。

17.2.4　破坏形态

设定在残余强度为峰值强度 30%时，试件破坏，此时，不同应变率条件下再生混凝土试件单轴压缩破坏形态如图 17.13 所示。

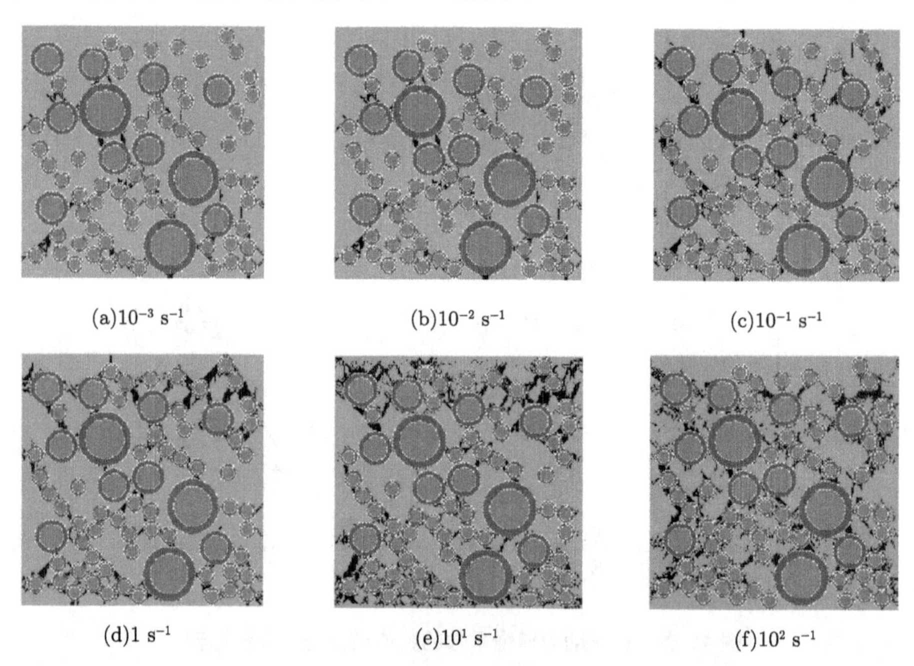

(a)10^{-3} s^{-1}　(b)10^{-2} s^{-1}　(c)10^{-1} s^{-1}

(d)1 s^{-1}　(e)10^{1} s^{-1}　(f)10^{2} s^{-1}

图 17.13　不同应变率条件下试件单轴压缩破坏形态

在较低的应变率 (0.001~0.1 s^{-1}) 条件下，如图 17.13(a)~(c)，裂纹主要沿着骨料砂浆交界面或砂浆内部薄弱环节产生和扩展，最终形成一条集中的带状裂纹区域，导致混凝土的破坏。显然，这一破坏形态与骨料的随机分布形式相关，但裂纹呈集中带状分布的特点不会改变。然而，在较高应变率条件下 (1~100 s^{-1})，如图 17.13(d)~(f)，破坏产生的裂纹数大大增加，并弥散在整个试件中，同样，有少量裂纹也穿过了强度较高的骨料单元。

裂纹弥散状分布的破坏形态，也被认为是导致试件宏观动力强度提高的重要因素之一，对于动态拉伸加载和动态压缩加载情形均是如此。在静力荷载荷载作用下，外荷载做功基本用于两方面，即宏观主裂纹形成所耗散的能量和材料累积的应变能，而在高应变率下，随着裂纹数量的增加，因细观单元的断裂破坏所耗散的能量与摩擦耗能等都更多了，另外考虑到产生的动能，总体而言大大增加了对外部能量的需求，导致了试件宏观动力强度的提高。

17.2.5 破坏过程

图 17.14~ 图 17.16 为试件在应变率 10 s^{-1} 下动态压缩破坏过程及对应的最大主应力云图。

由图中可以看出，数值模拟结果很好的再现了动态压缩破坏的全过程。加载开始后，随着应力的增大，材料由线性进入非线性阶段，应力与应变之间表现出非线性的增大关系，直到加载到动态压缩破坏强度附近区域时，试件发生损失破坏的单元都较少，仅形成少量局部裂纹。到达动态压缩破坏强度后，随着加载的继续进行，在更多位置形成了沿加载方向的局部裂纹，这些裂纹逐步扩展，最终形成了弥散状分散的贯通裂纹，整个试件发生碎裂破坏。

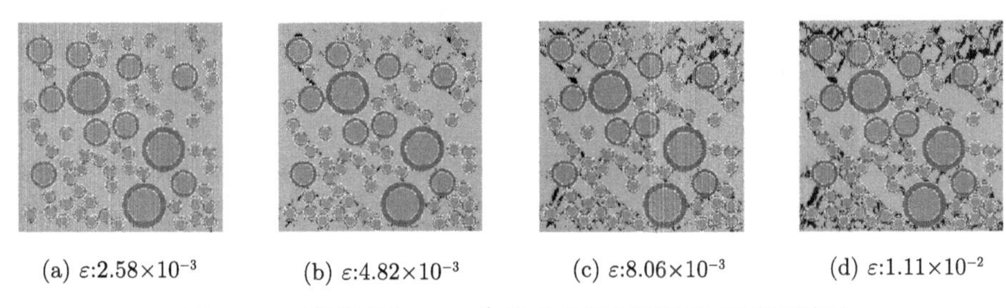

(a) ε:2.58×10^{-3}　(b) ε:4.82×10^{-3}　(c) ε:8.06×10^{-3}　(d) ε:1.11×10^{-2}

图 17.14 应变率为 10 s^{-1} 动态单轴压缩试件的破坏过程

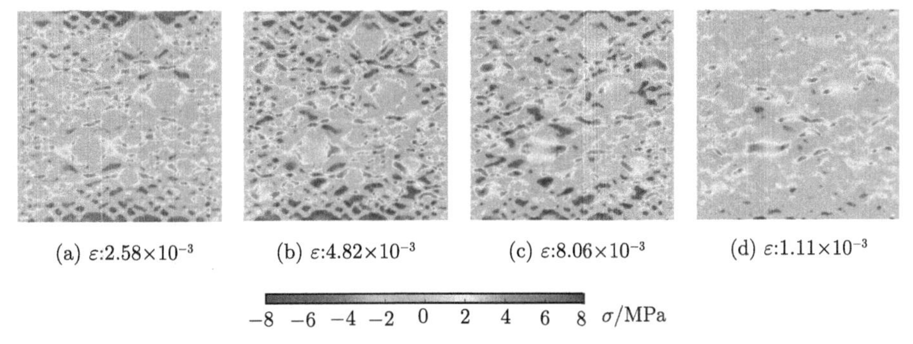

图 17.15 应变率为 10 s^{-1} 动态单轴压缩试件的最大主应力云图

17.3 拉剪混合破坏 L 型板动态破坏模式分析

17.3.1 计算模型的建立

L 型板常被用来研究混凝土材料裂纹扩展过程、验证材料模型的合理性及网格敏感性问题。Ožbolt 和 Sharma[188] 基于微平面模型对混凝土 L 型板的动态拉伸破坏模式进行了数值研究，金浏 [189] 采用塑性损伤模型来描述砂浆基质的动态力学行为，对混凝土 L 型板进行了细观动态数值模拟，结果表明其破坏形态具有加载率相关性，本研究基于动态损伤分析问题的基面力单元，研究再生混凝土 L 型板破坏形态的加载率相关性。

采用如图 17.16 所示的再生混凝土 L 型板来研究不同加载速率下再生混凝土的动态力学行为。图 17.16 给出了试块的几何形状及具体尺寸。

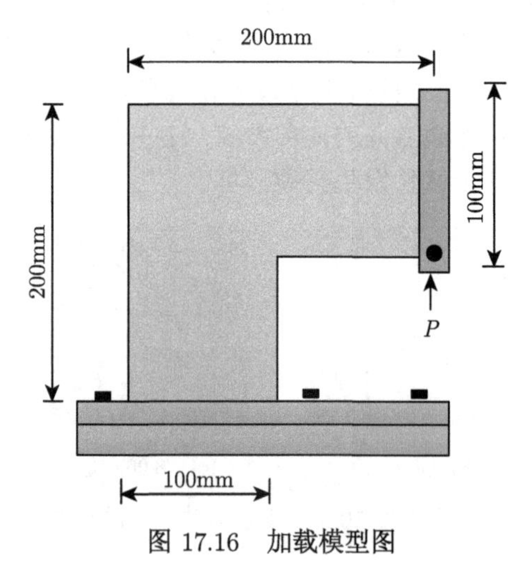

图 17.16 加载模型图

试件的加载点采用位移加载控制，分别对加载速度为 v=0.1mm/s、10mm/s、100mm/s 下试件的动态破坏行为进行细观数值研究。同时，为反映再生骨料形状对 L 型板拉剪混合作用下的破坏形态的影响，分别采用了随机圆骨料模型和随机凸骨料进行研究，细观模型如图 17.17 和图 17.18 所示。这里，材料力学参数见表 17.2。

17.3.2 数值结果及讨论

图 17.19～ 图 17.30 给出了不同加载速率下再生混凝土随机圆骨料和随机凸骨料 L 型板的动态破坏过程。图中 u 为加载点的竖向位移，单位：mm。在外荷载作用下，再生混凝土内部裂纹从 L 型板的角缘处起裂，随外荷载增大裂纹绕开骨料

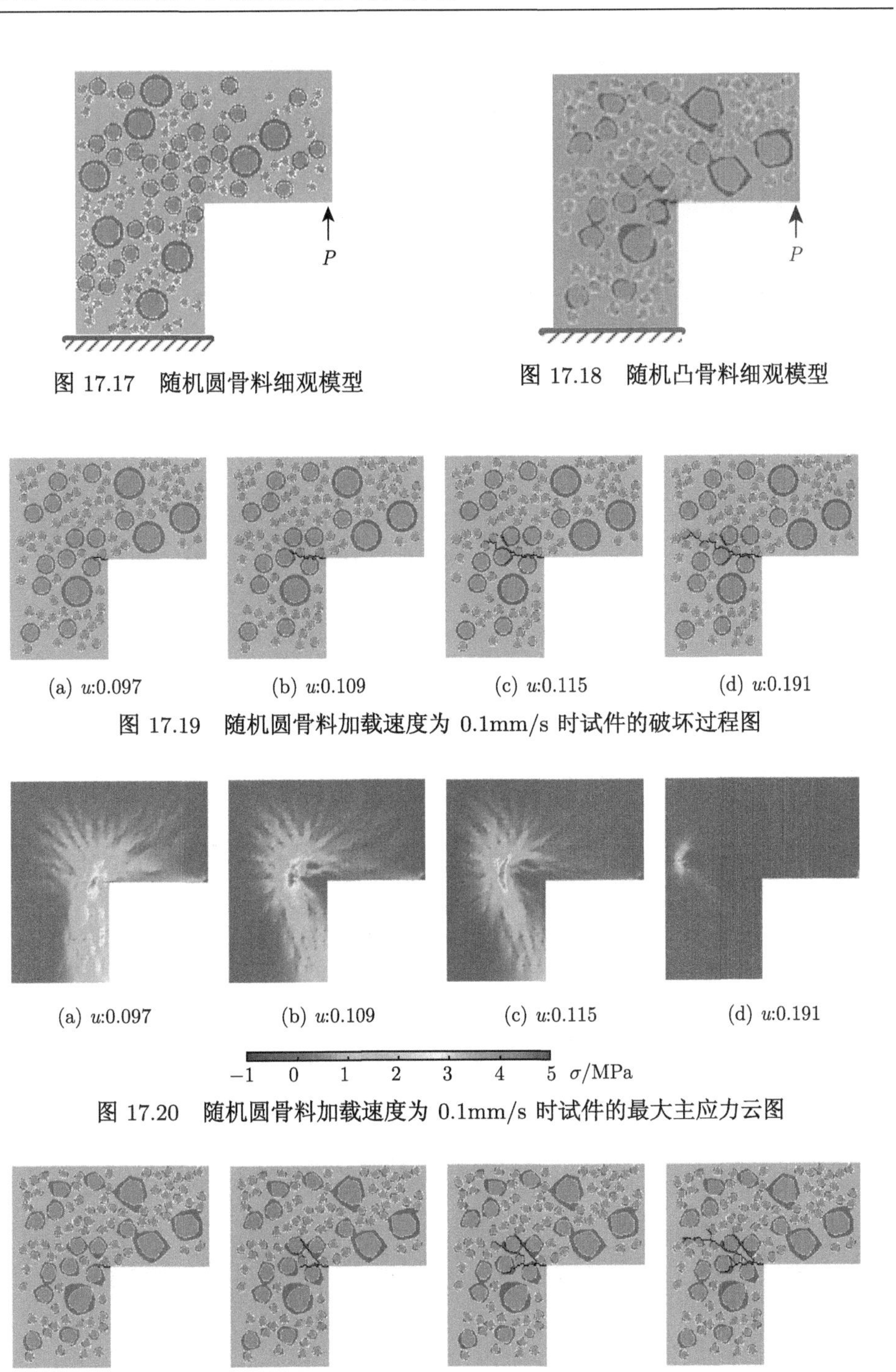

图 17.17　随机圆骨料细观模型

图 17.18　随机凸骨料细观模型

图 17.19　随机圆骨料加载速度为 0.1mm/s 时试件的破坏过程图

图 17.20　随机圆骨料加载速度为 0.1mm/s 时试件的最大主应力云图

图 17.21　随机凸骨料加载速度为 0.1mm/s 时试件的破坏过程图

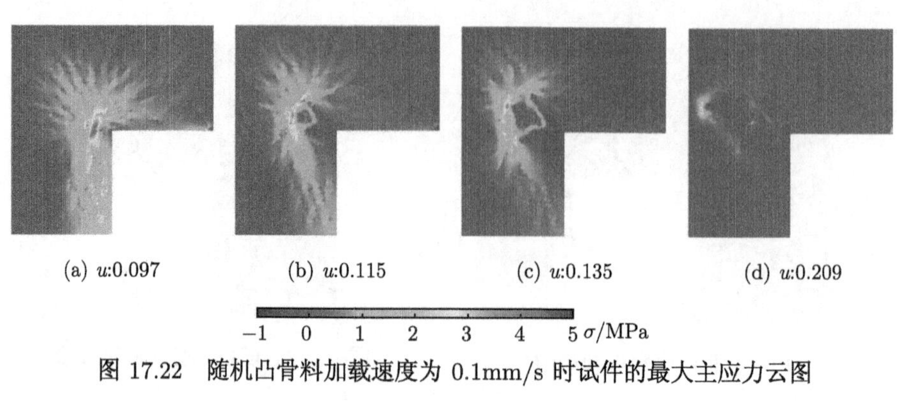

(a) u:0.097　(b) u:0.115　(c) u:0.135　(d) u:0.209

图 17.22　随机凸骨料加载速度为 0.1mm/s 时试件的最大主应力云图

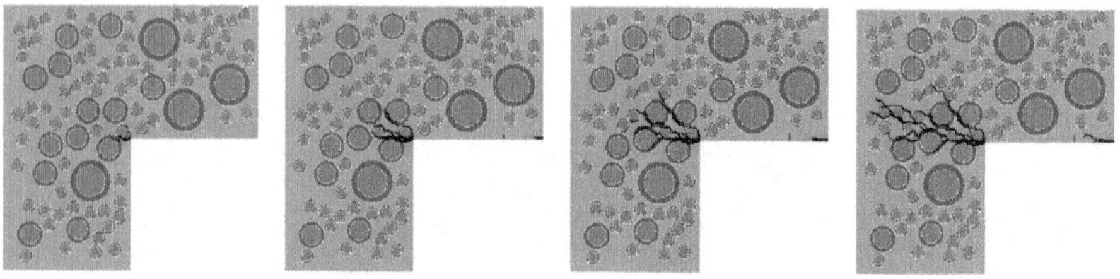

(a) u:0.101　(b) u:0.151　(c) u:0.210　(d) u:0.400

图 17.23　随机圆骨料加载速度为 10mm/s 时试件的破坏过程图

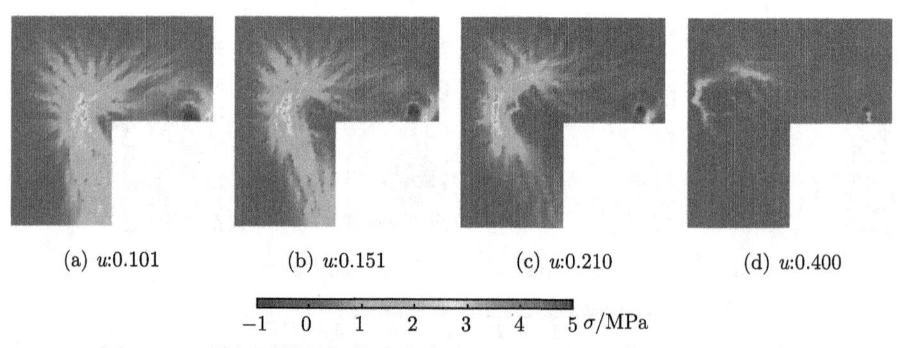

(a) u:0.101　(b) u:0.151　(c) u:0.210　(d) u:0.400

图 17.24　随机圆骨料加载速度为 10mm/s 时试件的最大主应力云图

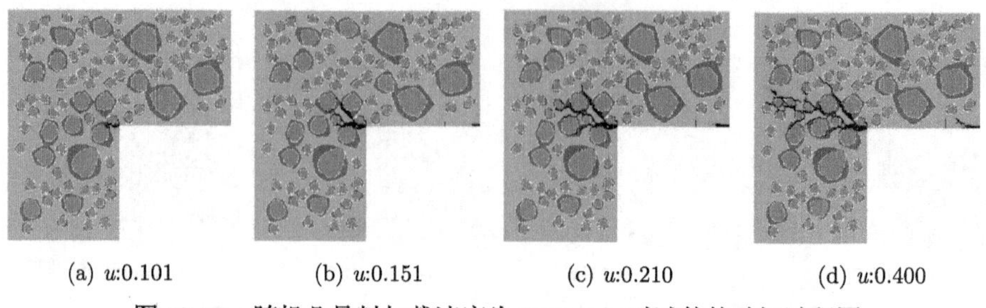

(a) u:0.101　(b) u:0.151　(c) u:0.210　(d) u:0.400

图 17.25　随机凸骨料加载速度为 10mm/s 时试件的破坏过程图

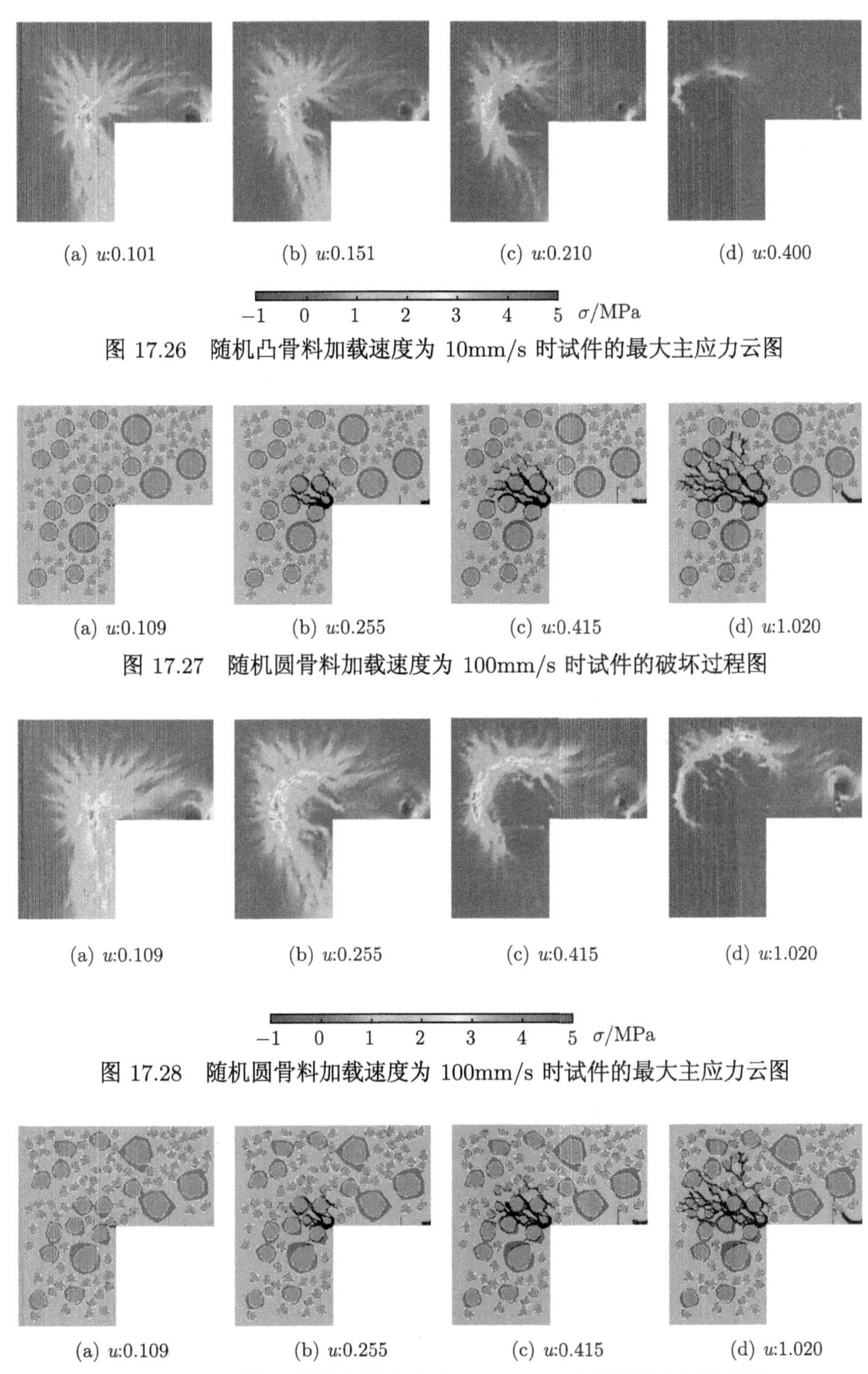

图 17.26 随机凸骨料加载速度为 10mm/s 时试件的最大主应力云图

图 17.27 随机圆骨料加载速度为 100mm/s 时试件的破坏过程图

图 17.28 随机圆骨料加载速度为 100mm/s 时试件的最大主应力云图

图 17.29 随机凸骨料加载速度为 100mm/s 时试件的破坏过程图

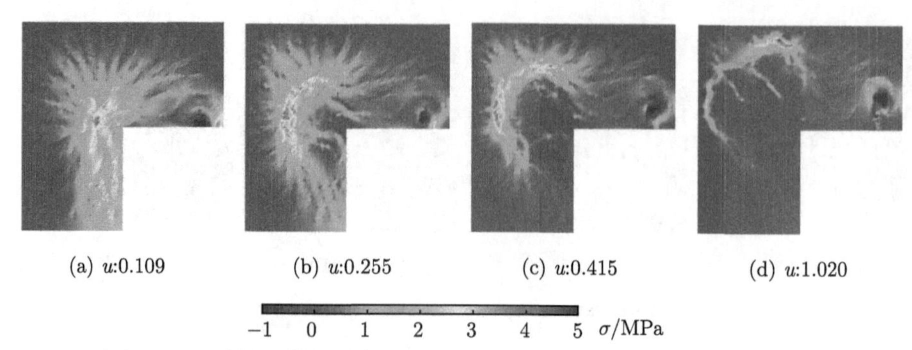

图 17.30 随机凸骨料加载速度为 100mm/s 时试件的最大主应力云图

扩展，并逐渐向试件内部扩展延伸；不同加载速度下试件的破坏形态具有很大的差异，即证明了试件的破坏模式具有明显的率加载相关性。此外，从图中还可以发现：

(1) 圆骨料模型和凸骨料模型破坏形态相似，随着加载速度的增大，试件内裂纹数量不断增加，严重损伤区域的宽度也慢慢增大，且伴有裂纹分枝现象产生。

(2) 随着加载速度的增大，裂纹的破坏形态从 I 型模式逐渐向弥散状模式转变，裂纹数量的增加，表明断裂破坏所耗散的能量与摩擦耗能等更多，试件宏观动力强度提高。当裂纹扩展速度相对较快时，裂纹尖端的惯性力将会抑制裂纹的扩展，进而使得单条裂纹被分裂成两条斜裂纹 (分枝)。

(3) 随着加载速度的增加，试件的裂纹扩展方向明显依赖于加载速率。在加载速度很小，如 v=0.1mm/s 时，试件主要受拉破坏，裂纹路径趋于平坦；当速度在 v=10mm/s 时，试件裂缝分支增多，且受剪力影响，裂纹有一定倾角；当速度 v=100mm/s 时，受惯性效应主导，试件裂纹弥散状分布，且裂纹呈 45° 斜向上发展。

17.4 再生混凝土梁抗弯动态破坏模式分析

再生混凝土材料特性有明显的加载率相关性，在实际工程中，再生混凝土往往多种荷载共同作用，本节的重点在于探讨加载速率与再生混凝土梁动承载力之间的关系。

17.4.1 计算模型的建立

简支梁抗弯试验如图 17.31 所示。试件尺寸为 150mm×150mm×550mm；随机骨料模型生成的再生混凝土骨料分布及单元剖分如图 17.32 所示，跨中细观部分骨料颗粒数及老砂浆厚度见表 17.1。各相细观参数见表 17.2。采用位移加载，分别对

加载速度为 v=0.1mm/s、10mm/s、100mm/s 下试件的动态破坏行为进行细观数值研究。

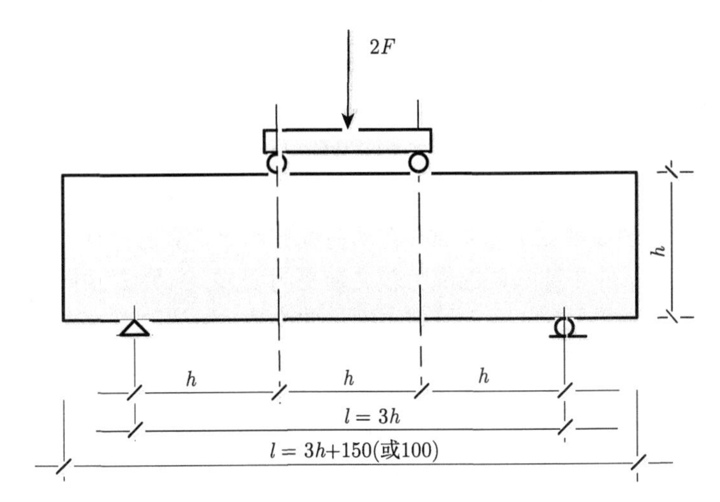

图 17.31 抗弯试验示意图 (mm)

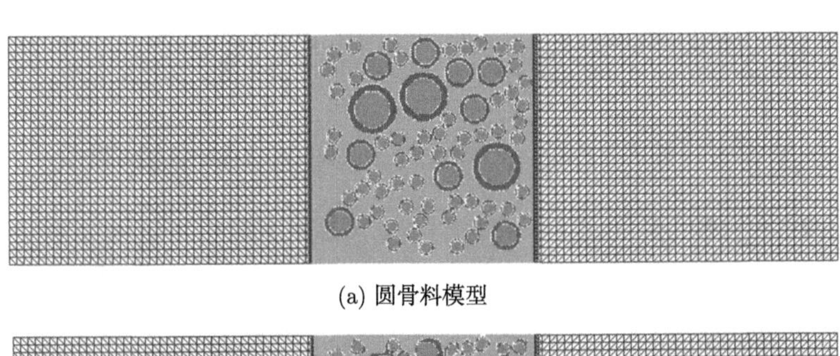

(a) 圆骨料模型

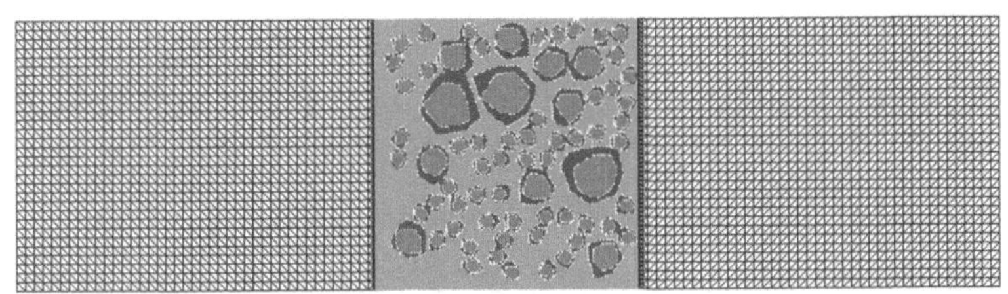

(b) 凸骨料模型

图 17.32 再生混凝土骨料颗粒分布及有限元网格剖分图

17.4.2 试件破坏过程

图 17.33~ 图 17.38 为再生混凝土梁在三种速率动荷载下的破坏过程。图中 u 为加载点的竖向位移，单位为：mm。可以看出 [190]，加载初期，由于动荷载作用，

使试件内部很快产生了损伤单元，损伤单元的数量与加载速率成正比，加载速率高时产生的损伤单元数量略多，这主要是因为加载速率越快，单位时间内产生的能量越高，累积的应力应变场越强，使更多的单元进入损伤破坏阶段。随着荷载的增加，再生混凝土试件损伤单元数量增加，一部分先前损伤的单元转化为破坏单元，试件底部的破坏区域逐渐增多，破坏单元在此时也有一部分相互连接，形成明显的裂纹区域。接近极限弯拉强度时，损伤单元数量突然增加，裂纹的发展趋势朝向试件中部，加载速率越快，产生的破坏单元数量越多，主裂纹朝试件中部发展得越快。加载后期，试件内部裂纹数量大量增加，在动荷载作用下，发生的损伤和破坏进一步加剧，主裂纹朝向试件中部发展的趋势较之前更为明显，主裂纹吞并了周围大部分的微裂纹，使自身发展壮大，由于这些主裂纹的产生，加载速率的快慢对整体裂纹数量及发展方向的影响已经不如之前显著。裂纹大部分分布在砂浆和界面这两个相对薄弱的介质上，而只有很少一部分切割并穿透骨料传播。

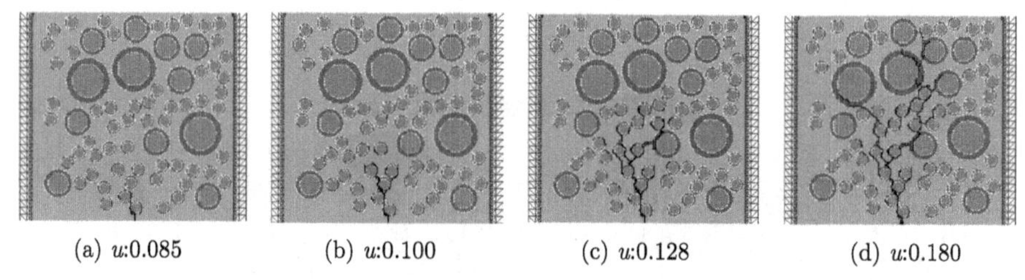

(a) u:0.085 (b) u:0.100 (c) u:0.128 (d) u:0.180

图 17.33 随机圆骨料加载速度为 0.1mm/s 时试件的破坏过程图

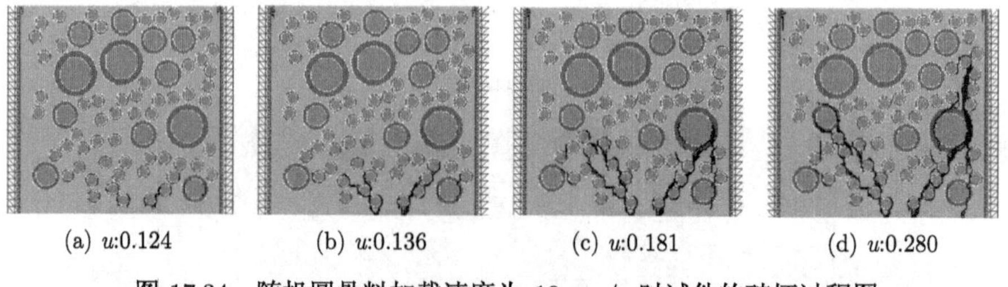

(a) u:0.124 (b) u:0.136 (c) u:0.181 (d) u:0.280

图 17.34 随机圆骨料加载速度为 10mm/s 时试件的破坏过程图

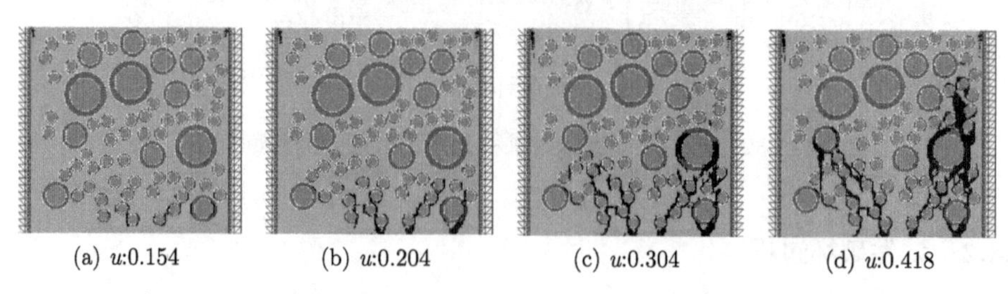

(a) u:0.154 (b) u:0.204 (c) u:0.304 (d) u:0.418

图 17.35 随机圆骨料加载速度为 100mm/s 时试件的破坏过程图

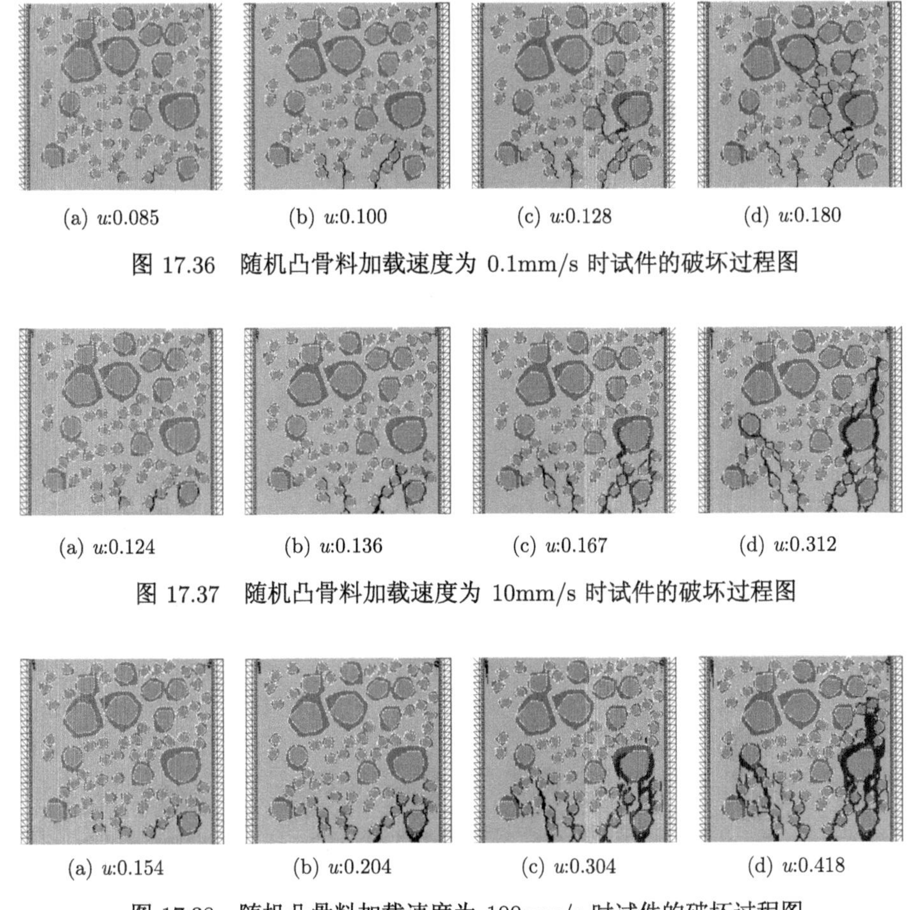

(a) u:0.085 (b) u:0.100 (c) u:0.128 (d) u:0.180

图 17.36 随机凸骨料加载速度为 0.1mm/s 时试件的破坏过程图

(a) u:0.124 (b) u:0.136 (c) u:0.167 (d) u:0.312

图 17.37 随机凸骨料加载速度为 10mm/s 时试件的破坏过程图

(a) u:0.154 (b) u:0.204 (c) u:0.304 (d) u:0.418

图 17.38 随机凸骨料加载速度为 100mm/s 时试件的破坏过程图

17.4.3 试件应力变化

图 17.39~ 图 17.44 为再生混凝土梁在三种速率动荷载下的水平向应力分布云图。可以看出 [190]，加载过程中，试件顶部骨料区承受较大压应力作用，试件底部承受拉应力作用。由于材料的抗拉强度远小于其抗压强度，其自身性质决定了微裂纹最先出现在试件底部拉应力较大区域。在荷载达到试件的极限弯拉强度之前，加载速率的快慢决定了试件底部最大拉应力分布区域面积的大小 (拉应力区域大小与加载速率成正比)，而加载速率的不同对试件内部应力的分布状况影响不显著，加载过程中试件水平向应力都呈现出分层均匀分布的规律。在这个时期，由于应力集中的出现，试件内部产生了微裂纹，而随着荷载的增加，这些微裂纹的出现又带来了新的应力集中，从而使微裂纹的数量不断发展壮大。当达到并超过试件的极限弯拉强度之后，由于大量微裂纹相互融合产生了主裂纹，使得应力释放更充分，应

力集中现象逐渐消失，在这个时期，加载速率的快慢对应力分布的影响已经不如之前显著。

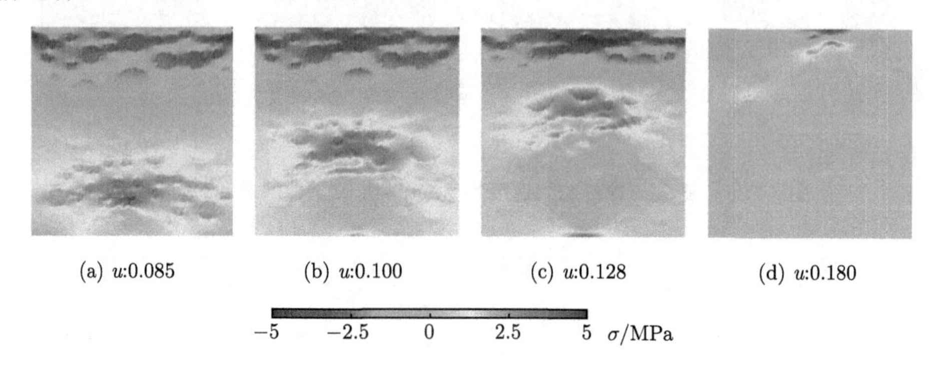

图 17.39 随机圆骨料加载速度为 0.1mm/s 时试件的水平向应力云图

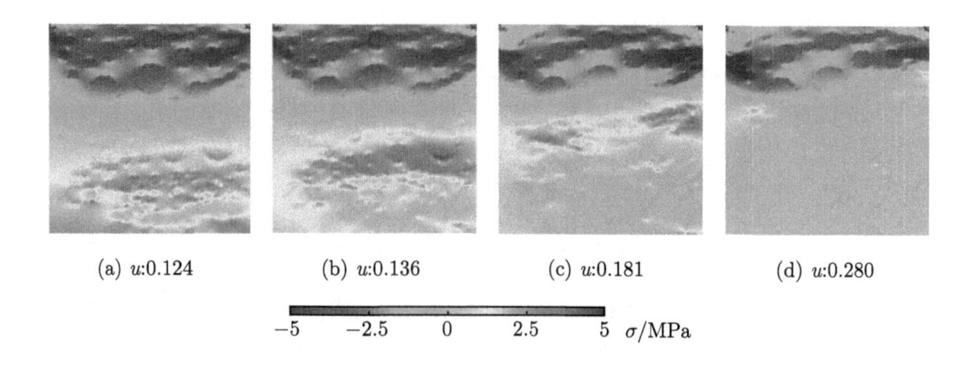

图 17.40 随机圆骨料加载速度为 10mm/s 时试件的水平向应力云图

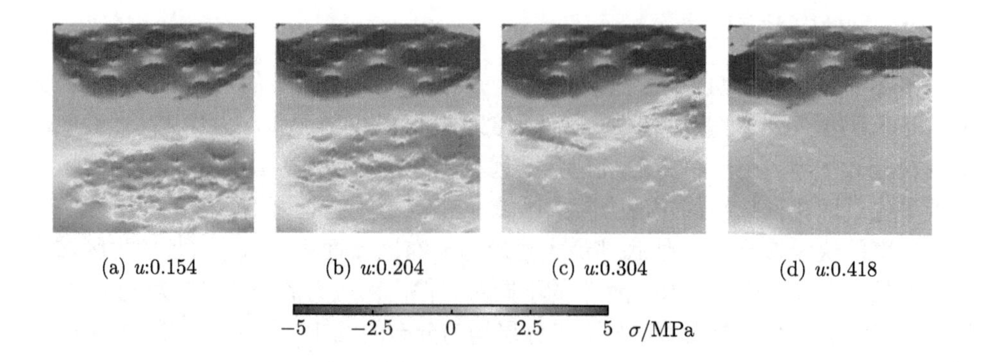

图 17.41 随机圆骨料加载速度为 100mm/s 时试件的水平向应力云图

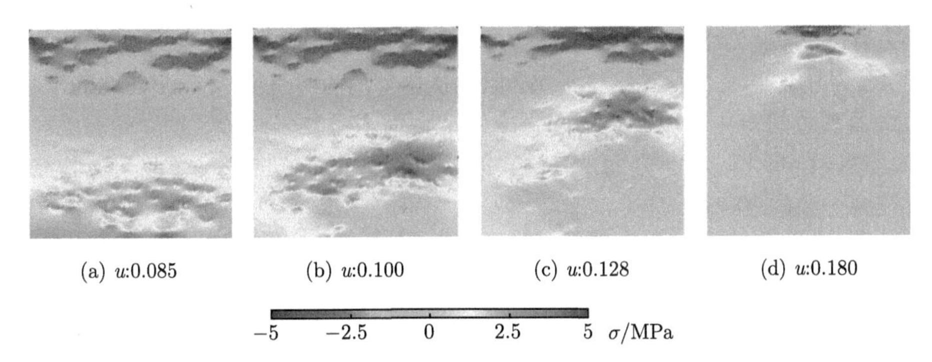

图 17.42 随机凸骨料加载速度为 0.1mm/s 时试件的水平向应力云图

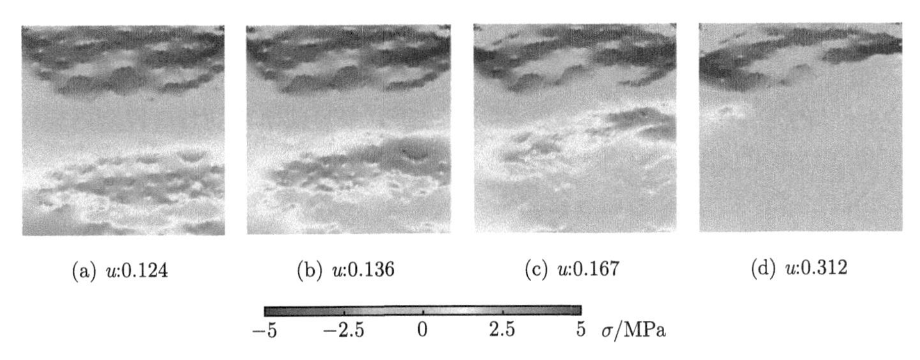

图 17.43 随机凸骨料加载速度为 10mm/s 时试件的水平向应力云图

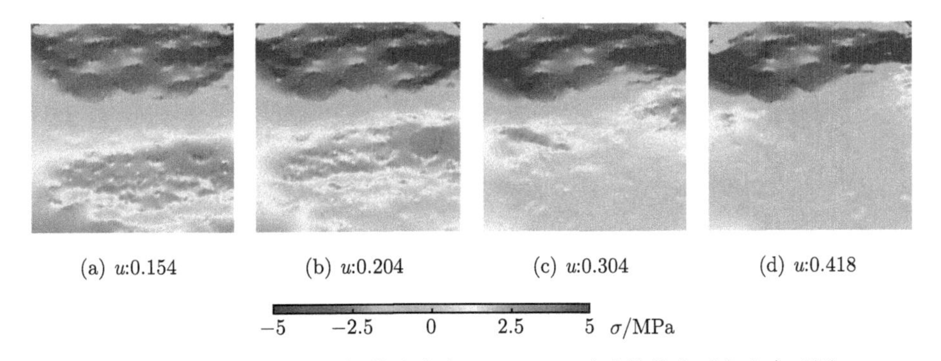

图 17.44 随机凸骨料加载速度为 100mm/s 时试件的水平向应力云图

17.5 本 章 小 结

本章基于动态损伤问题的基面力元法，模拟再生混凝土试件的动态单轴拉伸、单轴压缩试验、拉剪混合试验及纯弯试验，研究了材料在动态加载下的宏观动态力学行为特性。虽然由于本章模型没有考虑材料的黏性，以致对低应变率加载下的再生混凝土动态力学特性反映略有不足，但是从总体而言，在应力–应变曲线的形状、动力增强系数的变化规律以及不同强度的动力增强系数之间的区别、动态破坏形态和动态破坏演化过程等方面，细观数值结果给出的试样应变率效应与试验结果具有较为一致的规律性。

(1) 再生混凝土在静力荷载作用下，微裂纹首先从细观缺陷处产生，如老粘结带和新粘结带等，然后逐渐沿着最薄弱的部分延伸扩展；当这些微裂纹扩展连通形成宏观裂纹时，试件破坏，因此，静力破坏模式单一，表现为集中式的宏观裂纹。

(2) 在高应变率条件下，当微裂纹在最薄弱部分产生后，由于惯性效应的作用，裂纹的扩展速度小于应力波的传播速度，这些微裂纹尚未扩展连通形成宏观裂纹时，应力波的传播、反射和叠加可能使混凝土的其他次薄弱环节也产生了裂纹。因此，高应变率下试件的破坏模式分散，呈现出一种弥散状的裂纹分布模式。

在后续的工作中，还可以进行更多的试验研究来验证本文的数值预测结果，此外，二维模型难以反映三维空间复杂的破坏路径，故而拟将二维模型扩展到三维模型来研究再生混凝土的动态破坏行为。

第 18 章　细观力学参数对数值模拟结果的影响

再生混凝土是由五相介质组成的复合材料，细微观结构比普通混凝土更为复杂和随机。本章将以平面 150mm×150mm 的二维随机圆骨料模型为基础，研究各相材料的力学参数大小、应力–应变关系及均值度对再生混凝土宏观力学性能的影响。

本章中将采用双折线本构模型，各相材料参数如表 12.1 所示。将其中各材料的力学参数进行调整，分别进行数值模拟，得到整个再生混凝土试件的宏观力学变化，对比分析这些模拟结果。

18.1　天然骨料的影响

18.1.1　弹性模量

调整天然骨料的弹性模量，分别乘以 0.8 和 1.2，模拟得到的应力应变曲线如图 18.1 所示。其初始弹性模量、抗压强度、抗拉强度、抗压峰值应变和抗拉峰值应变详见表 18.1。

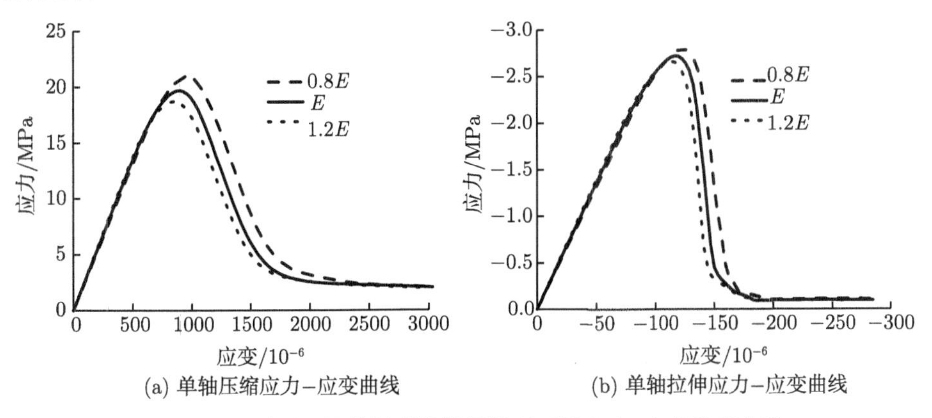

(a) 单轴压缩应力–应变曲线　　(b) 单轴拉伸应力–应变曲线

图 18.1　不同天然骨料弹性模量情况下的应力–应变关系曲线

模拟结果显示天然骨料弹性模量增加或减小 20%，整个再生混凝土试件的初始弹性模量增加或降低 2%。同时，其抗拉抗压强度也有所变化，当天然骨料弹性模量提高时，再生混凝土抗拉和抗压强度都稍有降低。Zhou[191] 和杨再富 [192] 的研究证明弹性模量较高的骨料会造成混凝土强度的降低，如“坚硬的钢骨架”。究其原因，是由于天然骨料的弹性模量较高会造成骨料周围更加严重的应力集中，从而使裂纹的产生提前，强度降低；反之，当天然骨料弹性模量降低时，则应力集中现象也被削弱，从而使再生混凝土强度提高。

表 18.1　不同天然骨料弹性模量情况再生混凝土力学性能

调整比例	初始弹性模量/GPa	抗压强度/MPa	抗拉强度/MPa	抗压峰值应变/10^{-6}	抗拉峰值应变/10^{-6}
0.8	26.33	21.00	2.79	960	123
1.0	27.21	19.70	2.72	900	117
1.2	27.81	18.72	2.66	840	114

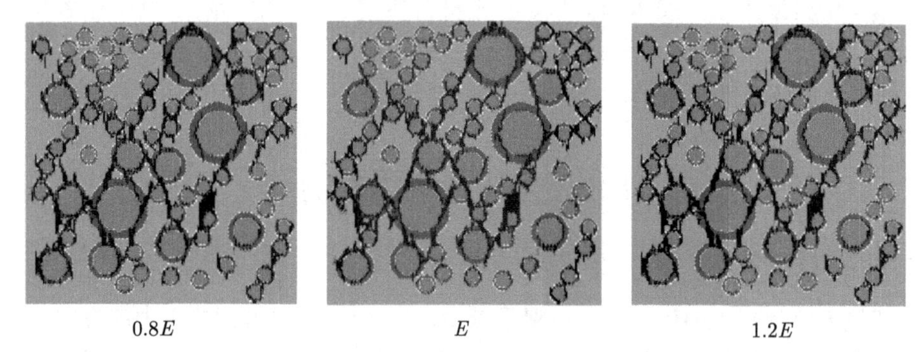

0.8E　　E　　1.2E

图 18.2　不同天然骨料弹性模量情况下的试件单轴压缩破坏形态

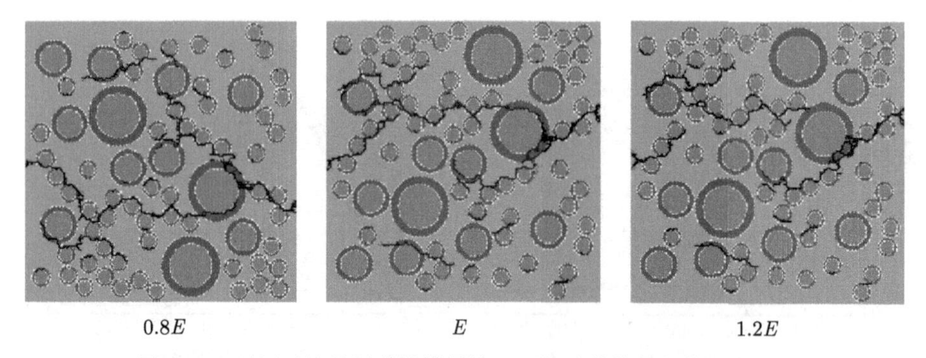

0.8E　　E　　1.2E

图 18.3　不同天然骨料弹性模量情况下的试件单轴拉伸破坏形态

18.1.2　强度

调整天然骨料的抗拉强度，分别乘以 0.8 和 1.2，模拟得到的应力应变曲线如图 18.4 所示。其初始弹性模量、抗压强度、抗拉强度、抗压峰值应变和抗拉峰值应变详见表 18.2。

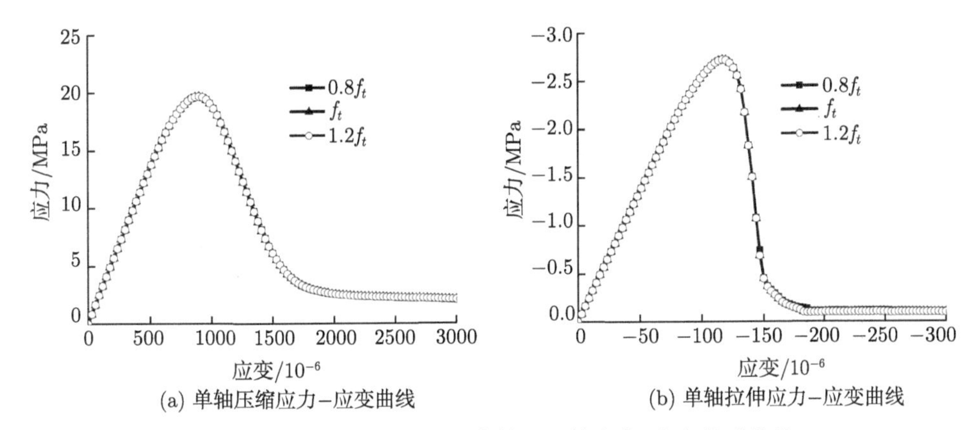

(a) 单轴压缩应力–应变曲线 (b) 单轴拉伸应力–应变曲线

图 18.4 不同天然骨料强度情况下的应力–应变关系曲线

表 18.2 不同天然骨料强度情况下再生混凝土力学性能

调整比例	初始弹性模量/GPa	抗压强度/MPa	抗拉强度/MPa	抗压峰值应变 /10^{-6}	抗拉峰值应变 /10^{-6}
0.8	27.20	19.68	2.72	900	117
1.0	27.20	19.70	2.72	900	117
1.2	27.20	19.71	2.72	900	117

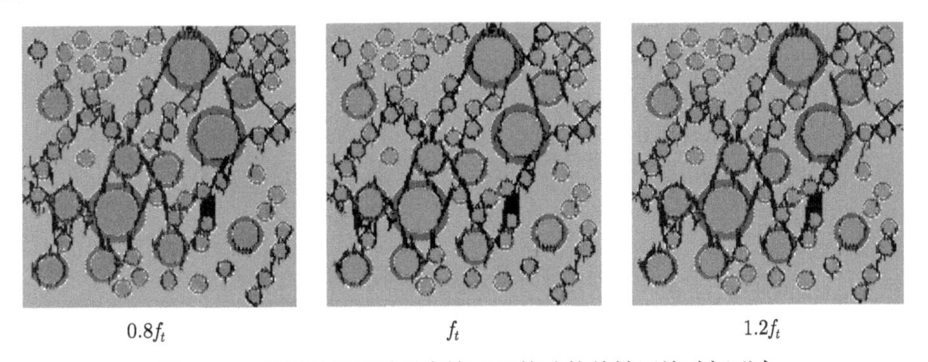
0.8f_t f_t 1.2f_t

图 18.5 不同天然骨料强度情况下的试件单轴压缩破坏形态

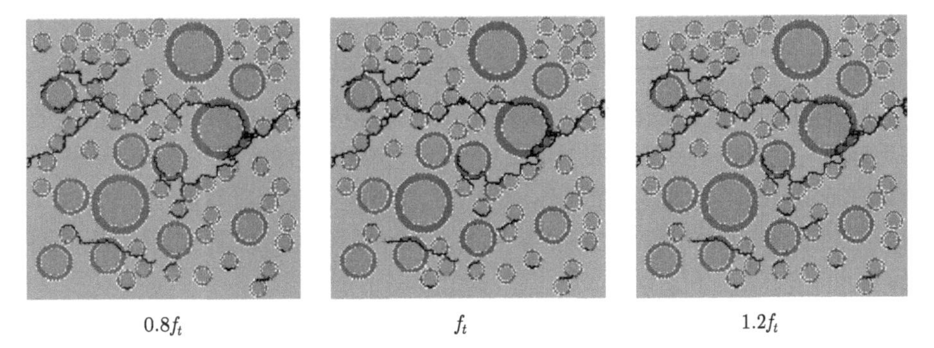
0.8f_t f_t 1.2f_t

图 18.6 不同天然骨料强度情况下的试件单轴拉伸破坏形态

天然骨料材质较为均匀且力学性能较稳定，在试验的过程中，很少有骨料发生破坏。模拟结果也证明了这一点，改变粗骨料的强度，单轴压缩和单轴拉伸应力–应变曲线都几乎完全重合。

18.2 新砂浆的影响

18.2.1 弹性模量

仅改变新砂浆弹性模量，分别下上调整 20%，模拟得到的应力应变关系曲线如图 18.7。其初始弹性模量、抗压强度、抗拉强度、抗压峰值应变和抗拉峰值应变详见表 18.3。

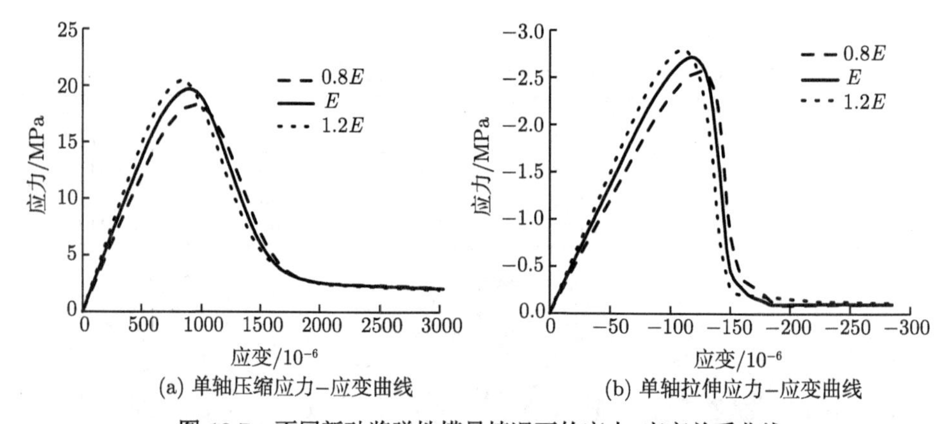

(a) 单轴压缩应力–应变曲线　(b) 单轴拉伸应力–应变曲线

图 18.7 不同新砂浆弹性模量情况下的应力–应变关系曲线

表 18.3 不同新砂浆弹性模量情况再生混凝土力学性能

调整比例	初始弹性模量/GPa	抗压强度/MPa	抗拉强度/MPa	抗压峰值应变 /10^{-6}	抗拉峰值应变 /10^{-6}
0.8	24.14	18.30	2.57	960	123
1.0	27.21	19.70	2.72	900	117
1.2	29.92	20.43	2.80	840	111

新砂浆弹性模量的变化必然导致整个试件弹性模量的变化，但是对强度的影响却不明确。为此，利用模拟的方法进行研究。模拟结果显示，当新砂浆的弹性模量增加或减小 20% 时，整个再生混凝土的弹性模量增加或降低 10% 左右，另外也发现新砂浆弹性模量高的情况再生混凝土的强度也有所提高，峰值应变略有降低。

0.8E E 1.2E

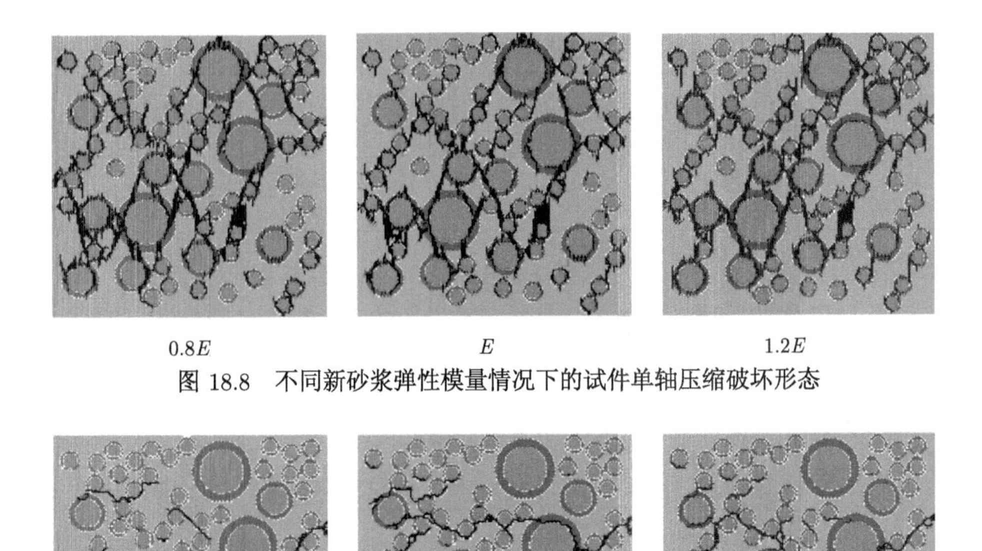

图 18.8 不同新砂浆弹性模量情况下的试件单轴压缩破坏形态

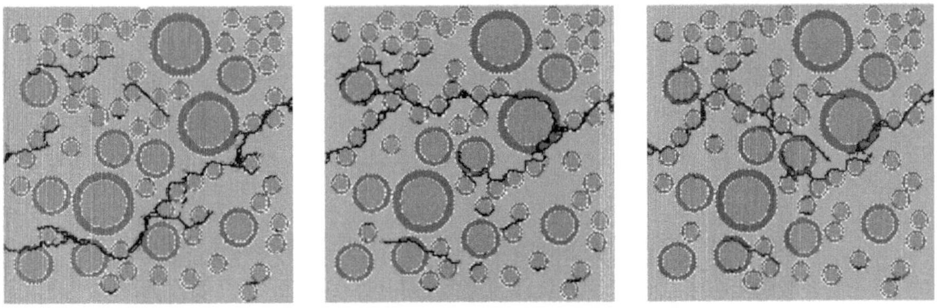

0.8E E 1.2E

图 18.9 不同新砂浆弹性模量情况下的试件单轴拉伸破坏形态

18.2.2 强度

为了研究新砂浆强度发生变化时对再生混凝土力学性能的影响，新砂浆单元的强度也在原有数值的基础上，分别下上调整 20%，模拟得到的应力应变关系曲线如图 18.10。其初始弹性模量、抗压强度、抗拉强度、抗压峰值应变和抗拉峰值应变详见表 18.4。

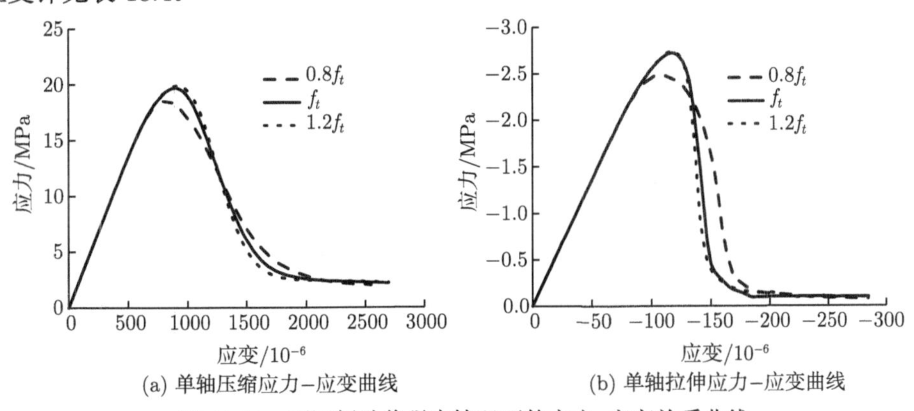

(a) 单轴压缩应力–应变曲线 (b) 单轴拉伸应力–应变曲线

图 18.10 不同新砂浆强度情况下的应力–应变关系曲线

表 18.4　不同新砂浆强度情况再生混凝土力学性能

调整比例	初始弹性模量/GPa	抗压强度/MPa	抗拉强度/MPa	抗压峰值应变 $/10^{-6}$	抗拉峰值应变 $/10^{-6}$
0.8	27.21	18.54	2.48	810	108
1.0	27.21	19.70	2.72	900	117
1.2	27.21	19.89	2.74	930	117

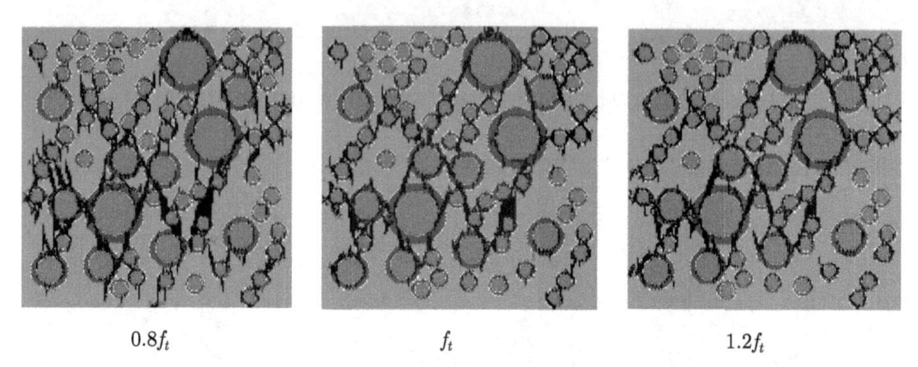

图 18.11　不同新砂浆强度情况下的试件单轴压缩破坏形态

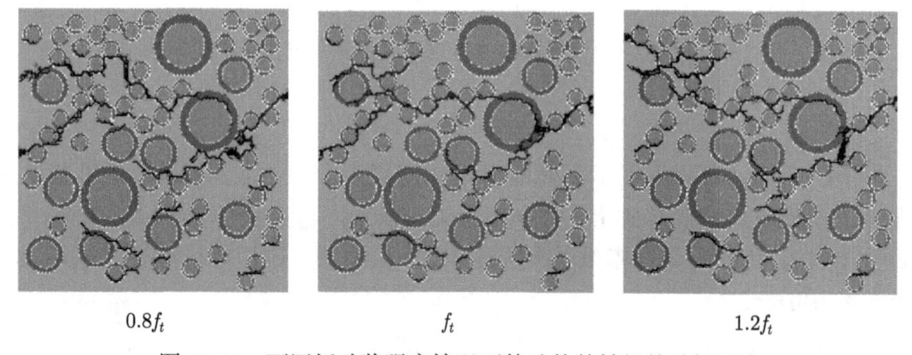

图 18.12　不同新砂浆强度情况下的试件单轴拉伸破坏形态

模拟结果显示，当新砂浆强度改变时，试件的强度有明显的变化。研究表明 [203]，再生混凝土的强度随着新砂浆强度的增大而增大，可以通过提高新砂浆的强度获得较高强度的再生混凝土；同时也有研究表明 [204]，若再生骨料附着砂浆强度一定，单纯依靠增大新砂浆的强度来提高再生混凝土并不具有很大的意义，除非新砂浆的强度增幅很大；肖建庄等 [205] 通过数值模拟研究发现，新砂浆作为连接再生骨料的介质，在混凝土中分布均匀且单元数量较多，对试件强度的影响更为显著。

18.3 老砂浆的影响

18.3.1 弹性模量

研究老砂浆弹性模量对整个再生混凝土的力学性能的影响，仅改变老砂浆弹性模量，分别上下调整 20%。模拟得到的应力应变关系曲线详见图 18.13。

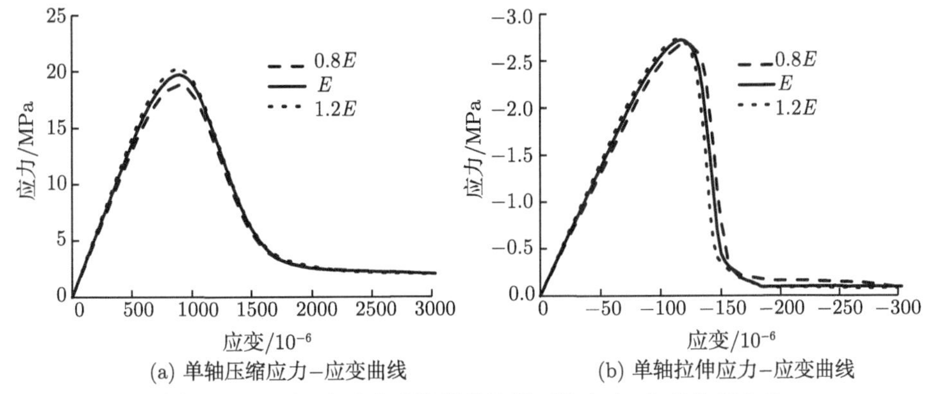

(a) 单轴压缩应力–应变曲线　(b) 单轴拉伸应力–应变曲线

图 18.13　不同老砂浆弹性模量情况下的应力–应变关系曲线

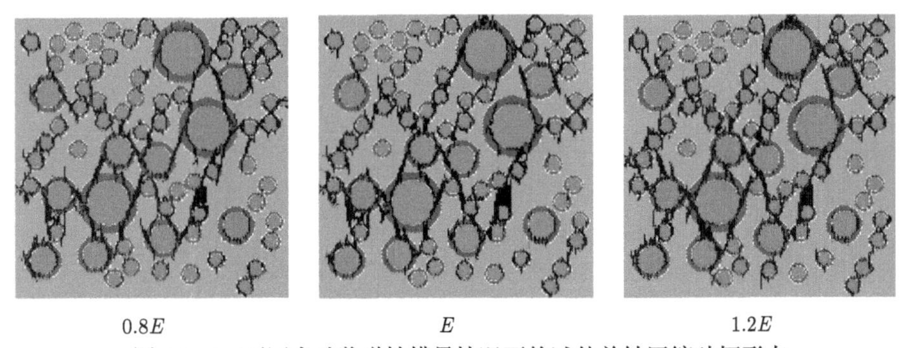

图 18.14　不同老砂浆弹性模量情况下的试件单轴压缩破坏形态

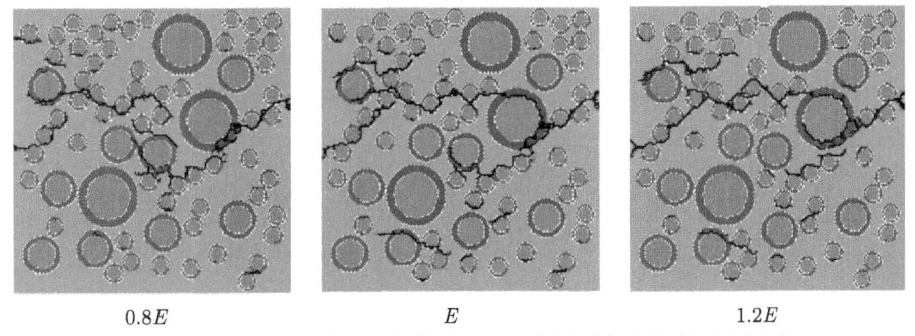

图 18.15　不同老砂浆弹性模量情况下的试件单轴拉伸破坏形态

三种情况下的初始弹性模量、抗压强度、抗拉强度、抗压峰值应变和抗拉峰值应变详见表 18.5。

表 18.5 不同老砂浆弹性模量情况下再生混凝土力学性能

调整比例	初始弹性模量/GPa	抗压强度/MPa	抗拉强度/MPa	抗压峰值应变 /10^{-6}	抗拉峰值应变 /10^{-6}
0.8	25.94	18.79	2.69	900	120
1.0	27.21	19.70	2.72	900	117
1.2	28.24	20.19	2.73	900	114

老砂浆弹性模量增加时，试件强度也略有提高。究其原因，老砂浆弹性模量较新砂浆低，当稍有提高时，则接近新砂浆弹性模量，从而削弱该部位的应力集中，提高其强度。反之，则老砂浆和新砂浆之间的弹性模量差距越大，则应力集中越严重，从而使其强度降低。

18.3.2 强度

将老砂浆强度在原有数值的基础上，分别上下调整 20%。模拟得到的应力应变关系曲线详见图 18.16。

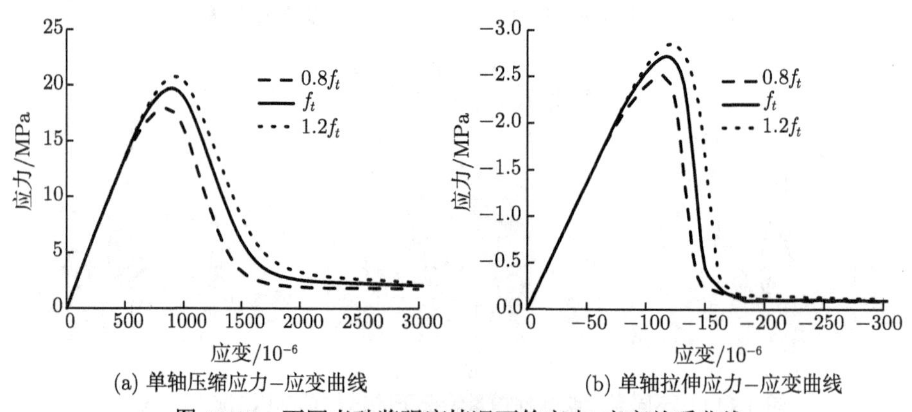

(a) 单轴压缩应力–应变曲线 (b) 单轴拉伸应力–应变曲线

图 18.16 不同老砂浆强度情况下的应力–应变关系曲线

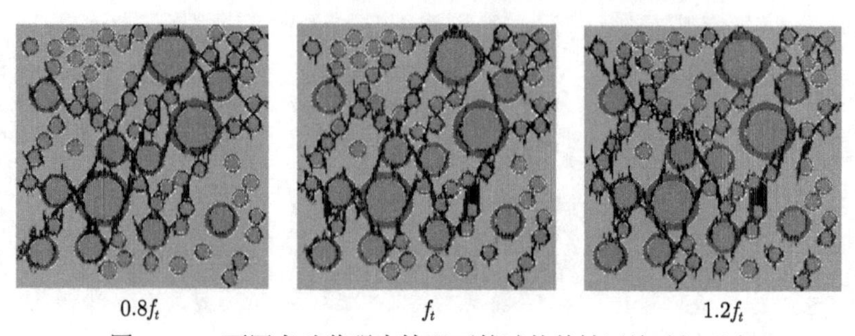

图 18.17 不同老砂浆强度情况下的试件单轴压缩破坏形态

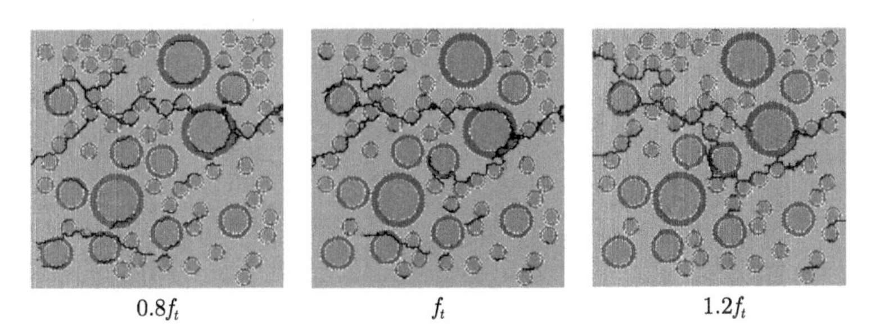

图 18.18 不同老砂浆强度情况下的试件单轴拉伸破坏形态

三种情况下的初始弹性模量、抗压强度、抗拉强度、抗压峰值应变和抗拉峰值应变详见表 18.6。

表 18.6 不同老砂浆强度情况下再生混凝土力学性能

调整比例	初始弹性模量/GPa	抗压强度/MPa	抗拉强度/MPa	抗压峰值应变/10^{-6}	抗拉峰值应变/10^{-6}
0.8	27.21	17.91	2.52	840	114
1.0	27.21	19.70	2.72	900	117
1.2	27.21	20.68	2.86	960	120

从应力应变关系曲线可明显发现随着老砂浆强度的增加，再生混凝土强度也明显增加。西班牙学者 Larranga[200] 研究表明，决定再生混凝土的力学性能的主要是再生骨料与附着砂浆的粘结面，由于再生骨料自身的吸水率比较大，使得粘结面上的相对水灰比比较小，从而局部强度高于新旧水泥砂，而旧水泥砂浆由于本来的损伤和原始强度较低，成为了影响再生混凝土强度的主要因素。

18.4 新粘结界面过渡区的影响

将新粘结带强度在原有数值的基础上，分别上下调整 20%。模拟得到的应力应变关系曲线详见图 18.19。

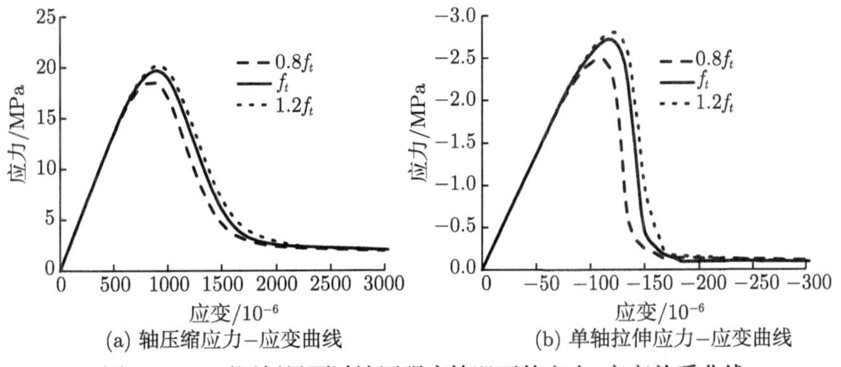

(a) 轴压缩应力–应变曲线　(b) 单轴拉伸应力–应变曲线

图 18.19 不同新界面过渡区强度情况下的应力–应变关系曲线

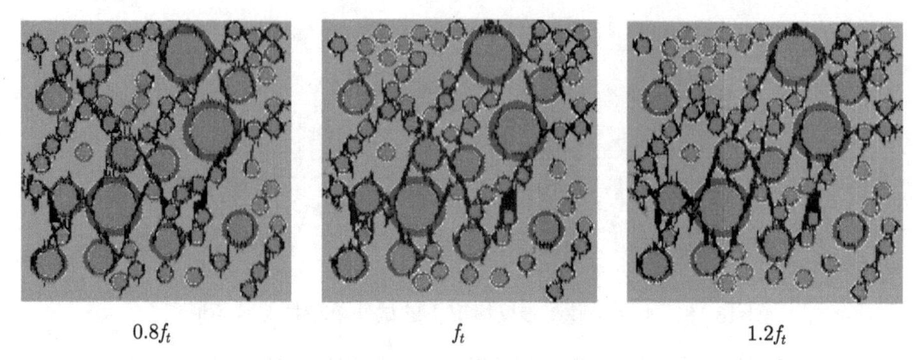

图 18.20　不同新界面过渡区强度情况下的试件单轴压缩破坏形态

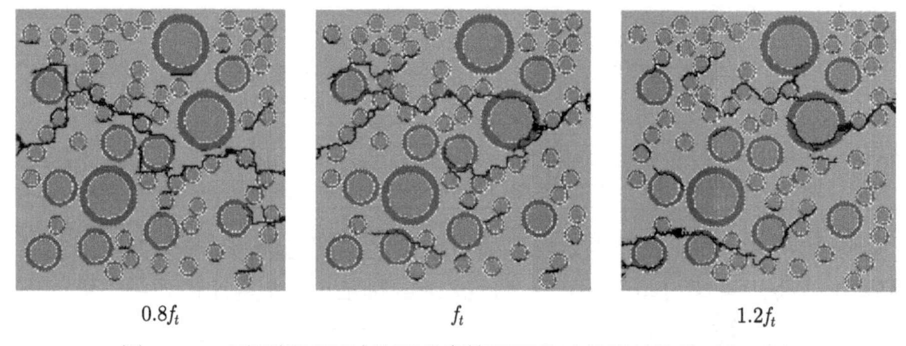

图 18.21　不同新界面过渡区强度情况下的试件单轴拉伸破坏形态

三种情况下的初始弹性模量、抗压强度、抗拉强度、抗压峰值应变和抗拉峰值应变详见表 18.7。

表 18.7　不同新界面过渡区强度情况下再生混凝土力学性能

调整比例	初始弹性模量/GPa	抗压强度/MPa	抗拉强度/MPa	抗压峰值应变/10^{-6}	抗拉峰值应变/10^{-6}
0.8	27.21	18.57	2.49	840	111
1.0	27.21	19.70	2.72	900	117
1.2	27.21	20.18	2.80	900	120

模拟结果显示，新界面过渡区强度提高 20%，则再生混凝土抗压强度提高 2% 左右，抗拉强度提高 3%；新界面过渡区强度降低 20%，则再生混凝土抗压强度降低 5% 左右，抗拉强度降低 8% 左右。这说明了新界面过渡区的强度的改变，对抗拉强度的影响比抗压强度的影响大。陈云钢等 [201] 认为新粘结界面过渡区强度高于老粘结界面强度，不是影响再生混凝土强度的主要因素；鲁雪冬等 [202] 认为两个界面过渡区都是再生混凝土的薄弱环节，但是再生混凝土究竟沿哪一个界面破坏则取决于这两个界面的粘结强度。

18.5 老粘结界面过渡区的影响

将老粘结带强度在原有数值的基础上，分别上下调整 20%。模拟得到的应力应变关系曲线详见图 18.22。

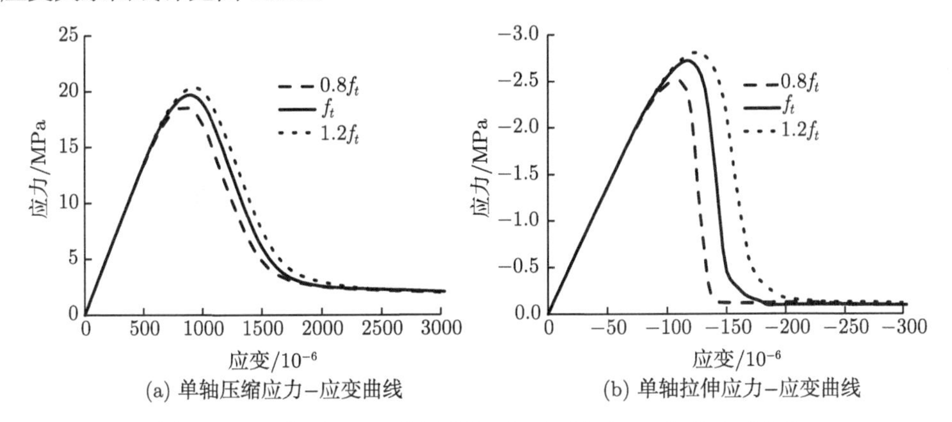

(a) 单轴压缩应力–应变曲线　　(b) 单轴拉伸应力–应变曲线

图 18.22　不同老界面过渡区强度情况下的应力–应变关系曲线

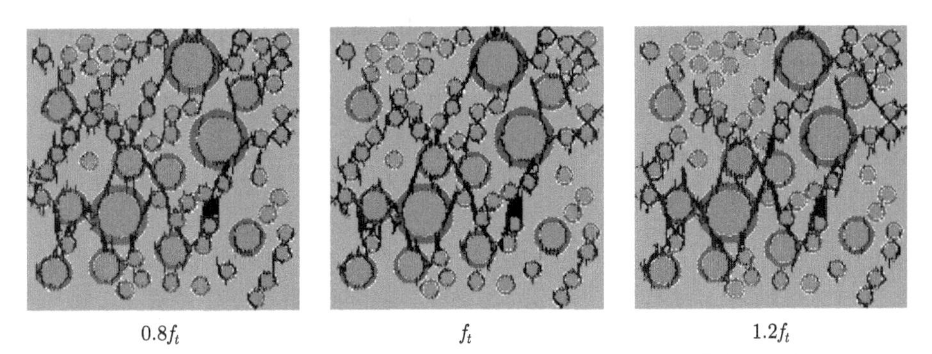

$0.8f_t$　　f_t　　$1.2f_t$

图 18.23　不同老界面过渡区强度情况下的试件单轴压缩破坏形态

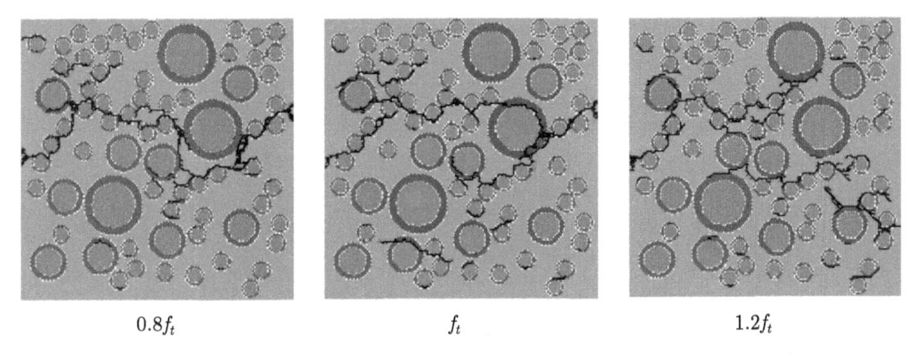

$0.8f_t$　　f_t　　$1.2f_t$

图 18.24　不同老界面过渡区强度情况下的试件单轴拉伸破坏形态

三种情况下的初始弹性模量、抗压强度、抗拉强度、抗压峰值应变和抗拉峰值应变详见表 18.8。

表 18.8　不同老界面过渡区强度情况下再生混凝土力学性能

调整比例	初始弹性模量/GPa	抗压强度/MPa	抗拉强度/MPa	抗压峰值应变 /10^{-6}	抗拉峰值应变 /10^{-6}
0.8	27.21	18.61	2.51	840	108
1.0	27.21	19.70	2.72	900	117
1.2	27.21	20.36	2.81	930	123

模拟结果显示，老界面过渡区的强度的改变对抗压强度和抗拉强度影响较大。彭一江等 [198] 研究发现在低水灰比的时候，再生骨料混凝土的强度主要受老粘结带的影响；高水灰比时，再生混凝土的强度主要由老粘结带、新粘结带的强度特性共同决定。同时也有研究发现 [199]，再生混凝土的强度随着内部旧砂浆界过渡区强度的提高而提高。

18.6　本 章 小 结

研究表明，试件的破坏先从界面过渡区开始，随后裂纹沿着界面逐渐扩展直至贯穿整个试件。在所有影响再生混凝土强度的因素中，界面的影响因素最大。再生混凝土的破坏过程与普通混凝土类似，取决于裂纹的出现及扩展。裂纹的发展与界面过渡区的强度、厚度及新砂浆、老砂浆的强度等有关。

第19章 细观力学参数非均质性的影响分析

混凝土材料是一种高度不均匀、不连续的复合材料，在细观层次上骨料颗粒、空隙等在基质中随机分布，在微观层次上硬化水泥砂浆含大量的毛细空隙、未水化颗粒、结晶等，其各组分材料力学参数的分布具有一定的随机性，而不是通常计算时所采用的定值。为了更加合理地描述混凝土材料的非均质性，本章细观数值模拟既考虑到再生混凝土材料各相介质的随机分布，又引入了概率统计的方法。

19.1 Weibull 概率统计分布

假定各相材料力学参数的力学性质满足 Weibull 概率统计分布，其分布密度函数为

$$f(u)=\frac{m}{u_0}\left(\frac{u}{u_0}\right)^{m-1}\exp\left[-\left(\frac{u}{u_0}\right)^{m}\right] \tag{19.1.1}$$

式中，u 为满足该分布参数 (如强度、弹性模量等) 的数值，m 为材料均质度，u_0 与均值 $E(u)$ 相关的参数。

式 (19.1.1) 中的分布密度函数 $f(u)$ 对应的随机变量 u 的均值和方差为

$$E(u)=u_0\Gamma(1+1/m) \tag{19.1.2}$$

$$D(u)=u_0^2\left[\Gamma(1+2/m)-\Gamma^2(1+1/m)\right] \tag{19.1.3}$$

$\Gamma(\cdot)$ 函数的数值可从《数学手册》查到。

参数 m 是分布函数的形状参数。随着均值度 m 的增加，细观单元的力学性质将集中于一个狭长的范围内，表明材料的力学性质比较均匀；而当均匀性系数 m 值减小时，则细观单元的力学性质分布范围变宽，表明材料的力学性质趋于非均匀。假定 $u_0=50$，m 分别取值为 2.0、4.0、6.0、8.0，得到 Weibull 分布密度函数曲线如图 19.1 所示，由图可知，当 m 值逐渐增大，随机变量 x 的值集中分布在 $u_0=50$ 附近，即材料所包含的大部分单元近乎相同，接近给定的均值参数 u_0。

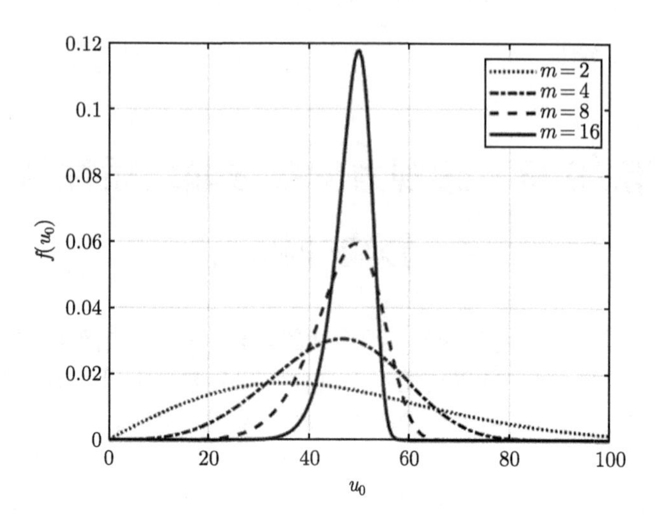

图 19.1　参数 m 对密度函数的影响

当给定 m 值时，取 $m = 2.5$，u_0 的取值分别为 20、30、40、50 时，得到的 Weibull 分布密度函数曲线如图 19.2 所示，由图可知，当 u_0 逐渐增大，分布密度函数越平坦。

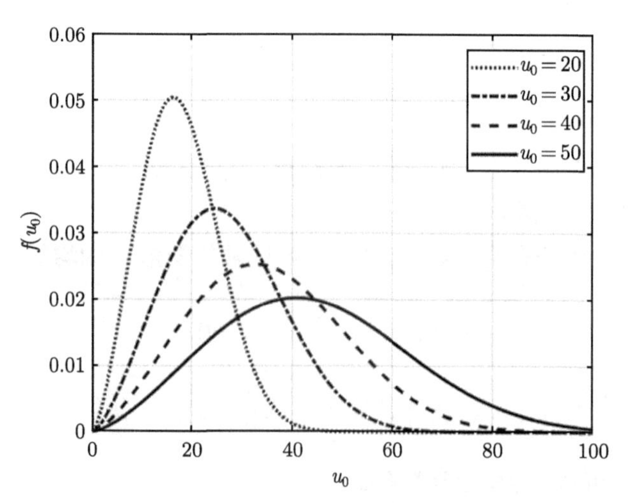

图 19.2　参数 u_0 对密度函数的影响

以 100mm×100mm 的试件为样本，采用三角形有限元网格剖分，剖分尺寸为 1mm。分别选取 $m = 1.5$，$m = 3.0$，$m = 6.0$ 等作为样本试件的均质度，生成不同均质度的随机样本如图 19.3 所示。试件样本中，单元颜色灰度的深浅代表了其力学参数值，所有单元的力学参数值大小不一，但整体上符合给定的 Weibull 分布密度函数曲线。

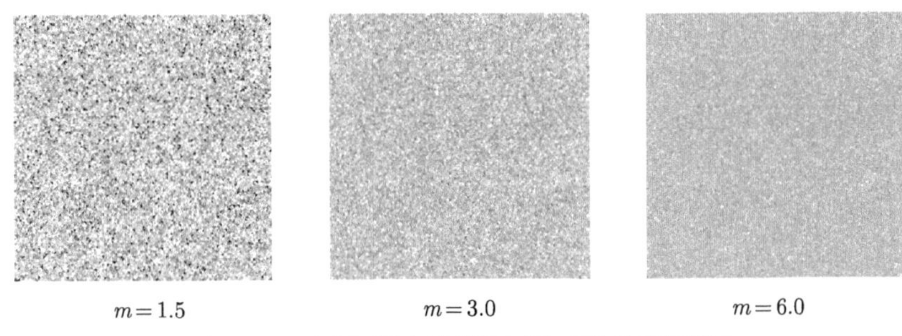

图 19.3 再生混凝土试件不同均质度的随机样本

对于给定的 Weibull 分布，在给定分布参数 m 和 u_0 的情况下，确定样本试件所有单元的随机参数时，在选取不同的均匀随机数，得到的随机样本试件如图 19.4 所示。

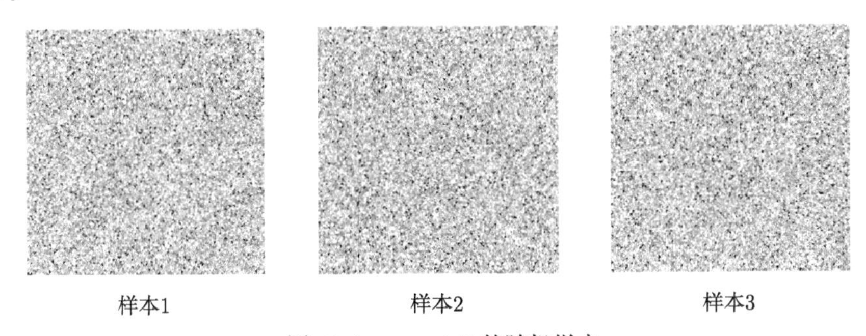

图 19.4 $m = 1.5$ 的随机样本

由上述不同随机分布的样本可得出以下两个结论：

(1) Weibull 分布密度曲线中的分布参数 m 反映了再生混凝土材料的均匀程度，m 值越大，再生混凝土材料的均匀程度越大；

(2) 对于给定的 Weibull 分布密度函数曲线，参数 m 和 u_0 为定值，选取不同的随机数，得到的不同随机样本中，所有单元的材料力学参数虽然位置分布不同，但样本材料力学参数的均匀程度都是一样的。

本研究在数值模型中，采用蒙特卡罗方法为细观单元的力学参数赋值，从而在各相材料内部考虑其各自的力学性能非均匀性。对于与材料细观力学性能非均匀性相关的参数 m 和 u_0 的选定问题，已做过大量的研究工作 [206,207]，得到了如图 19.5 所示的弹性模量和强度随均质度变化的规律。

图 19.5 中曲线拟合公式为

$$\begin{cases} f_{cs}/f_{cs0} = 0.2602\ln m + 0.0233 \quad (1.2 \leqslant m \leqslant 50) \\ E_s/E_{s0} = 0.1412\ln m + 0.6476 \quad (1.2 \leqslant m \leqslant 50) \end{cases} \tag{19.1.4}$$

式中，f_{cs0} 和 E_{s0} 分别为 Weibull 分布赋值时强度和弹性模量的均值，f_{cs} 和 E_s 分别为数值试样的强度和弹性模量。式 (19.1.4) 给出了分布平均值与数值试样宏观响应之间的关系，为 Weibull 分布参数取值提供了参考。

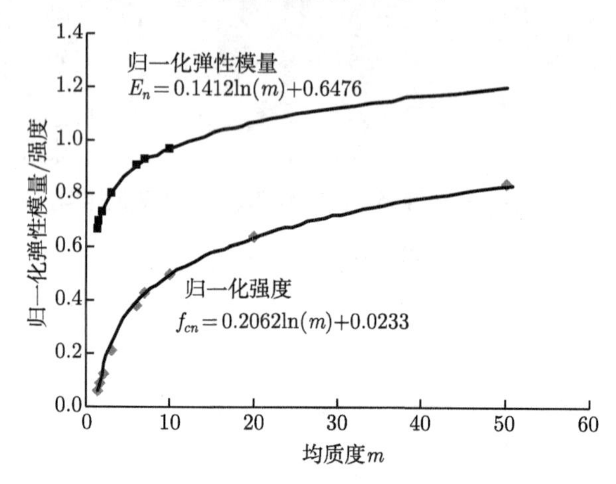

图 19.5　均质度对试样宏观弹性模和强度的影响

19.2　单轴载荷作用下的立方体试件数值试验

以平面 150mm×150mm 的二维随机圆骨料模型为基础，采用多折线本构模型，各相材料参数如表 17.2。本节中考虑各相材料强度、峰值应变及泊松比的非均质性，同时对比材料均质的情况，进行单轴拉伸和单轴压缩数值模拟，分析材料力学参数的非均质性对宏观力学参数的影响。

由图 19.6 应力–应变曲线及表 19.1 可以得到非均质情况下的单轴抗压强度、

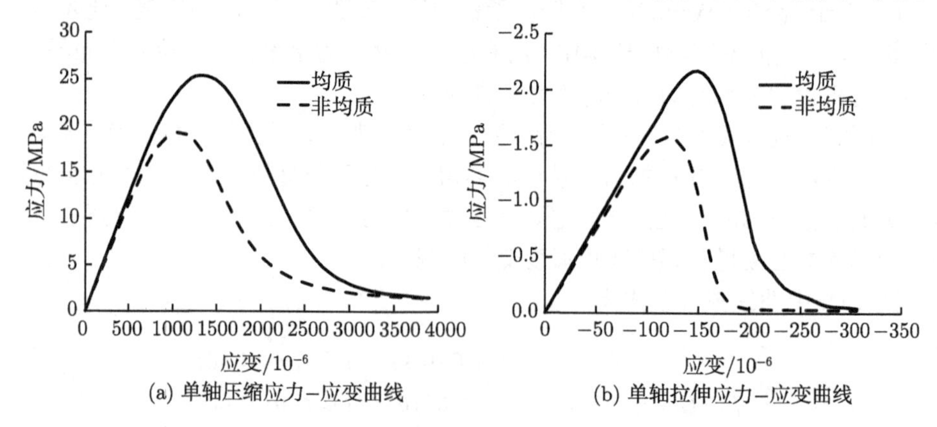

图 19.6　不同材料力学参数均质性情况下的应力–应变关系曲线

单轴抗拉强度及初始弹模分别为 19.22MPa、1.58MPa 和 23.11GPa，相比均质情况，分别降低了 24%、28%和 7%，由此也可看出各组分材料力学参数的非均质性对宏观力学参数的影响。图 19.7 图 19.8 给出了试件的破坏过程，由图中可以看出，骨料、新老砂浆之间的粘结带是再生混凝土最为薄弱的环节。由于各组分材料力学参数的非均质性，即同种材料的单元力学参数也有大有小，在加载的初始阶段，应力较小，界面上的部分单元开始损伤，导致整个试件的应力重分布。当加载过峰值应力时，有大量的单元产生损伤、破坏并发展成局部小裂纹，并最终裂纹贯通，形成宏观裂纹带。

表 19.1　不同材料力学参数均质性情况下再生混凝土力学性能

	初始弹性模量/GPa	抗压强度/MPa	抗拉强度/MPa	抗压峰值应变/10^{-6}	抗拉峰值应变/10^{-6}
均质	24.76	25.36	2.18	1303	149
非均质	23.11	19.22	1.58	1091	121

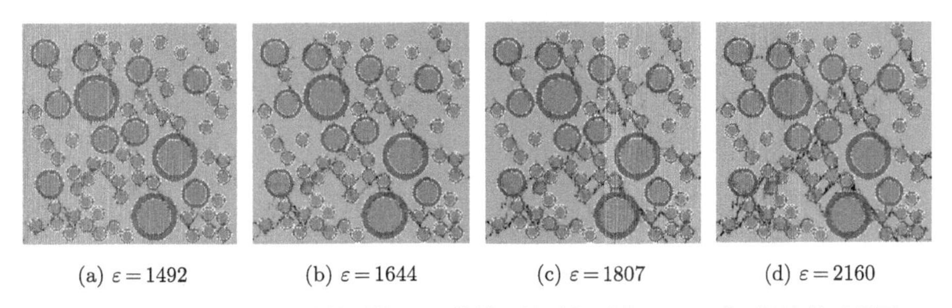

(a) $\varepsilon=1492$　(b) $\varepsilon=1644$　(c) $\varepsilon=1807$　(d) $\varepsilon=2160$

图 19.7　材料力学参数非均质情况下单轴压缩破坏过程 ($\times10^{-6}$)(详见书后彩图)

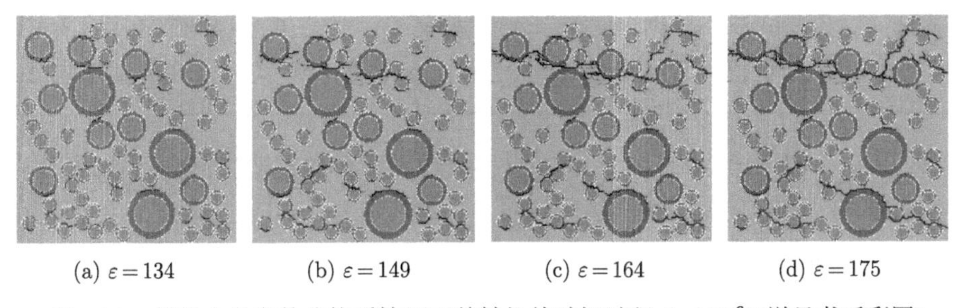

(a) $\varepsilon=134$　(b) $\varepsilon=149$　(c) $\varepsilon=164$　(d) $\varepsilon=175$

图 19.8　材料力学参数非均质情况下单轴拉伸破坏过程 ($\times10^{-6}$)(详见书后彩图)

19.3　三点弯曲切口梁试验

选取如图所示的三点弯梁试验 [209]，梁的尺寸是 450mm×150mm，切口深度为半梁高，取跨中 150mm 部分为细剖区域，网格尺寸为 1mm。细剖区域的再生骨料颗粒数及老砂浆厚度如表 17.1，随机生成骨料模型，如图 19.9。引入多折线损伤模型，各相材料参数均值详见表 17.2。在梁上方中心位置施加静位移荷载。然后引入各相力学性质的非均质性，假定细观各相组分材料的抗拉强度和弹性模量为随机参数，并服从同一种 Weibull 分布。参考《混凝土结构设计规范》GB50010—2002 设定细观单元的随机力学参数统计量。为了研究材料参数随机性对混凝土力学性能的影响，保证结果的可靠性，生成三组 Weibull 分布参数，基于蒙特卡罗法每组产生四个样本，用以反映宏观力学性质相同的介质的细观结构随机性，各相材料参数均质度见表 19.2。

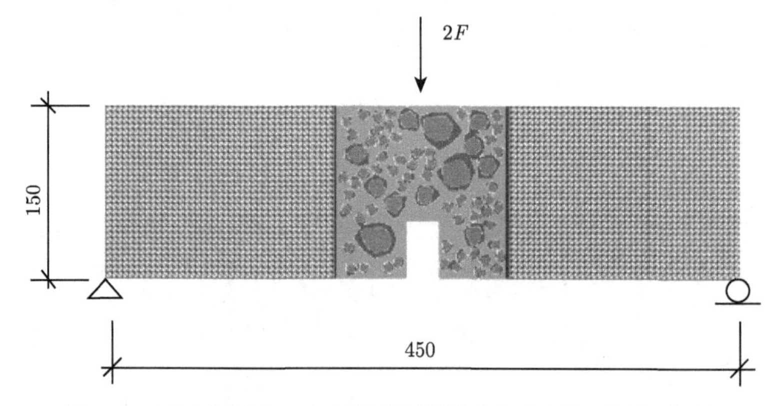

图 19.9　再生混凝土三点弯梁骨料颗粒分布及有限元网格剖分图

表 19.2　各相材料参数均质度

组号	新砂浆	骨料	老粘结带	老砂浆	新粘结带
m-1	6	9	4	6	4
m-2	12	18	8	12	8
m-3	30	45	20	30	20

图 19.10~ 图 19.16 分别为上述三组参数计算所得的混凝土开裂形态及三点弯梁加载点的截面最大拉应力–位移曲线图。

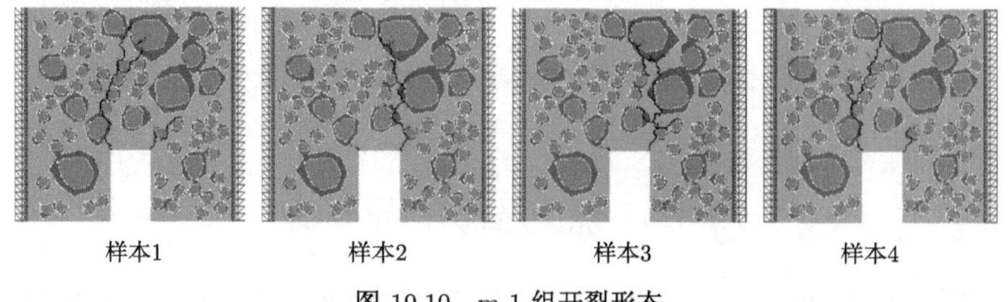

图 19.10　m-1 组开裂形态

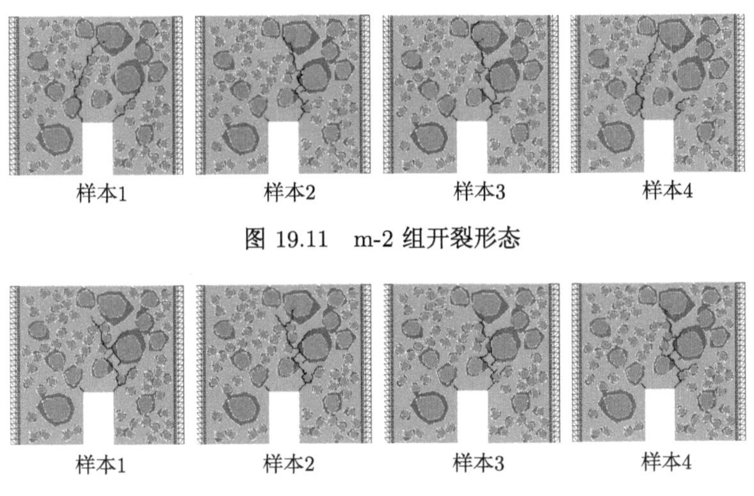

图 19.11 m-2 组开裂形态

图 19.12 m-3 组开裂形态

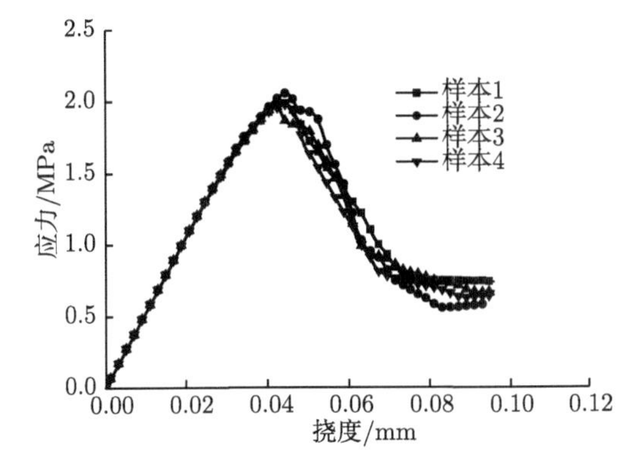

图 19.13 m-1 加载点处截面最大应力与位移关系曲线

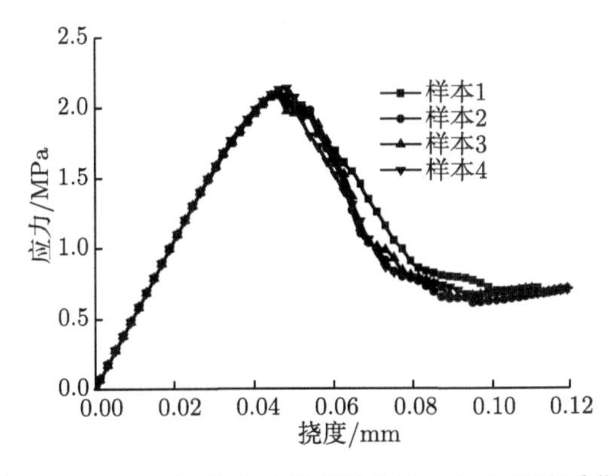

图 19.14 m-2 加载点处截面最大应力与位移关系曲线

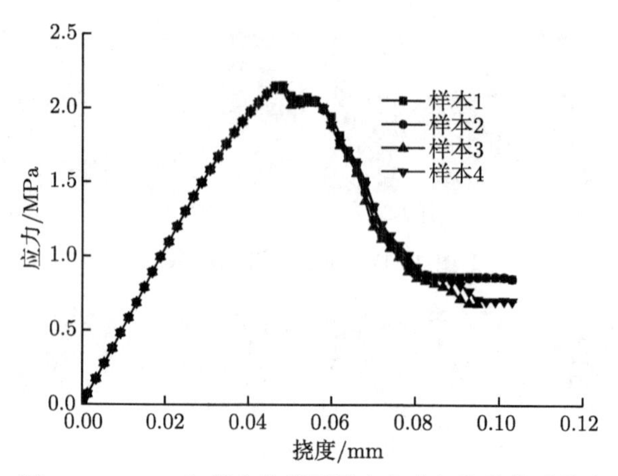

图 19.15　m-3 加载点处截面最大应力与位移关系曲线

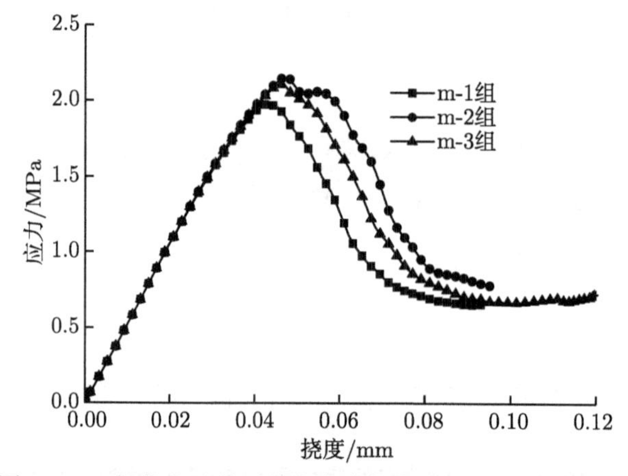

图 19.16　加载点处截面最大应力与位移关系曲线均值比较

结果分析如下：

(1) 对于相同的 Weibull 分布参数 m 和 u_0，每次随机产生的样本，其材料参数的空间分布也是不同的，使得样本的裂纹扩展形态不同。在三组均质度 m 值中，当试件的均质度较低时，样本开裂形态的差异较大，随着均质度的提高，差异逐渐减小，且趋于理想均匀的计算结果。

(2) 在各组均质度曲线中，其线弹性段差别很小，进入非线性软化段后，则出现较大的离差。这说明均质度相同时，力学参数分布的随机性对材料线弹性段力学性能的影响较小，各组弹性模量相互接近，而对非线性损伤行为的影响则较大，且均质度越小，离差越大。

(3) 比较图 19.13~ 图 19.15，在三组均质度 m 值中，当混凝土的均质度较低时，材料力学性质的离散性较大，随着均质度的提高，离散性逐渐减小。

(4) 引入材料力学参数的随机性，单元出现损伤破坏后，宏观曲线并没有立即出现脆性断裂，这进一步验证了材料的细观损伤积累是宏观断裂破坏的基础，而宏观破坏则是细观损伤累计和发展的结果。

19.4 本 章 小 结

本章基于损伤问题的基面力单法，在再生混凝土细观数值模型中，将 Weibull 随机分布函数引入材料的非均质性，建立了非均质再生混凝土破坏过程的细观数值模型，并运用该数值模型对再生混凝土立方体试块进行单轴压缩和单轴拉伸数值试验，研究了组成相材料的非均质性对再生混凝土力学性能的影响。此外，进行了三点弯曲切口梁试验，研究了材料的非均质性对试件裂纹扩展及受力的影响规律。

前景展望

目前全球每年产生的废弃混凝土的数量巨大，并呈逐年上升之势，如此巨量的废弃混凝土除处理费用惊人外，还需要占用大量的空地存放，污染环境，浪费耕地，成为城市的一大公害，而由此引发的环境问题也十分突出。此外，我国混凝土业消耗天然骨料呈逐年上升趋势，而天然砂石并非取之不尽、用之不竭的，大量地开采天然砂石必然会破坏环境、危及生态平衡。再生骨料混凝土的利用可很好地解决资源、环境的协调发展问题，因此高性能再生骨料混凝土是一种可持续发展的绿色混凝土。

国内再生骨料的应用还处于试验、谨慎使用的初步阶段，缺乏较系统的应用基础研究，技术上也缺少较完善的再生骨料和再生混凝土技术规程、技术标准。同时国内外的研究成果表明，再生混凝土同普通混凝土在原材料、配合比以及施工工艺等方面存在很大的差别，现行普通混凝土的标准、规范等不适合再生混凝土。因此，开展再生骨料和再生混凝土的系统研究具有重要科学意义和应用前景。

再生混凝土的研究目前还多集中在基本性能的试验研究，而对再生混凝土动态力学性能、多轴强度、变形，特别是微细观结构的试验研究不够，因此，结合试验手段着重分析试件裂纹开展过程中的分形特征值及其主要力学性能指标间的定量关系，确定再生混凝土微结构形貌分形特征值与再生混凝土基本力学性能指标间的定量关系，从细观角度量化分析再生混凝土的强度作用机理是具有创新性的研究工作。

本书在已有对常规混凝土和碾压混凝土细观力学研究的基础上，系统地研究和探索了适合于再生混凝土的细观损伤力学分析方法，并将其拓展到分析再生混凝土的静、动态损伤破坏机理。

后续研究工作可进一步深入到对再生混凝土微观结构的模拟及破坏机制分析，还可以拓展到分析再生混凝土结构的承载能力，这些工作具有十分重要的理论意义和广阔的应用前景。

参 考 文 献

[1] Kawano H. The state of using by–products in concrete in Japan and outline of JIS/TR on recycled concrete using recycled aggregate[C]. Proceedings of the 1st Fib Congress. Tokyo, Japan，2003: 1–10.

[2] Salem R M. Interrelationship of physical properties of concrete with recycled aggregates[C]. Recycled Aggregate Concrete. Proceedings of TRB Annual Meeting, Knoxville, America, 2003.

[3] Abou-Zeid M N. Feasibility of waste concrete as recycled aggregates in construction[C]. Proceedings of the International Conference on Waste Management. Cadiz，Spain, 2002: 537–546.

[4] 林翔, 苗英豪, 张金喜, 等. 废弃水泥混凝土再生利用发展现状 [J]. 市政技术, 2009, 27(5): 536–539.

[5] 肖建庄. 再生混凝土 [M]. 中国建筑工业出版社, 2008.

[6] Hansen T C. Recycling of demolished concrete and masonry[R]. RILEM Report No.6, E & FN Spon, London, 1992.

[7] Hansen T C. Recycled aggregate and recycled aggregate concrete[R]. Second state of art report, development from 1945–1985. RILEM Technical Committee 37 DRC. Material and Structures, 1986, 19(5): 201–246.

[8] 肖建庄, 李佳彬, 兰阳. 再生混凝土技术研究最新进展与评述 [J]. 混凝土, 2003(10): 17–20.

[9] Wittmann F H, Roelfstra P E, Sadouki H. Simulation and analysis of composite structures[J]. Materials Science & Engineering, 1985, 68(2): 239–248.

[10] Horsch T, Wittmann F H. Three-dimensional numerical concrete applied to investigate effective properties of composite materials[C]. Fourth International Conference on Fracture Mechanics of Concrete and Concrete Structures, 2001: 57–64.

[11] Henrichshen A, Jensen B. Styrkeegenskaber for beton med genanvendelses materialer[R]. Internal Report, 1989.

[12] Topcu I B. Physical and mechanical properties of concrete produced with waste Concrete[J]. Cement and Concrete Research, 1997, 27(12): 1817–1823.

[13] Poon C S, Shui Z H, Lam L. Effect of microstructure of ITZ on compressive strength of concrete prepared with recycled aggregates[J]. Construction & Building Materials, 2004, 18(6): 461–468.

[14] Otsuki N, Miyazato S, Yodsudjai W. Influence of recycled aggregate on interfacial transition zone, strength, chloride penetration and carbonation of concrete[J]. Journal of

Materials in Civil Engineering, 2003, 15(5): 443–451.
[15] Gerardu J J A, Hendriks C F. Recycling of road pavement materials in the Netherlands[J]. Reijkswaterstaat Communications, 1985, 38.
[16] Ajdukiewicz A, Kliszczewicz A. Influence of recycled aggregates on mechanical properties of HS/HPC[J]. Cement & Concrete Composites, 2002, 24(2): 269–279.
[17] Mandal S, Gupta A. Strength and durability of recycled aggregate concrete[C]. IABSE Symposium Report, 2002: 33–46.
[18] Tam V W Y, Gao X F, Tam C M. Microstructural analysis of recycled aggregate concrete produced from two-stage mixing approach[J]. Cement & Concrete Research, 2005, 35(6): 1195–1203.
[19] Sagoe–Crentsil K K, Brown T, Taylor A H. Performance of concrete made with commercially produced coarse recycled concrete aggregate[J]. Cement & Concrete Research, 2001, 31(5): 707–712.
[20] 肖建庄, 刘琼, 李文贵, 等. 再生混凝土细微观结构和破坏机理研究 [J]. 青岛理工大学学报, 2009, 30(4): 24–30.
[21] 邢振贤, 周曰农. 再生混凝土的基本性能研究 [J]. 华北水利水电学院学报, 1998, 2: 30–32.
[22] 张亚梅, 秦鸿根, 孙伟, 等. 再生混凝土配合比设计初探 [J]. 混凝土与水泥制品, 2002, 1: 7–9.
[23] Schlangen E, Mier J G M V. Simple lattice model for numerical simulation of fracture of concrete materials and structures[J]. Materials & Structures, 1992, 25(9): 534–542.
[24] Schlangen E, Garboczi E J. Fracture simulations of concrete using lattice models: Computational aspects[J]. Engineering Fracture Mechanics, 1997, 57(2–3): 319–332.
[25] Schlangen E, Mier J G M V. Fracture Modelling of Granular Materials[J]. Mrs Online Proceedings Library Archive, 1992: 278.
[26] Chiaia B, Vervuurt A, Mier J G M V. Lattice model evaluation of progressive failure in disordered particle composites[J]. Engineering Fracture Mechanics, 1997, 57(2–3): 301–318.
[27] Van Mier J. Fracture processes of concrete. assessment of material parameters for fracture models[J]. Sirirajmedj Com, 1997.
[28] Man H K, Mier J G M V. Influence of particle density on 3D size effects in the fracture of (numerical) concrete[J]. Mechanics of Materials, 2008, 40(6): 470–486.
[29] 杨强, 张浩, 周维垣. 基于格构模型的岩石类材料破坏过程的数值模拟 [J]. 水利学报, 2002, 33(4): 46–50.
[30] 杨强, 任继承, 张浩. 岩石中锚杆拔出试验的数值模拟 [J]. 水利学报, 2002, 33(12): 68–73.
[31] 杨强, 程勇刚, 张浩. 基于格构模型的岩石类材料开裂数值模拟 [J]. 工程力学, 2003, 20(1): 117–120.
[32] 刘光廷, 王宗敏. 用随机骨料模型数值模拟混凝土材料的断裂 [J]. 清华大学学报: 自然科学版, 1996, 1: 84–89.

[33] 宋玉普. 多种混凝土材料的本构关系和破坏准则 [M]. 中国水利水电出版社, 2002.

[34] 彭一江, 黎保琨, 刘斌. 碾压混凝土细观结构力学性能的数值模拟 [J]. 水利学报, 2001, 32(6): 19–22.

[35] 黎保琨, 彭一江. 碾压混凝土试件细观损伤断裂的强度与尺寸效应分析 [J]. 华北水利水电大学学报 (自然科学版), 2001, 22(3): 50–53.

[36] 马怀发. 全级配大坝混凝土动态性能细观力学分析研究 [D]. 中国水利水电科学研究院, 2005.

[37] 唐春安, 朱万成. 混凝土损伤与断裂 – 数值试验 [M]. 科学出版社, 2003.

[38] Cundall P A, Strack O D L. A discrete numerical model for granular assemblies[J]. Geothechnique, 1979, 29(30): 331–336.

[39] Zdeněk P. Bažant, Caner F C, Adley M D, et al. Fracturing rate effect and creep in microplane model for dynamics[J]. Journal of Engineering Mechanics, 2000, 126(9): 962–970.

[40] 邢纪波, 俞良群, 张瑞丰. 用于模拟颗粒增强复台材料破坏过程的梁 – 颗粒细观模型的实验验证 [J]. 实验力学, 1998, 3: 377–382.

[41] 邢纪波. 梁–颗粒模型导论 [M]. 地震出版社, 1999.

[42] 王怀亮, 宋玉普, 王宝庭. 用刚体弹簧元法研究全级配混凝土力学性能 [J]. 大连理工大学学报, 2006, 46(s1): 105–117.

[43] Caballero A, Lopez C M, Carol I. 3D meso–structural analysis of concrete specimens under uniaxial tension[J]. Computer methods in applied mechanics and engineering, 2006, 195(52): 1817–1823.

[44] Grassl P, Jirasek M. Meso-scale approach to modeling the fracture process zone of concrete subjected to uniaxial tension[J]. Solid and Structures, 2010, 47(7/8): 957–968.

[45] Voigt W. Über Die Beziehungg Zwischen Den Beiden Elastizitätskonstanten Isotröper Korper[J]. Wied Ann, 1889, 38: 573–587.

[46] Reuss A. Berechnung der fliessgrenze von mischkristallen auf grund der plastizitatsbedingung fur einkristalle[J]. Zeitschrift fur angewandte Mathematik and Mechanik, 1929, 9: 49–58.

[47] Hashin Z, Shtrikman S. On some variational principles in anisotropic and non-homogeneous elasticity[J]. Journal of Mechanics and Physics of Solid, 1962, 10: 335–342.

[48] Eshelby J D. The determination of the elastic field of an ellipsoidal inclusion and related problems [J]. Prc Roy Soc London,1957, A 241: 376–396.

[49] Mori T, Tanaka K. Average stress in matrix and average elastic energy of materials with misfitting inclusions[J]. Acta Metall, 1973, 21: 571–576.

[50] 沈观林, 胡更开. 复合材料力学 [M]. 清华大学出版社, 2006.

[51] Kerner E H.The elastic and thermoelastic properties of composite media[C]. Proceedings of the Physical Society, 1956, 69: 801–808.

[52] Hill R. Theory of mechanics of fiber-strengthened materials (III): self-consistent model [J]. Journal of the Mechanics and Physics of Solids, 1965, 13(4): 189–198.

[53] Budiansky B. On the elastic module of some heterogeneous materials[J]. Journal of the Mechanics and Physics of Solids, 1990, 13(4): 223–227.

[54] Bensoussan A, Lions J L, Papanicolaou G. Asymptotic Analysis for Periodic Structure[M]. Amsterdam: North Holland, 1978.

[55] Hashin Z. The elastic moduli of heterogeneous materials[J]. Journal of Applied Mechanics, 1962, 29(1): 2938–2945.

[56] Büyüköztürk O. Imaging of concrete structures[J]. Ndt & E International, 1998, 31(4): 233–243.

[57] Mora C F, Kwan A K H, Chan H C. Particle size distribution analysis of coarse aggregate using digital image processing[J]. Cement & Concrete Research, 1998, 28(6): 921–932.

[58] Lawler J S, Keane D T, Shah S P. Measuring three-dimensional damage in concrete under compression[J]. Aci Materials Journal, 2001, 98(6): 465–475.

[59] Yang R, Buenfeld N R. Binary segmentation of aggregate in SEM image analysis of concrete[J]. Cement & Concrete Research, 2001, 31(3): 437–441.

[60] Yue Z Q, Chen S, Tham L G. Finite element modeling of geomaterials using digital image processing[J]. Computers & Geotechnics, 2003, 30(5): 375–397.

[61] 田威, 党发宁, 刘彦文, 等. 支持向量机在混凝土 CT 图像分析中的应用 [J]. 水利学报, 2008, 39(7): 889–894.

[62] 姜袁, 柏巍, 彭刚. 基于 CT 图像的混凝土细观结构边缘检测技术 [J]. 武汉大学学报 (工学版), 2008, 41(1): 77–80.

[63] 戚永乐, 彭刚, 柏巍, 等. 基于 CT 技术的混凝土三维有限元模型构建 [J]. 混凝土, 2008, 5: 26–29.

[64] 于庆磊, 唐春安, 朱万成, 等. 基于数字图像的混凝土破坏过程的数值模拟 [J]. 工程力学, 2008, 25(9): 72–78.

[65] 秦武, 杜成斌. 基于 CT 切片的三维混凝土细观层次力学建模 [J]. 工程力学, 2012, 29(7): 186–193.

[66] 肖建庄, 李宏, 袁俊强. 数字图像技术在再生混凝土性能分析中的应用 [J]. 建筑材料学报, 2014, 17(3): 459–464.

[67] Abrams D A. Effect of rate of application of load on the compressive strength of concrete[J]. ASTM J, 1917, 17(2): 70–78.

[68] Bischoff P H, Perry S H. Compressive behaviour of concrete at high strain rates[J]. Materials and Structures, 1991, 24(6): 425–450.

[69] 董毓利, 谢和平, 赵鹏. 不同应变率下混凝土受压全过程的实验研究及其本构模型 [J]. 水利学报, 1997, 7: 72–77.

[70] Kishen J M C, Saouma V E. Fracture of rock-concrete interfaces: laboratory tests and applications[J]. Aci Structural Journal, 2004, 101(3): 325–331.

[71] 林皋, 陈健云, 肖诗云. 混凝土的动力特性与拱坝的非线性地震响应 [J]. 水利学报, 2003, 34(6): 30–36.

[72] 肖诗云, 林皋, 逯静洲, 等. 应变率对混凝土抗压特性的影响 [J]. 哈尔滨建筑大学学报, 2002, 35(5): 35–39.

[73] Ross C A. Effects of strain rate on concrete strength[J]. Aci Material Journal, 1995, 92(1): 37–47.

[74] John R, Antoun T, Rajendran A M. Effect of strain rate and size on tensile strength of concrete[J]. Shock Compression of Condensed Matter, 1992, 1994: 501–504.

[75] 尚仁杰. 混凝土动态本构行为研究 [D]. 大连理工大学, 1994.

[76] 肖诗云, 林皋, 王哲, 等. 应变率对混凝土抗拉特性影响 [J]. 大连理工大学学报, 2001, 41(6): 721–725.

[77] 肖诗云, 田子坤. 混凝土单轴动态受拉损伤试验研究 [J]. 土木工程学报, 2008, 41(7): 14–20.

[78] 闫东明, 林皋, 王哲, 等. 不同应变速率下混凝土直接拉伸试验研究 [J]. 土木工程学报, 2005, 38(6): 97–103.

[79] 肖建庄, 兰阳. 再生混凝土单轴受拉性能试验研究 [J]. 建筑材料学报, 2006, 9(2): 154–158.

[80] Gao Y C. A new description of the stress state at a point with applications[J]. Archive of Applied Mechanics, 2003, 73(3–4): 171–183.

[81] Gao Y C. Elastostatic crack tip behavior for a rubber-like material[J]. Theoretical & Applied Fracture Mechanics, 1990, 14(3): 219–231.

[82] Gao Y C. Large deformation field near a crack tip in rubber-like material[J]. Theoretical & Applied Fracture Mechanics, 1997, 26(3): 155–162.

[83] Gao Y C, Shi Z F. Large strain field near an interface crack tip[J]. International Journal of Fracture, 1994, 69(3): 269–279.

[84] Gao Y C, Liu B. A rubber cone under the tension of a concentrated force[J]. International Journal of Solids & Structures, 1995, 32(11): 1485–1493.

[85] Gao Y C, Gao T S. Notch-tip fields in rubber-like materials under tension and shear mixed load[J]. International Journal of Fracture, 1996, 78(3–4): 283–298.

[86] Gao Y C. Large strain analysis of a rubber wedge compressed by a line load at its tip[J]. International Journal of Engineering Science, 1998, 36(7): 831–842.

[87] Gao Y C, Gao T. Mechanical behavior of two kinds of rubber materials[J]. International Journal of Solids & Structures, 1999, 36(36): 5545–5558.

[88] Gao Y C, Gao T. Analytical solution to a notch tip field in rubber-like materials under tension[J]. International Journal of Solids & Structures, 1999, 36(36): 5559–5571.

[89] Gao Y C, Gao T J. Large deformation contact of a rubber notch with a rigid wedge[J]. International Journal of Solids & Structures, 2000, 37(32): 4319–4334.

[90] Chen S H, Gao Y C. Asymptotic analysis and finite element calculation of a rubber wedge under tension[J]. Acta Mechanica, 2001, 146(1–2): 31–42.

[91] Qian H S, Gao Y C. Large deformation character of two kinds of models for rubber[J]. International Journal of Engineering Science, 2001, 39(1): 39–51.

[92] Gao Y C. Asymptotic Analysis of the nonlinear Boussinesq problem for a kind of incompressible rubber material (compression case)[J]. Journal of Elasticity & the Physical Science of Solids, 2001, 64(2–3): 111–130.

[93] Gao Y C, Chen S H. Analysis of a rubber cone tensioned by a concentrated force[J]. Mechanics Research Communications, 2001, 28(1): 49–54.

[94] Gao Y C, Zhou Z. Large strain contact of a rubber wedge with a rigid notch[J]. International Journal of Solids & Structures, 2001, 38(48): 8921–8928.

[95] Gao Y C, Chen S H. Large strain field near a crack tip in a rubber sheet[J]. Mechanics Research Communications, 2001, 28(1): 71–78.

[96] Gao Y C, Zhou L M. Interface crack tip field in a kind of rubber materials[J]. International Journal of Solids & Structures, 2001, 38(34): 6227–6240.

[97] Gao Y C. Analysis of the interface crack for rubber-like materials[J]. Journal of Elasticity & the Physical Science of Solids, 2002, 66(1): 1–19.

[98] 高玉臣. 固体力学基础 [M]. 中国铁道出版社, 1999.

[99] 高玉臣. 弹性大变形的余能原理 [J]. 中国科学: 物理学 · 力学 · 天文学, 2006, 36(3): 298–311.

[100] 彭一江. 基于基面力概念的新型有限元方法 [D]. 北京交通大学, 2006.

[101] 彭一江, 金明. 基于基面力概念的一种新型余能原理有限元方法 [J]. 应用力学学报, 2006, 23(4): 649–652.

[102] 彭一江, 金明. 基面力概念在余能原理有限元中的应用 [J]. 北京工业大学学报, 2007, 33(5): 487–492.

[103] 彭一江, 金明. 基于基面力概念的余能原理任意网格有限元方法 [J]. 工程力学, 2007, 24(10): 41–45.

[104] 彭一江, 雷文贤, 彭红涛. 基于基线力概念的平面 4 节点余能有限元模型 [J]. 北京工业大学学报, 2009, 11: 50–56.

[105] 彭一江, 金明. 基于基面力概念的一种新型余能原理有限元方法 [J]. 应用力学学报, 2006, 23(4): 649–652.

[106] 彭一江, 金明. 基面力的概念在势能原理有限元中的应用 [J]. 北京交通大学学报, 2007, 31(4): 1–4.

[107] 彭一江, 刘应华. 基面力概念在几何非线性余能有限元中的应用 [J]. 力学学报, 2008, 40(4): 496–501.

[108] 彭一江, 刘应华. 一种基于基线力的平面几何非线性余能原理有限元模型 [J]. 固体力学学报, 2008, 29(4): 365–372.

[109] 彭一江, 刘应华. 基于余能原理的有限变形问题有限元列式 [J]. 计算力学学报, 2009, 26(4): 460–465.

[110] Peng Y, Liu Y. Base force element method of complementary energy principle for large rotation problems[J]. Acta Mechanica Sinica, 2009, 25(4): 507–515.

[111] 彭一江，刘应华. 基面力单元法 [M]. 科学出版社，2017.

[112] 金明. 非线性连续介质力学教程. 第 2 版 [M]. 北京交通大学出版社, 2012.

[113] Zienkiewicz O C. The Finite Element Method [M]. McGraw-Hill book Co, 1977.

[114] 龙驭球, 龙志飞, 岑松. 新型有限元论 [M]. 清华大学出版社, 2004.

[115] 王勖成. 有限单元法 [M]. 清华大学出版社, 2003.

[116] 王勖成, 邵敏. 有限单元法基本原理和数值方法. 第 2 版 [M]. 清华大学出版社, 1997.

[117] Bathe, Klaus-Jürgen. Finite Element Procedures in Engineering Analysis[M]. Prentice-Hall, 1982.

[118] Bathe, Klaus-Jürgen. Finite Element Procedures [M]. Prentice Hall, 1996.

[119] Gao Y C. A new description of the stress state at a point with applications[J]. Archive of Applied Mechanics, 2003, 73(3–4): 171–183.

[120] Wong Y L, Lam L, Poon C S, et al. Properties of fly ash-modified cement mortar-aggregate interfaces[J]. Cement & Concrete Research, 1999, 29(12): 1905–1913.

[121] 王宗敏. 混凝土应变软化与局部化的数值模拟 [J]. 应用基础与工程科学学报, 2000, 8(2): 187–194.

[122] 邢富冲. 一元三次方程求解新探 [J]. 中央民族大学学报 (自然科学版), 2003, 12(3): 207–218.

[123] Wong Y L, Lam L, Poon C S, et al. Properties of fly ash-modified cement mortar-aggregate interfaces[J]. Cement & Concrete Research, 1999, 29(12): 1905–1913.

[124] 王宗敏. 混凝土应变软化与局部化的数值模拟 [J]. 应用基础与工程科学学报, 2000, 8(2): 187–194.

[125] 张我华, 金黄, 陈云敏. 损伤材料的动力响应特性 [J]. 振动工程学报, 2000, 13(3): 413–425.

[126] 刘智光. 混凝土破坏过程细观数值模拟与动态力学特性机理研究 [D]. 大连理工大学, 2012.

[127] 刘光廷, 王宗敏. 用随机骨料模型数值模拟混凝土材料的断裂 [J]. 清华大学学报: 自然科学版, 1996, 1: 84–89.

[128] Kwan A K H, Wang Z M, Chan H C. Mesoscopic study of concrete II: nonlinear finite element analysis[J]. Computers & Structures, 1999, 70(5): 545–556.

[129] Walranen J C. Theory and experiments on the mechanical behavior of cracks in plain and reinforced concrete subjected to shear loading[J]. Heron, 1981, 26.

[130] 高政国, 刘光廷. 二维混凝土随机骨料模型研究 [J]. 清华大学学报 (自然科学版), 2003, 43(5): 710–714.

[131] 刘光廷, 高政国. 三维凸型混凝土骨料随机投放算法 [J]. 清华大学学报 (自然科学版), 2003, 43(8): 1120–1123.

[132] 孙立国, 杜成斌, 戴春霞. 大体积混凝土随机骨料数值模拟 [J]. 河海大学学报 (自然科学版), 2005, 33(3): 291–295.

[133] 马怀发, 芈书贞, 陈厚群. 一种混凝土随机凸多边形骨料模型生成方法 [J]. 中国水利水电科学研究院学报, 2006, 4(3): 196–201.

[134] 国家能源局. 水工混凝土配合比设计规程（DL/T5330 － 2015代替DL/T5330 － 2005）[M]. 中国电力出版社, 2006.

[135] Salem R M, Burdette E G, Jackson N M. Interrelationship of physical properties of concrete made with recycled aggregates[J]. Cement and Concrete Research, 2001, 22(3): 47–49.

[136] 肖建庄, 刘琼, 李文贵, 等. 再生混凝土细微观结构和破坏机理研究 [J]. 青岛理工大学学报, 2009, 30(4): 24–30.

[137] 沈大钦. 再生骨料混凝土性能的研究 [D]. 北京交通大学, 2006.

[138] 袁飚. 再生混凝土抗压抗拉强度取值研究 [D]. 同济大学, 2007.

[139] 赵良颖, 郑建军. 二维骨科密度分布的边界效应 [J]. 四川建筑科学研究, 2002, 28(2): 57–60.

[140] Taussky O, Todd J. Generation and testing of pseudo–random numbers.[J]. Symposium on Monte Carlo Methods, 1956: 15–28.

[141] Lehmer D H. Mathematical methods in large-scale computing units[C]. Proc. of 2nd Symp. on Large-Scale Digital Calculating Machinery, 1949, 26:141–146.

[142] Coveyou R R. Serial correlation in the generation of pseudo-random numbers[J]. Journal of the ACM (JACM), 1960, 7(1): 72–74.

[143] Greenberger M. An a priori determination of serial correlation in computer generated random numbers[J]. Mathematics of Computation, 1961, 15(76): 383.

[144] Raghavan P, Ghosh S. Concurrent multi-scale analysis of elastic composites by a multi-level computational model[J]. Computer Methods in Applied Mechanics & Engineering, 2004, 193(6): 497–538.

[145] 陈惠苏. 水泥基复合材料集料 – 浆体界面过渡区微观结构的计算机模拟及相关问题研究 [D]. 东南大学, 2003.

[146] Wittmann F H, Roelfstra P E, Sadouki H. Simulation and analysis of composite structures[J]. Materials Science & Engineering, 1985, 68(2): 239–248.

[147] Bazant Z P, Tabbara M R, Kazemi M T, Pijaudier-Cabot G. Random particle model for fracture of aggregate or fiber composites[J]. Journal of Engineering Mechanics, 1990, 116(8): 1686–1705.

[148] Mohamed A R, Will Hansen. Micromechanical modeling of concrete response under static loading? Part 1: model development and validation[J]. Aci Materials Journal, 1999, 96(2).

[149] 朱万成, 唐春安, 赵文, 等. 混凝土试样在静态载荷作用下断裂过程的数值模拟研究 [J]. 工程力学, 2002, 19(6): 148–153.

[150] Fuller W B, Thompson S E. The laws of proportioning, concrete[J]. Transactions of the American Society of Civil Engineers, 1907, lix: 67–143.

[151] 李娟. 再生骨料附着砂浆对混凝土强度的影响及再生骨料二灰碎石试验研究 [D]. 河海大学, 2005.
[152] 余雪飙. 水工混凝土配合比设计参数的确定分析 [J]. 低碳世界, 2016, 28: 109–110.
[153] 沈大钦. 再生骨料混凝土性能的研究 [D]. 北京交通大学, 2006.
[154] 袁飚. 再生混凝土抗压抗拉强度取值研究 [D]. 同济大学, 2007.
[155] 赵良颖, 郑建军. 二维骨科密度分布的边界效应 [J]. 四川建筑科学研究, 2002, 28(2): 57–60.
[156] Cho Y H, Yeo S H. Application of recycled waste aggregate to lean concrete subbase in highway pavement [J]. Canadian Journal of Civil Engineering, 2004, 31(6): 1101–1108.
[157] 秦武, 杜成斌, 孙立国. 基于数字图像技术的混凝土细观层次力学建模 [J]. 水利学报, 2011, 39(4): 431–439.
[158] 刘琼, 肖建庄, 李文贵. 再生混凝土轴心受拉性能试验与格构数值模拟 [J]. 工程科学与技术, 2010, 42(s1): 119–124.
[159] 龚声蓉, 刘纯平, 赵勋杰. 数字图像处理与分析 [M]. 清华大学出版社, 2014.
[160] 钱济成, 周建方. 混凝土的两种损伤模型及其应用 [J]. 河海大学学报: 自然科学版, 1989(3): 40–47.
[161] 过镇海. 混凝土的强度和本构关系 [M]. 中国建筑工业出版社, 2004.
[162] 陈惠发, 萨里普, 余天庆, 等. 土木工程材料的本构方程 [M]. 华中理工大学出版社, 2001.
[163] 唐欣薇, 秦川, 张楚汉. 基于细观力学的混凝土类材料破损分析 [M]. 中国建筑工业出版社, 2012.
[164] P· 库马尔 · 梅塔, 保罗 ·J·M· 蒙蒂罗. 混凝土微观结构、性能和材料. 欧阳东译 [M]. 中国电力出版社, 2008.
[165] Grimvall G. Thermophysical Properties of Materials[M]. North-Holland, 1986.
[166] Hill R W. The elastic behavior of a crystalline aggregate[J]. Proceedings of the Physical Society, 1952, 65(5): 1–354.
[167] 杜修力, 金浏. 用细观单元等效化方法模拟混凝土细观破坏过程 [J]. 土木建筑与环境工程, 2012, 34(6): 1–7.
[168] 杜修力, 金浏. 混凝土材料宏观力学特性研究的细观单元等效化模型 [J]. 计算力学学报, 2012, 29(5): 654–661.
[169] Du X, Jin L, Ma G. A meso–scale analysis method for the simulation of nonlinear damage and failure behavior of reinforced concrete members[J]. International Journal of Damage Mechanics, 2013, 22(6): 878–904.
[170] Du X, Jin L, Ma G. Meso-element equivalent method for the simulation of macro mechanical properties of concrete[J]. International Journal of Damage Mechanics, 2013, 22(5): 617–642.
[171] Du X, Jin L, Ma G. Macroscopic effective mechanical properties of porous dry concrete[J]. Cement & Concrete Research, 2013, 44(1): 87–96.

[172] 肖建庄, 李佳彬. 再生混凝土强度指标之间换算关系的研究 [J]. 建筑材料学报, 2005, 8(2): 197–201.

[173] 肖建庄, 李文贵, 刘琼. 模型再生混凝土单轴受压性能细观数值模拟 [J]. 同济大学学报 (自然科学版), 2011, 39(6): 791–797.

[174] 李文贵, 肖建庄, 袁俊强. 模型再生混凝土单轴受压应力分布特征 [J]. 同济大学学报 (自然科学版), 2012, 40(6): 906–913.

[175] 肖建庄. 再生混凝土单轴受压应力 – 应变全曲线试验研究 [J]. 同济大学学报 (自然科学版), 2007, 35(11): 1445–1449.

[176] 刘琼, 肖建庄, 李文贵. 再生混凝土轴心受拉性能试验与格构数值模拟 [J]. 工程科学与技术, 2010, 42(s1): 119–124.

[177] 肖建庄, 兰阳. 再生混凝土单轴受拉性能试验研究 [J]. 建筑材料学报, 2006, 9(2): 154–158.

[178] 中国建筑科学研究院. 混凝土结构工程施工质量验收规范 [S]. 中国建筑工业出版社, 2015.

[179] 杜江涛. 再生混凝土单轴受力应力 – 应变关系试验与数值模拟 [D]. 同济大学, 2008.

[180] 肖建庄. 再生混凝土单轴受压应力 – 应变全曲线试验研究 [J]. 同济大学学报 (自然科学版), 2007, 35(11): 1445–1449.

[181] 刘琼. 再生混凝土破坏机理的试验研究和格构数值模拟 [D]. 同济大学, 2010.

[182] 杜敏, 杜修力, 金浏, 等. 混凝土拉压强度尺寸效应的细观非均质机理 [J]. 土木建筑与环境工程, 2015, 37(3): 11–18.

[183] 秦武, 杜成斌, 孙立国. 基于数字图像技术的混凝土细观层次力学建模 [J]. 水利学报, 2011, 39(4): 431–439.

[184] 浦继伟. 基面力元法在再生混凝土细观损伤分析中的应用 [D]. 北京工业大学, 2014.

[185] 王耀. 三维基面力元法及其在再生混凝土细观损伤分析中的应用 [D]. 北京工业大学, 2015.

[186] 唐欣薇, 石建军, 郭长青, 等. 自密实混凝土强度尺寸效应的试验与数值仿真 [J]. 水力发电学报, 2011, 30(3): 145–151.

[187] 王海龙, 李庆斌. 围压下裂纹中自由水影响混凝土力学性能的机理 [J]. 清华大学学报 (自然科学版), 2007, 47(9): 1443–1446.

[188] Ožbolt J, Sharma A. Numerical simulation of dynamic fracture of concrete through uniaxial tension and L-specimen[J]. Engineering Fracture Mechanics, 2012, 85(85): 88–102.

[189] 金浏, 杜修力. 加载速率对混凝土拉伸破坏行为影响的细观数值分析 [J]. 工程力学, 2015, 32(8): 42–49.

[190] 覃源. 混凝土材料三点弯曲细观数值试验 [M]. 中国水利水电出版社, 2013.

[191] Zhou F P, Lydon F D, Barr B I G. Effect of coarse aggregate on elastic modulus and compressive strength of high performance concrete[J]. Cement & Concrete Research, 1995, 25(1): 177–186.

[192] 杨再富. 粗集料对混凝土强度影响的试验研究与数值模拟 [D]. 重庆大学, 2005.

[193] 陈惠苏. 水泥基复合材料集料 – 浆体界面过渡区微观结构的计算机模拟及相关问题研究 [D]. 东南大学, 2003.

[194] 宋灿. 再生混凝土抗压力学性能及显微结构分析 [D]. 哈尔滨工业大学, 2003.
[195] 田威. 基于细观损伤的混凝土破裂过程的三维数值模拟及 CT 验证 [D]. 西安理工大学, 2006.
[196] 王耀, 褚昊. 基于基面力元法的再生混凝土细观损伤研究 [J]. 混凝土, 2018(3).
[197] 王宗敏. 不均质材料 (混凝土) 裂隙扩展及宏观计算强度与变形 [D]. 清华大学, 1996.
[198] Peng Y J, Chu H, Pu J W. Numerical simulation of recycled concrete using convex aggregate model and base force element method[J]. Advances in Materials Science and Engineering, 2016: 1–10.
[199] 崔正龙, 路沙沙, 汪振双. 不同强度砂浆界面过渡区对再生骨料混凝土性能的影响 [J]. 硅酸盐通报, 2011, 30(3): 545–549.
[200] Larrañaga M E. Experimental study on microstructure and structural behaviour of recycled aggregate concrete[D]. Universitat Politècnica de Catalunya, 2004.
[201] 陈云钢, 孙振平, 肖建庄. 再生混凝土界面结构特点及其改善措施 [J]. 混凝土, 2004, 2): 10–13.
[202] 鲁雪冬. 再生粗骨料高强混凝土力学性能研究 [D]. 西南交通大学, 2006.
[203] 苏慧. 用有限元分析再生骨料附着砂浆对再生混凝土强度的影响 [J]. 连云港职业技术学院学报, 2009, 22(2): 1–4.
[204] 李娟. 再生骨料附着砂浆对混凝土强度的影响及再生骨料二灰碎石试验研究 [D]. 河海大学, 2005.
[205] 李文贵, 肖建庄, 袁俊强. 模型再生混凝土单轴受压应力分布特征 [J]. 同济大学学报 (自然科学版), 2012, 40(6): 906–913.
[206] 唐春安, 朱万成. 混凝土损伤与断裂 – 数值试验 [M]. 科学出版社,2003.
[207] 朱万成. 混凝土断裂过程的细观数值模型及其应用 [D]. 东北大学, 2000.
[208] 于庆磊, 唐春安, 朱万成, 等. 基于数字图像的混凝土破坏过程的数值模拟 [J]. 工程力学, 2008, 25(9): 72–78.
[209] 唐欣薇, 张楚汉. 混凝土细观力学模型研究: 非均质影响 [J]. 水力发电学报, 2009, 28(4): 56–62.
[210] 彭一江，陈适才，彭凌云. 弹性力学 [M]. 科学出版社，2015.
[211] Peng Y J，Yang X X，Li R X，Ren C. A degenerated plane truss model of base force element method on complementary energy principle[J]. International Journal of Computational Methods, 2018, 15(5): 1–27.
[212] Peng Y J, Bai Y Q, Guo Q. Analysis of plane frame structure using base force element method[J]. Structural Engineering and Mechanics, 2017, 62(4): 11–20.
[213] Peng Y J，Guo Q, Zhang Z F, Shan Y Y. Application of base force element method on complementary energy principle to rock mechanics problems[J]. Mathematical Problems in Engineering, 2015: 1–16.
[214] Peng Y J, Zhang L J, Pu J W, Guo Q. A two-dimensional base force element method using concave polygonal mesh[J]. Engineering Analysis with Boundary Elements，2014,

42: 45–50.

[215] Peng Y J, Zong N N, Zhang L J, Pu J W. Application of 2D base force element method with complementary energy principle for arbitrary meshes[J]. Engineering Computations, 2014, 31(4): 691–708.

[216] Peng Y J, Pu J W, Peng B, Zhang L J. Two-dimensional model of base force element method (BFEM) on complementary energy principle for geometrically nonlinear problems[J]. Finite Elements in Analysis and Design, 2013, 75: 78–84.

[217] Peng Y J, Dong Z L, Peng B, Zong N N. The application of 2D base force element method (BFEM) to geometrically nonlinear analysis[J]. International Journal of Non-Linear Mechanics, 2012, 47(3): 153–161.

[218] Peng Y J, Liu Y H, Pu J W, Zhang L J. Application of base force element method to mesomechanics analysis for recycled aggregate concrete[J]. Mathematical Problems in Engineering, 2013: 1–8.

[219] Peng Y J, Dong Z L, Peng B, Liu Y H. Base force element method (BFEM) on potential energy principle for elasticity problems[J]. International Journal of Mechanics and Materials in Design, 2011, 7(3): 245–251.

[220] Peng Y J, Pu J W. Micromechanical investigation on size effect of tensile strength for recycled aggregate concrete using BFEM[J]. International Journal of Mechanics and Materials in Design, 2016, 12(4): 525–538.

[221] 党娜娜, 彭一江, 周化平, 程娟. 基于随机骨科模型的再生混凝土材料细观损伤分析方法[J]. 固体力学学报, 2013, (S1): 58–61.

[222] Peng Y J, Wang Y, Guo Q, Ni J H. Application of base force element method to mesomechanics analysis for concrete[J]. Mathematical Problems in Engineering, 2014: 1–11.

彩　　图

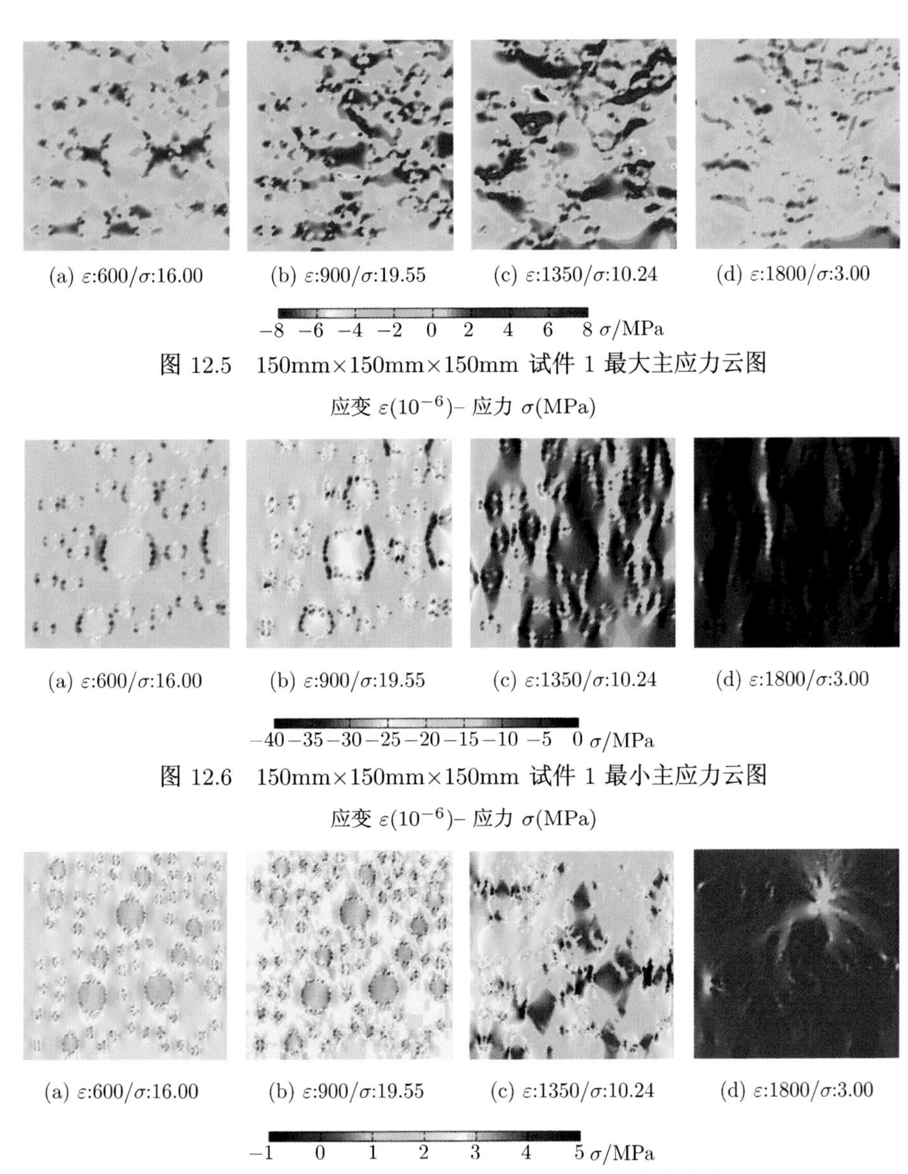

图 12.5　150mm×150mm×150mm 试件 1 最大主应力云图

应变 $\varepsilon(10^{-6})$– 应力 σ(MPa)

图 12.6　150mm×150mm×150mm 试件 1 最小主应力云图

应变 $\varepsilon(10^{-6})$– 应力 σ(MPa)

图 12.17　150mm×150mm×150mm 试件 1 最大主应力云图

应变 $\varepsilon(10^{-6})$– 应力 σ(MPa)

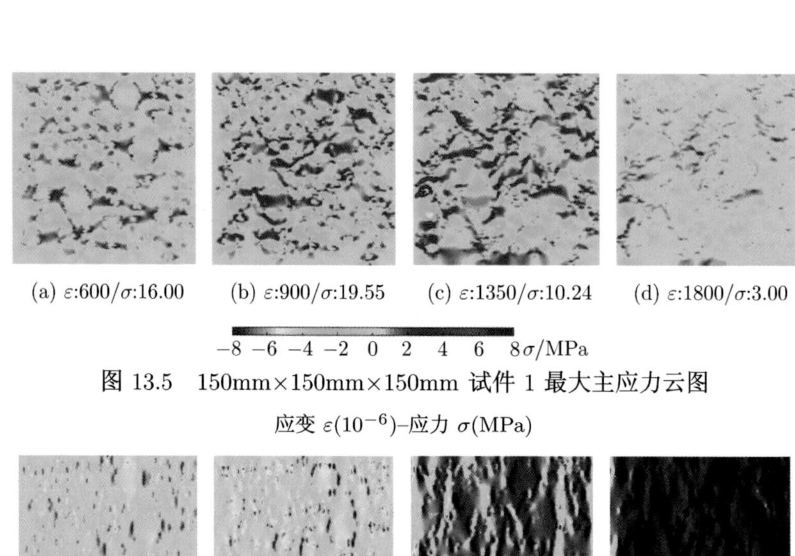

(a) ε:600/σ:16.00　(b) ε:900/σ:19.55　(c) ε:1350/σ:10.24　(d) ε:1800/σ:3.00

图 13.5　150mm×150mm×150mm 试件 1 最大主应力云图

应变 $\varepsilon(10^{-6})$–应力 σ(MPa)

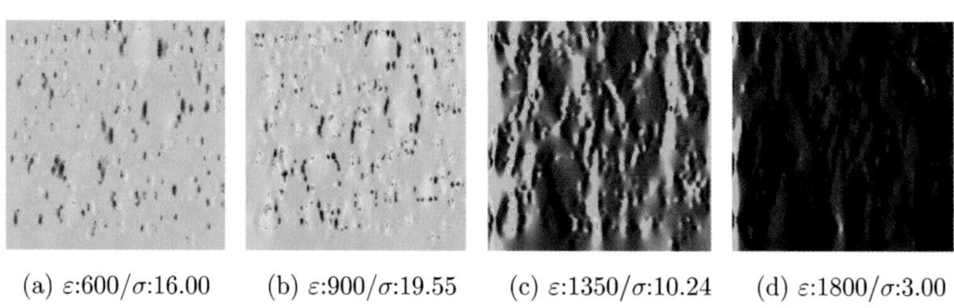

(a) ε:600/σ:16.00　(b) ε:900/σ:19.55　(c) ε:1350/σ:10.24　(d) ε:1800/σ:3.00

图 13.6　150mm×150mm×150mm 试件 1 最小主应力云图

应变 $\varepsilon(10^{-6})$–应力 σ(MPa)

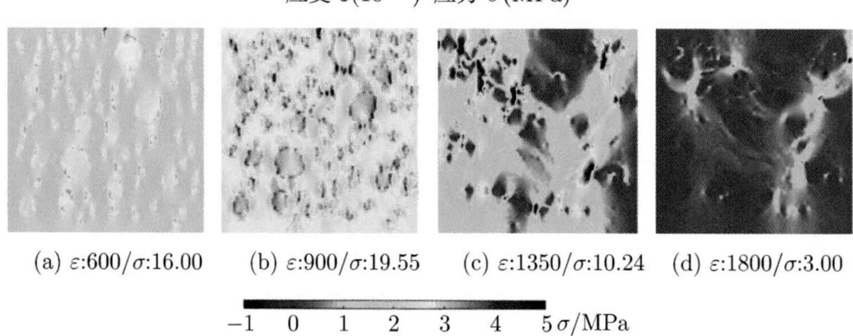

(a) ε:600/σ:16.00　(b) ε:900/σ:19.55　(c) ε:1350/σ:10.24　(d) ε:1800/σ:3.00

图 13.17　150mm×150mm×150mm 试件 1 最大主应力云图

应变 $\varepsilon(10^{-6})$–应力 σ(MPa)

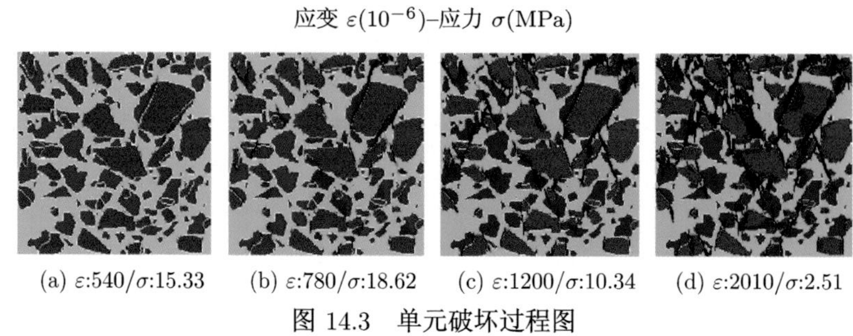

(a) ε:540/σ:15.33　(b) ε:780/σ:18.62　(c) ε:1200/σ:10.34　(d) ε:2010/σ:2.51

图 14.3　单元破坏过程图

应变 $\varepsilon(10^{-6})$–应力 σ(MPa)

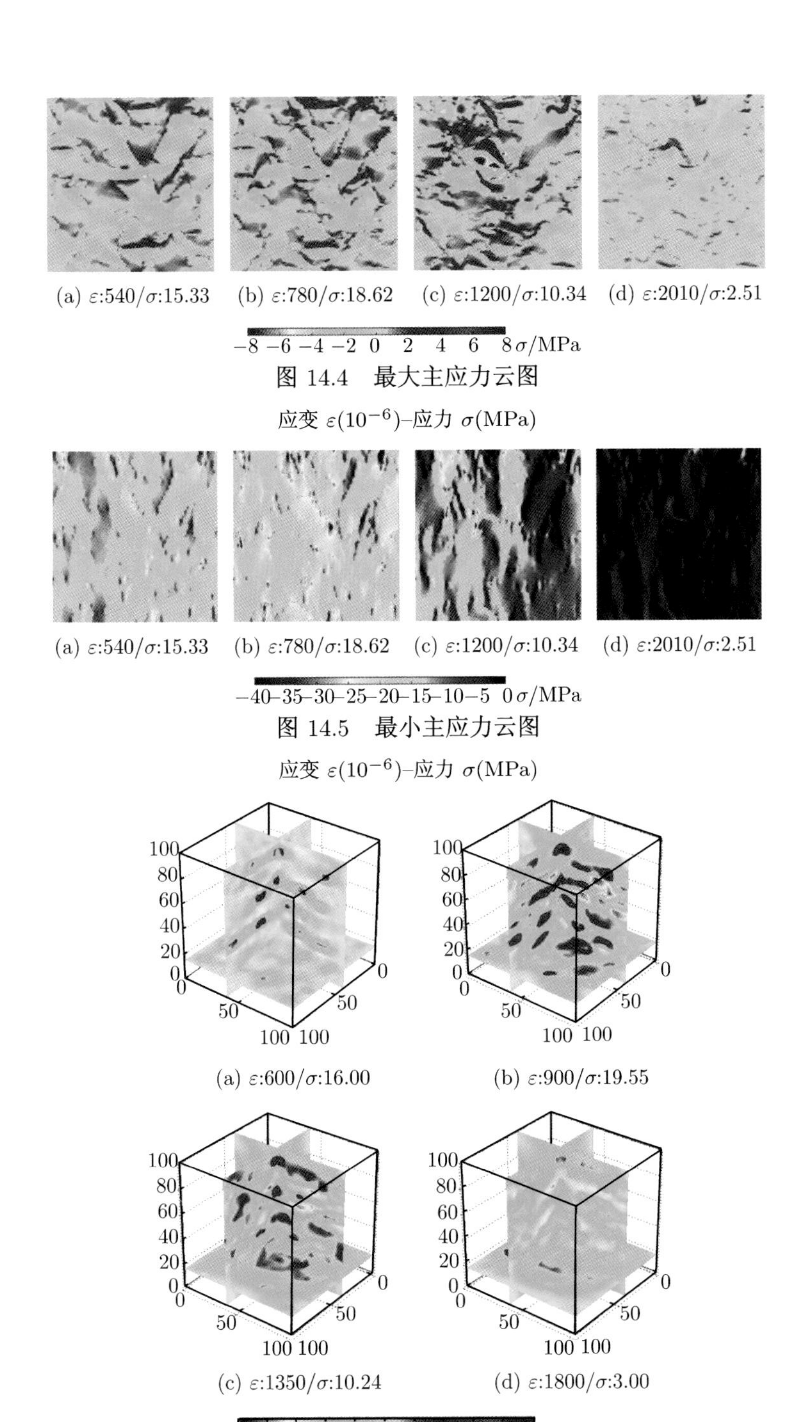

图 14.4 最大主应力云图

应变 $\varepsilon(10^{-6})$–应力 σ(MPa)

图 14.5 最小主应力云图

应变 $\varepsilon(10^{-6})$–应力 σ(MPa)

图 15.5 试件 1 最大主应力云图

应变 $\varepsilon(10^{-6})$–应力 σ(MPa)

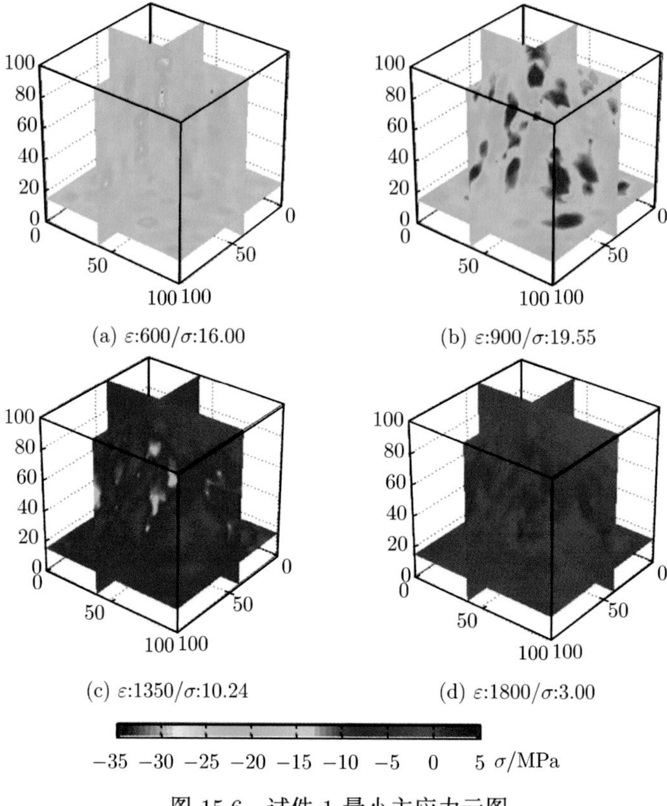

图 15.6　试件 1 最小主应力云图

应变 $\varepsilon(10^{-6})$–应力 σ(MPa)

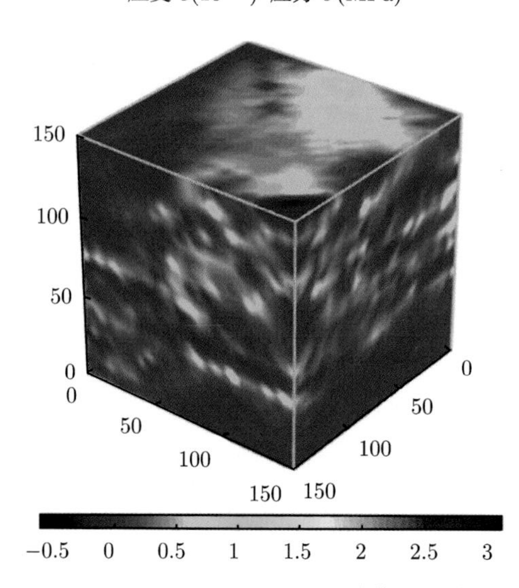

图 15.11　150mm×150mm×150mm 试件 4 最大主应力云图

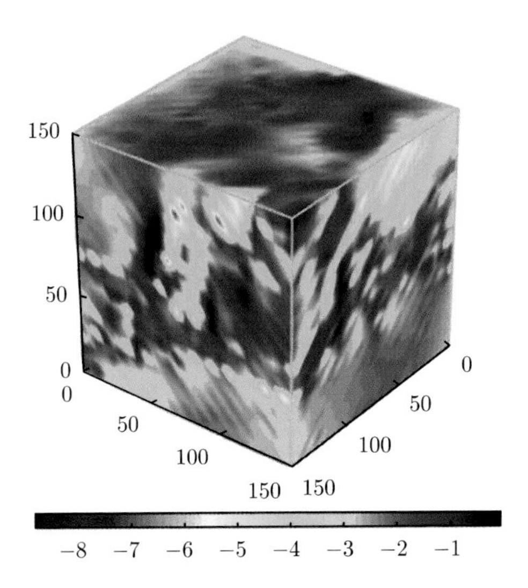

图 15.12　150mm×150mm×150mm 试件 4 最小主应力云图

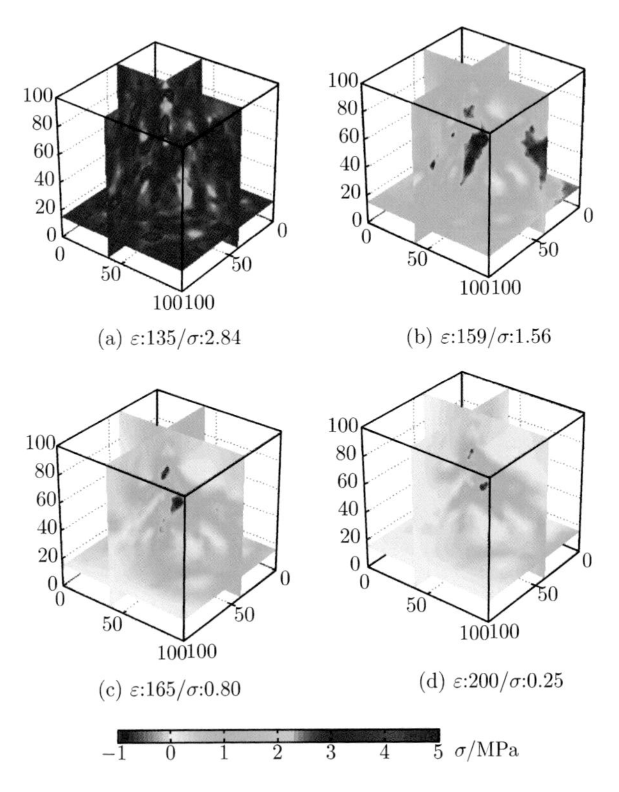

(a) ε:135/σ:2.84　　(b) ε:159/σ:1.56

(c) ε:165/σ:0.80　　(d) ε:200/σ:0.25

图 15.18　100mm×100mm×100mm 试件 1 最大主应力云图

应变 $\varepsilon(10^{-6})$–应力 σ (MPa)

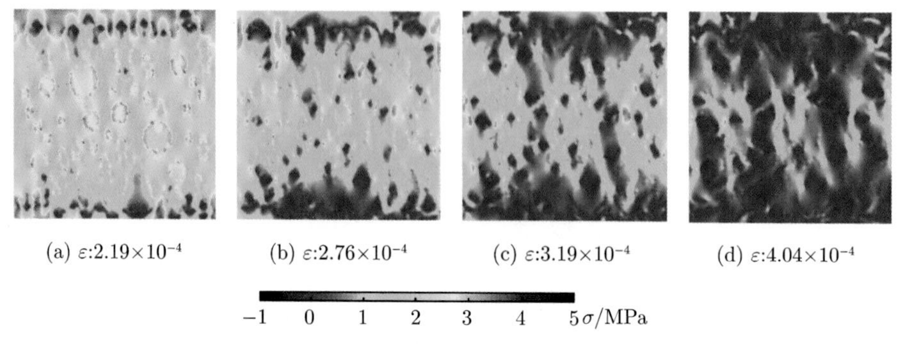

(a) ε:2.19×10^{-4}　(b) ε:2.76×10^{-4}　(c) ε:3.19×10^{-4}　(d) ε:4.04×10^{-4}

图 17.8　应变率为 5/s 动态单轴压缩试件的最大主应力云图

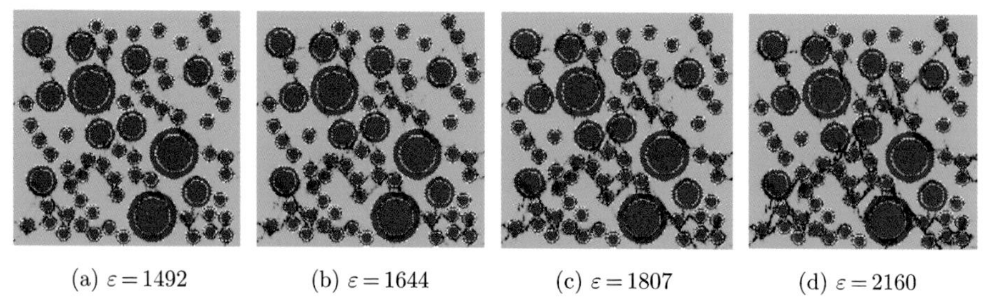

(a) $\varepsilon=1492$　(b) $\varepsilon=1644$　(c) $\varepsilon=1807$　(d) $\varepsilon=2160$

图 19.7　材料力学参数非均质情况下单轴压缩破坏过程 ($\times 10^{-6}$)

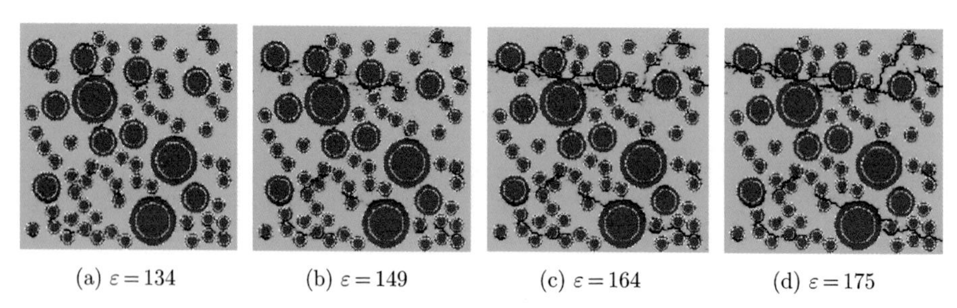

(a) $\varepsilon=134$　(b) $\varepsilon=149$　(c) $\varepsilon=164$　(d) $\varepsilon=175$

图 19.8　材料力学参数非均质情况下单轴拉伸破坏过程 ($\times 10^{-6}$)